Stephanie Fröba • Alfred Wassermann
Die bedeutendsten Mathematiker

Stephanie Fröba
Alfred Wassermann

Die bedeutendsten Mathematiker

marixverlag

FSC

Mix

Produktgruppe aus vorbildlich
bewirtschafteten Wäldern und
anderen kontrollierten Herkünften

Zert.-Nr. SGS-COC-1940
www.fsc.org
© 1996 Forest Stewardship Council

Copyright © by Marix Verlag GmbH, Wiesbaden 2007
Covergestaltung: Thomas Jarzina, Köln
Bildnachweis: akg-images GmbH, Berlin
Satz und Bearbeitung: C&H Typo-Grafik, Miesbach
Korrekturen: Christa Marsen, Oberursel
Gesamtherstellung: GGP Media GmbH, Pößneck
Printed in Germany

ISBN 978-3-86539-916-8

www.marixwissen.de
www.marixverlag.de

Inhalt

Vorwort

»Die Werke des Mathematikers müssen schön sein
wie die des Malers oder Dichters;
die Ideen müssen harmonieren
wie die Farben oder Worte.
Schönheit ist die erste Prüfung:
es gibt keinen Platz in der Welt für hässliche Mathematik.«

(G. H. Hardy)

Wir befinden uns gerade in einem goldenen Zeitalter der Mathematik. Denn noch niemals zuvor war unser Alltagsleben so von der Mathematik beeinflusst wie jetzt. Wie selbstverständlich verwenden wir heute Mobiltelefone, Internet, mp3-Player, Navigationssysteme, Satellitenkommunikation und Industrie-Roboter. Wir vertrauen auf die Medizintechnik, nutzen neue Materialien aus der Chemie und spekulieren mit komplizierten Aktienoptionen. All diese komfortablen Vorzüge wären ohne Mathematik und ohne Computer nicht möglich.

Aber die Mathematik ist nicht erst in den letzten 50 Jahren entstanden. Nein, wir sammeln seit mindestens 2500 Jahren unser mathematisches Wissen an und entwickeln es Schritt für Schritt weiter. Genau deswegen werden in diesem Buch die bedeutendsten Persönlichkeiten dieses Schaffensprozesses vorgestellt. Zum einen schildern wir kurz deren Werdegang, zum anderen möchten wir beschreiben, welchen Beitrag die jeweiligen Personen zur Mathematik geleistet haben, und schließlich versuchen wir auch, einige wesentliche mathematische Probleme zu erläutern.

Um die Leistung eines Wissenschaftlers zu würdigen, sollte dabei schon erwähnt werden, welche Schwierigkeiten er zu überwinden hatte und was er erdenken konnte. Allerdings stößt man im Rahmen eines solchen Buches, welches ja die gesamte mathematische Entwicklung abdecken soll, manchmal an Grenzen. So ist insbesondere die Mathematik des 20. Jahrhunderts oft nur schwer in kurze Worte zu fassen. Die Leser mögen es also verzeihen, wenn an einigen Stellen Fachbegriffe nicht näher erläutert werden. Das Buch enthält auch ein paar – wenige – Formeln, die aber nicht abschrecken sollen, sondern vielleicht dem ein oder anderen technisch Interessierten zur Erläuterung dienen. Nicht so »formelsichere« Leser können jedoch getrost darüber hinweglesen.

Die Auswahl der *Bedeutendsten Mathematiker* ist natürlich bis zu einem gewissen Grad subjektiv. Sicherlich hätten auch viele andere, die hier nicht aufgeführt werden, genauso einen Platz darunter verdient. Die Einschränkung auf *ein* Buch ließ leider keine größere Würdigung der Mathematik des antiken Griechenlands zu. Auch für die Zeit des Mittelalters sind nur ganz wenige Vertreter aufgeführt. Gerade die Geschichte dieser langen »Epoche« wird momentan von den Historikern neu geschrieben, so dass wir dem sogenannten dunklen Zeitalter vermutlich größeren Respekt zollen müssen, als man jemals annahm. Ebenso müssen wir die großartigen Leistungen der chinesischen Mathematik außen vor lassen. Da aber besonders die mathematische Entwicklung während des 19. Jahrhunderts unsere heutige Mathematik maßgeblich geprägt hat, wird dieser Zeitraum hier ausführlich beleuchtet. Und trotzdem legen wir auch dabei Schwerpunkte, nämlich auf die Fortschritte der Analysis und der Algebra; deshalb können wir wiederum die großartigen Leistungen der Geometer Steiner, Plücker, Poncelet und anderer nicht würdigen. Bei den Mathematikern des 20. Jahrhundert haben wir uns fast ausschließlich auf die Zeit vor 1960 beschränkt. Denn einerseits wird sich die langfristige Bedeutung neuerer Arbeiten erst im Laufe der Zeit zeigen, andererseits würden wir zu vielen nicht erwähnten Wissenschaftlern unrecht tun, da wir uns aufgrund der unglaublichen Fülle an neuen Ergebnissen auf einen ganz geringen Teil beschränken müssten.

Grundsätzlich gibt es für die Entdeckung mathematischer Wahrheiten kein Patentrezept. So entdecken wir unter den *Bedeutendsten Mathematikern* Einzelkämpfer wie Gauß und

Poincaré, die ihre großartigen Sätze alleine im stillen Kämmer-
lein bewiesen haben, stoßen aber auch auf Typen wie Erdös,
die für ihre Wissenschaft ein weltumspannendes Netzwerk
an Kollegen aufgebaut haben. Weiterhin zeigen sich bei den
grundsätzlichen Haltungen gegenüber der Mathematik ganz
unterschiedliche Ansichten unter den bedeutendsten Mathematikern. Am deutlichsten wird dies in der legendären For-
schungsgemeinschaft von Hardy, Littlewood und Ramanujan.
Hier stoßen innerhalb einer kleinen Gruppe die verschiedensten Charaktere zusammen. Während sich nämlich Hardy zu
mathematischer Ästhetik bekannte, war Littlewood eher der
unerschrockene Formelmanipulator und nochmals ganz anders Ramanujan, der tief gläubig die Mathematik im Traum
von seiner Göttin eingegeben bekam. Ebendiese unvorhersag-
baren Wege zur Mathematik sind das, was sie so spannend
macht: Wir hoffen, Sie erfreuen sich am Lesen!

Berlin/Bayreuth im März 2007   *Stephanie Fröba*
                                                Alfred Wassermann

THALES VON MILET
(624–547 v. Chr.)

Mit Thales von Milet entfaltete sich die zunächst nur praktisch orientierte Mathematik zur Wissenschaft. Noch vorher, in Babylon, dienten mathematische Berechnungen ausschließlich dem alltäglichen Leben, zum Beispiel der Baukunst oder der Verwaltung. Dementsprechend konzentrierte sich sowohl die *Geometrie* als auch die *Algebra* auf das Finden von Rechenverfahren und Lösungswegen. Ob deren Richtigkeit jedoch bewiesen werden konnte, blieb nebensächlich.

Genau darin unterscheidet sich aber die griechisch-hellenistische Mathematik in ihrer ersten Periode von der babylonischen Mathematik. Denn im sechsten Jahrhundert v. Chr. fand aus mathematischer Sicht die Geburt des Beweises statt.

Der Vater dieses Kindes ist nach antiken Überlieferungen Thales aus dem ionischen Stadtstaat Milet. Ihm wird der Beweis des folgenden Satzes zugeschrieben: *Ein Dreieck, dessen längste Seite der Durchmesser eines Kreises ist, ist genau dann rechtwinklig, wenn der dritte Punkt auf dem Kreisbogen liegt.* Hierbei handelt es sich um den heute allseits bekannten *Thaleskreis*.

Doch diese Zuordnung zu Thales ist genauso wenig nachweisbar wie die Annahme, dass der *Satz über die Gleichheit der Basiswinkel des gleichschenkligen Dreiecks* und der *Satz über die Halbierung einer Kreisfläche durch jeden Kreisdurchmesser* von ihm bewiesen wurden. Jedenfalls ist jegliche Existenz von einer thalesischen Schrift unbekannt, so dass wir unser Wissen über Thales nur von Dichtern und Philosophen wie Plato beziehen können. Deswegen bleibt seine tatsächliche mathematische Bedeutung letztendlich irgendwo im Dunklen.

Nichtsdestotrotz hat er sich mit dem nach ihm benannten *Thaleskreis* einen festen Platz in den Köpfen der Allgemeinheit geschaffen. Denn wer kennt jenen Satz nicht noch aus der Schule – sei es auch nur dem Namen nach?

Weitaus höher ist sicherlich Thales' philosophische Haltung einzustufen. Er war nicht nur einer der Ersten, der überhaupt begann, lästige Fragen an das Leben zu stellen, sondern gilt sogar als Stammvater der *materialistischen ionischen Naturphi-*

losophie. Dieser gehörte später kein Geringerer als der große Heraklit von Ephesos an.

Im Wesentlichen basierte die Weltanschauung des Thales von Milet auf einer rationalen Erklärung der Weltentwicklung, welche folglich die Götter als Urgrund der Welt ausschließt. Stattdessen glaubte der Mileser, dass das Wasser der Urstoff und damit das Grundelement des Lebens sei. Entscheidend dabei war die Konzentration auf das Wesen der Erscheinungen. Diese Perspektive begann mit Thales von Milet und wurde von da an zur weitverbreiteten Tendenz im Denken der griechischen Antike. Zusammen mit Anaximander und Anaximenes, beide ebenfalls aus Milet stammend, steht Thales schließlich für die *milesische Aufklärung* und damit für den Anfang der bedeutsamen griechischen Philosophie.

Auch die Persönlichkeit von Thales wurde wohl am besten dem Klischee eines Philosophen als dem eines Mathematikers gerecht, denn er galt laut Plato als etwas schlampig, sehr zerstreut und ein wenig wunderlich. Mit dem Bild eines Muster-Mathematikers hingegen assoziieren wir wohl eher Eigenschaften wie Perfektionsgier, Strenge und Genauigkeit. Jedoch muss eine derartige Vorstellung von Mathematikern keinesfalls zutreffend sein. Denn fraglich ist doch immer, ob es überhaupt die typische Mathematiker-Persönlichkeit gibt oder nicht.

Die Kenntnisse über Thales von Milet genügen leider nicht, um diese Frage auch nur ansatzweise zu beantworten. Allerdings gibt es zahlreiche ungesicherte Legenden über seine Person. Er soll vor allem weit herumgekommen sein, unter anderem nach Ägypten. Wie die Reisen eines jeden Weisen oder Wissenschaftlers, dienten sie auch Thales der Bereicherung seiner Kenntnisse, welche speziell bei ihm mathematischer und astronomischer Natur waren.

Etwas intimer und deshalb vielleicht auch interessanter zu erfahren, ist eine Anekdote aus dem Privatleben des Thales. Einst fragte man ihn nämlich, weshalb er keine Kinder zeugen wolle, woraufhin er die weise Antwort gab: »*Aus Liebe zu den Kindern!*« Demzufolge hat Thales seine eigene Lebensweise wohl so eingeschätzt, dass sie für Kinder, aber auch für jeden Zweiten an seiner Seite, kaum ertragbar wäre.

PYTHAGORAS VON SAMOS
(~580–500 v. Chr.)

Pythagoras ist ebenfalls einer der Mathematiker, dessen Namen wohl jeder bereits aus dem Schulunterricht kennen dürfte. Mit ihm verbinden wir vor allem die Formel $a^2 + b^2 = c^2$, die sich noch mit der Leichtigkeit der Mittelstufen-Mathematik in unser Gedächtnis geprägt hat. Doch wer weiß darüber hinaus, dass Pythagoras auf der Mittelmeerinsel Samos um 580 vor Christus als Sohn eines Gemmenschneiders, also eines Edelsteinschleifers geboren wurde? Obwohl jegliches Wissen über sein Leben aus Textquellen stammt, die erst im dritten oder vierten Jahrhundert vor Christus verfasst wurden, kann man dennoch sicher sagen, dass er wirklich existiert hat. Ähnlich wie zuvor bei Thales, ist auch bei Pythagoras vieles ungewiss, vor allem was seine tatsächliche mathematische Leistung betrifft.

Den Quellen zufolge floh Pythagoras von der Insel Samos, als sie durch die Perser bedroht wurde. Seine Flucht führte ihn zuerst in Richtung Osten übers Meer nach Milet. Dort war es wiederum Thales, der sein mathematisches Talent erkannte. Deshalb wies Letzterer den jüngeren Pythagoras schließlich auf die phönizischen sowie ägyptischen Wissensschätze hin, woraufhin der neu entdeckte Begabte seine Reise fortsetzte, nach Phönizien. Dort blieb er sehr lange Zeit. Die Mysterien verschiedenster religiöser Kulte hatten Pythagoras in ihren Bann gezogen und banden ihn an Phönizien. Von dort aus ging er nach Babylon, wo er zwölf Jahre blieb. Zu diesem Zeitpunkt hatten die babylonische und altägyptische Mathematik und Astronomie noch den höchsten Rang inne. Auch Pythagoras musste erkennen, wie hoch entwickelt diese Wissenschaft bereits war. Nachdem er schließlich auch Babylon verlassen hatte, um sich im süditalienischen Croton niederzulassen, begann die Phase im Leben des Pythagoras, die nicht nur aus mathematischer Sicht am effektivsten gewesen ist, sondern aufgrund der Lebensführung für uns auch am spannendsten bleibt.

In Süditalien nämlich gründete Pythagoras, der von den phönizischen Kulten scheinbar nachhaltig geprägt war, eine religiöse Sekte. Aufgrund des raschen Erreichens einer ungewöhnlich starken politischen Macht des pythagoreischen Ordens wurde man schon bald vertrieben und floh nach Metapontum, was ebenso in Süditalien liegt. Unter den Sektenmitgliedern waren unter anderem auch einige bedeutende Philosophinnen. Zusammen mit den Übrigen lebten diese streng nach der Sektenlehre. Sie charakterisierte sich grundsätzlich durch *Mäßigung des Lebens*. Zum Beispiel herrschte eine Kleiderordnung, das Angesicht des Meisters durfte nicht erblickt werden, und auf Fleisch musste verzichtet werden. Deshalb ist vermutlich die Erzählung, dass Pythagoras nach Erbringen des Beweises des *Satzes zum rechtwinkligen Dreieck* den Göttern mit einem Tieropfer dankte, nicht mehr als eine Erfindung. Somit trägt sie auch nichts dazu bei, die Zuschreibung jenes Satzes an Pythagoras sicherzustellen oder zumindest gewisser zu machen. Wer den Beweis tatsächlich erbrachte, verharrt im Verborgenen.

Hintergrund der strengen, gemäßigten Lebensführung innerhalb des Geheimbundes war der Glaube an ein Weiterleben der Seele nach dem Tod. Aus Sicht der griechischen Antike war das zu diesem Zeitpunkt sehr ungewöhnlich. Weniger selten aber war die Existenz eines solchen Bundes überhaupt – sie waren zahlreich vorhanden. Allerdings zeichneten sich die Pythagoreer durch ihre *Affinität zu Zahlen* besonders aus. Sie betrieben und erforschten die Mathematik jedoch nicht um der Wissenschaft willen. Vielmehr glaubten sie fest daran, dass sie durch die Versenkung in das Reich der Zahlen mystische Erlebnisse oder Zugang zum Transzendenten – dem großen Ganzen – hätten. Mathematik war ein Mittel zum religiösen Zweck und außerdem ein absolutes Ideal.

Dabei zeichnete sich die *Zahlentheorie* nach Pythagoras durch die besondere Auffassung einer *Zahlensymbolik* aus. Man glaubte, dass in den Prinzipien der Zahlen auch die Prinzipien der Dinge lägen, wobei Erstere die ursprünglicheren darstellten. Während Thales noch der Meinung war, alles entstehe aus dem Wasser, so war bei Pythagoras die *Welt im wesentlichen Zahl*. Und die einzelnen Elemente aller weltlichen Dinge glichen somit den Elementen der Zahlen. Ferner sei der gesamte *Himmel Harmonie* und *Zahl* gewesen (nach Aristoteles, über die Pythagoreer). Letztere wurde also nahezu göttlich verehrt, insbesondere die *10*. Ähnlich wie in der Heiligen- oder Göttervorstellung wurden den Zahlen bestimmte Eigenschaften und Absichten zugeschrieben, wonach sie also Handlungsspielraum besaßen, eben ganz wie Personen. Außerdem stammt die auch heute noch gängige Einteilung der Zahlen in *ungerade* und *gerade* von den Pythagoreern. Interessanterweise galten dabei *ungerade* als gut, hell und deshalb männlich, *gerade* hingegen als schlecht, dunkel und weiblich. Nennenswert bleibt zuletzt, dass diese Einteilung nur für Zahlen größer als *1* vorgenommen wurde, da man beispielsweise negative Zahlen bei Pythagoras nicht als Zahlen einstufte. Dieses Zahlenverständnis sollte noch über viele weitere Jahrhunderte erhalten bleiben.

Allein dieses mystische Programm der pythagoreischen Sekte reicht noch zu keinem mathematischen Verdienst aus. Sieht man davon ab, leisteten Pythagoras und seine Anhänger eine *Unterscheidung der Zahlen in der Ebene in Dreiecks-, Quadrat-, Rechteck- und Fünfeckzahlen*. Durch experimentelles Legen auf Sandbrettern fand man schließlich die Summationen einfacher Reihen.

Am populärsten jedoch ist die von Pythagoras durchgeführte Anwendung des arithmetischen, geometrischen sowie harmonischen Mittels auf die *Musiktheorie*. Mit der *goldenen Proportion* $a : H = A : b$ gelangte er zu weiteren Zahlenspekulationen. So entstand auch das *Pentagramm*, ein regelmäßiges Fünfeck, dessen Diagonalen sich im Verhältnis des *goldenen Schnittes* teilen. Es wurde sogar zum Ordenszeichen der Pythagoreer.

Ebenjenen schien der mathematische Erfolg keineswegs gutzutun, da sie ihn zum Anlass nahmen, ihr Zahlen-Ideologiegebäude weiter auszubauen. Die sogenannte *arithmetica universalis* sollte das Geschehen der Welt in rationalen Zahlen ausdrücken. Umso ernüchternder war wohl die Entdeckung der pythagoreischen Schule, dass es zum Beispiel bei den Diagonalen im Einheitsquadrat *irrationale Zahlen* gibt. Damit brach die *arithmetische Universalerklärung* in sich zusammen; deshalb wurde Hippasos, der Entdecker der *irrationalen Zahlen*, auch unmittelbar aus dem Geheimbund ausgeschlossen. Man erzählt sogar, dass die Pythagoreer einen Schiffsbruch inszeniert haben, um ihn so zu ermorden.

Dennoch war jene Erkenntnis über die *Irrationalität von Zahlen* auf lange Sicht ein Fortschritt für die Mathematik – mehr vielleicht als alles andere aus der pythagoreischen Schule. Natürlich bedeutete jene neue Entdeckung damals zunächst eine mathematische Krise, jedoch ist es gerade dieser Zustand, der die Mathematik wachsen und fortschreiten lässt. Viel mehr noch lebt die Wissenschaft von ihren ganz großen Krisen. Hippasos' Entdeckung der *irrationalen Zahlen* war eine davon und schrie nach einer Lösung!

Der anfangs erwähnte *Satz des Pythagoras* $a^2 + b^2 = c^2$ hat eine mindestens genauso große Bedeutung für die Mathematik, nämlich für die analytische Behandlung der Geometrie, die im 17. Jahrhundert mit Descartes und Fermat begann. Allerdings weiß man mittlerweile, dass ebendieser Satz schon lange vor Pythagoras den Babyloniern bekannt gewesen ist.

EUKLID VON ALEXANDRIEN
(365–300 v. Chr.)

Von Euklid von Alexandrien ist eines in keinem Fall wegzudenken, nämlich seine *Elemente*. Sie gehören zu den populärsten Büchern der Menschheitsgeschichte. Über zwei Jahrtausende nach seinem angenommenen Entstehungsdatum im Jahre 325 v. Chr. wurde es immer noch als Mathematik-Lehrbuch in den Schulen eingesetzt. So lange galten die *Euklidschen Elemente* unumstritten als die Grundlage der Mathematikausbildung schlechthin. Im Gegensatz zum vorherigen Geschehen in der antiken Mathematik liegt mit diesem großen Werk des Euklid von Alexandrien eine schriftliche Abhandlung vor, die auch eindeutig seinem Urheber zugeordnet werden kann. Jedoch handelt es sich bei den *Elementen* nicht um eine Zusammenfassung eigener Forschungsergebnisse Euklids selbst, sondern um eine Arbeit, die den nahezu gesamten mathematischen Stoff der Antike aufarbeitet und streng systematisch anordnet. Genau darin lag die vorzügliche Leistung jenes Mathematikers.

Da von Euklids Leben sehr wenig überliefert ist – man weiß nicht einmal, wo er geboren wurde –, lohnt es sich umso mehr, sofort in die *Elemente* einzusteigen. Alle der insgesamt *13 Bücher* zeigen, dass Euklid unter dem Einfluss des so wichtigen antiken Philosophen Aristoteles stand, weil hier nämlich zu Beginn jeweils Definitionen und Postulate aufgeführt werden, die sich streng nach der aristotelischen Logik richten. Bei den *Definitionen* handelt es sich um Beschreibungen *ohne jegliche anschauliche Erklärung*, womit Euklid in den *Elementen* aus voller Überzeugung auf jegliche Anwendung verzichtet. Dies wiederum gestaltete sich im Sinne Platons idealistischer Auffassung der Mathematik, von welcher Euklid in den Anfängen seiner wissenschaftlichen Tätigkeit geprägt worden war. Schließlich gibt es die Vermutung, er habe die *platonische Akademie* in *Athen* besucht, noch bevor er aufgrund von Kriegswirrungen nach Alexandrien geflohen war. Eine Verbildlichung des Einflusses Platons und seiner Lehre auf den Mathematiker liefert eine treffliche Anekdote zu Euklids Zeit in Alexandrien. Ihr zufolge fragte ihn einst ein Hörer seines Unterrichtes, welchen Nutzen er denn davon habe, geometrische Lehrsätze zu lernen. Weil für Euklid jede Anwendung der Mathematik auf die Praxis einer Verderbnis glich, reagierte er dementsprechend verachtend. So beauftragte der Lehrer einen Sklaven, er solle dem Schüler eine Münze bringen, damit dieser armselige Mensch einen Nutzen von seinem Studium habe. Diese beachtliche Konsequenz im mathematischen Idealismus, die durch die Geschichte veranschaulicht und in den *Elementen* durchgeführt wird, wurde dann 2200 Jahre später von David Hilbert vollends auf die Spitze getrieben, und zwar mit seinen 1899 verfassten *Grundlagen der Geometrie*.

Inhaltlich sind die *Elemente* des Euklid in vier Bereiche untergliedert. Die *Bücher* eins bis drei gehören zu den *planimetrischen Büchern* und gehen auf die Quellen der ionischen Periode, besonders auf die Pythagoreer, zurück. Auch Buch fünf und Buch sechs fallen noch in den Bereich *Planimetrie*, allerdings lehnt sich Ersteres an die Mathematik des Eudoxus. Die Quelle des sechsten hingegen ist gänzlich fraglich. Euklid betitelte die *planimetrischen Bücher* wie folgt der Reihe nach: *Vom Punkt zum Pythagoreischen Lehrsatz; Geometrische Algebra; Ein- und umschriebene regelmäßige Vielecke; Ausdehnung der Größenlehre auf Irrationalitäten; Proportionen, Anwendung auf Planimetrie.*

Um einen konkreten inhaltlichen Einblick in die euklidsche Arbeit zu erhalten, die, wie man sehen wird, noch sehr lange die wesentliche Diskussion der Mathematik darstellen sollte, muss man die den Definitionen folgenden *fünf Postulate* kennenlernen:

1. *Jeder Punkt darf mit jedem Punkt durch eine Strecke verbunden werden.*
2. *Jede begrenzte Linie darf geradlinig zusammenhängend verlängert werden.*
3. *Man darf Kreise mit beliebigem Durchmesser und Mittelpunkt ziehen.*

Dabei dienten außerdem nur Lineal und Zirkel als Konstruktionshilfsmittel.

4. *Alle rechten Winkel sind gleich.*
5. Das *Parallelenpostulat* behauptet, dass, »*wenn eine gerade Linie beim Schnitt mit zwei geraden Linien bewirkt, dass, wenn auf derselben Seite entstehende Winkel zusammen kleiner als zwei rechte werden, dann die zwei geraden Linien bei Verlängerung ins Unendliche sich treffen auf der Seite, auf der die Winkel liegen, die zusammen kleiner als zwei rechte sind*«.

Den Postulaten folgen neun Axiome, die zusammengenommen die logischen Voraussetzungen sind, auf deren Basis weitere Schlüsse zulässig sind. Gerade das letzte Postulat besaß ein so großes Diskussionspotenzial, dass es jahrhundertlang bis ins 18. Jahrhundert die Mathematiker an ihre Schreibtische zwingen sollte. Denn im Kontrast zu den übrigen vier Postulaten, erscheint das fünfte nicht offensichtlich zu sein. Bereits Euklids Zeitgenosse Ptolemaios versuchte, das letzte Postulat mittels der anderen zu beweisen, was ihm wie vielen Mathematikern nach ihm nicht gelingen sollte. Schließlich erwies es sich um 1800 als unabhängiges Postulat. Dennoch erbrachte der lange Prozess jener Beweisversuche die Entdeckung anderer Postulate, die in Äquivalenz zu dem *fünften Euklidschen* stehen. Somit erhielt die streng aufgebaute *Euklidsche Geometrie* gewissermaßen eine austauschbare Variable. Solche äquivalenten Postulate fanden beispielsweise Wallis, Legendre und Gauß. Dieser hatte sich darüber hinaus darauf konzentriert, eine widerspruchsfreie Geometrie zu finden, die dem *fünften Euklidschen Postulat* widerspricht. Ob Gauß das tatsächlich gelang, wird sich hier noch zu einem späteren Zeitpunkt herausstellen.

Der letzte Teil der *Elemente* widmet sich der *Elementaren Stereometrie*, der *Exhaustionsmethode bei Kegel, Pyramide und Kugel* sowie *regulären Polyedern*. Inhaltlich gehen diese ebenfalls auf die ionische Periode zurück. Den größten Einfluss für die Mathematik verübten neben dem ersten Teil der *Elemente* aber die mittleren beiden Teile, die sich mit *Zahlentheorie* und *Irrationalitäten* befassen. Darin erscheint zum ersten Mal der *Euklidische Algorithmus*. Dieses Verfahren zur Berechnung des größten gemeinsamen Teilers wird auch heute noch im Wesentlichen unverändert eingesetzt. Weiterhin kommt in jenen beiden Teilen vor allem der Beschreibung der *Primzahlen* weittragende Bedeutung zu.

Zum ersten Mal in der Geschichte der Mathematik wird eine *Behauptung über die Primzahlen* gemacht, die von einer herausragend genauen Argumentationskette gekräftigt wird. Es handelt sich dabei um die These, dass es *unendlich viele Primzahlen* gebe. Doch wie erkannte Euklid diese Wahrheit über Primzahlen damals? Zunächst sei in Erinnerung gerufen, dass Primzahlen immer nur durch sich selbst sowie durch 1 teilbar sind. Außerdem hatte die griechische Mathematik zu dem Zeitpunkt, als Euklid sich den Primzahlen widmete, bereits bewiesen, dass sich *jede natürliche Zahl als Produkt von Primzahlen* darstellen lässt. Bei Unendlichkeit der Zahlen müssten dann ebenso von jenen Faktoren unendlich viele existieren – so war die zu beweisende Aussage. Bereits beim Durchrechnen aller Produkte aus den Primzahlen 2, 3, 5 und 7 stieß Euklid auf Lücken, also auf Zahlen innerhalb dieser begrenzten Menge von 2 bis 210, die nicht durch die obigen Primzahlen faktorisierbar sind. Das Resultat der Rechnung war infolgedessen eine notwendige Erweiterung der Primzahlen. Allerdings kann dieser mühsame Weg zur Ermittlung immer weiterer Primzahlen nicht lange gegangen werden und deshalb so nicht bewiesen werden, dass die Primzahlenkette unendlich weit geht. Doch Euklid hatte eine neue Idee, um die unendliche Anzahl der Primzahlen zu beweisen. Er multiplizierte die damals sicheren vier Primzahlen 2, 3, 5 und 7 miteinander und erhielt 210. Dazu addierte er 1 – wie sich zeigen wird: ein genialer Schritt! Das Ergebnis 211 ist nun also so konstruiert, dass es nicht durch eine der vier Primzahlen teilbar ist. Bei jeder möglichen Division durch die obigen Primzahlen bleibt schließlich ein Rest von 1. Deshalb muss es entweder weitere Faktoren zwischen 2 und 211 geben, die Primzahlen sind, oder das Ergebnis 211 ist selbst eine Primzahl. Hier trifft Letzteres zu.

Genau dieses euklidsche Verfahren ermöglicht, jede beliebige endliche Liste von Primzahlen um mindestens eine Primzahl zu erweitern, die eben nicht Teil der vorherigen Auflistung war. Zwar verrät die Zahlenkonstruktion Euklids noch gar nicht, um welche neue Primzahl oder um welche neuen Primzahlen es sich handelt, jedoch *beweist* sie die *Unendlichkeit* jener besonderen Zahlen eindeutig und auf geniale Weise. Wenn zur Endlichkeit immer mindestens ein weiteres hinzukommt, dann hebt sie sich auf und wird dadurch endlos zur Unendlichkeit. Letztlich setzte Euklid somit den *Grundstein für* die kommende »Never-ending-story« der *Primzahlenforschung*. Es wird sich noch zeigen, wie viele Mathematiker sich die Zähne daran ausbissen, eine Ordnung in das chaotische Auftreten der Primzahlen zu bringen. Auch Euklid kannte dafür kein strukturierendes Prinzip – nein – vielmehr ist er schuld daran, dass das Chaos nicht endet.

ARCHIMEDES VON SYRAKOS
(287–212 v. Chr.)

Der aus Syrakos stammende Mathematiker Archimedes hat vor allem mit dem Satz »*Störe meine Kreise nicht!*« an Popularität gewonnen. Vielleicht kennt man auch mehr die Aufforderung an sich, als dass man weiß, wer ihr Urheber war. Das schmälert zwar die tatsächlich große Bedeutung des antiken Mathematikers Archimedes keineswegs, nur hatte jener Ausruf unmittelbar für sein Leben eine tragische Folge. Denn Archimedes soll nämlich, während er nachdenklich Kreise in den Sand malte, gleich nach ebenjener Bitte an einen römischen Legionär von genau demselben ermordet worden sein. Man kann aber davon ausgehen, dass es ihm nicht leidtäte und er um Widerruf bitten würde, sofern er die Chance dazu hätte.

Denn Archimedes liebte die Mathematik mehr als sein eigenes Leben – er war einer von denjenigen, die nahezu besessen waren! Sein ganzes Glück fand er in der Mathematik, welches ihn sogar Essen und Trinken nur allzu oft vergessen ließen. Wenn Archimedes dennoch ab und zu am Herd stand, malte er immer noch geometrische Figuren in die dort herumliegende Asche. Auf ähnliche Weise, wie er zum Essen gezwungen werden musste, scheuchte man ihn zum Waschen und Salben. Doch auch dabei ließ er nicht von seiner Leidenschaft ab und benutzte seinen eingesalbten Körper als Zeichenfläche.

Doch so sehr Archimedes auch von der Mathematik in ihren Bann gezogen wurde, so wenig war er interessiert daran, seine wissenschaftliche Arbeit schriftlich zu fixieren. Vielmehr waren es Freunde und Bekannte, die ihn dazu drängten. Sie hatten anscheinend schon damals realisiert, dass dieser Mann mathematische Schätze in sich trug, die für die Nachwelt von großer Bedeutung sein sollten. Aufgrund dieser Wertschätzung und Anerkennung vonseiten der zeitgenössischen Außenwelt sind auch so viele der Schriften des Archimedes erhalten geblieben.

Zu den größten Leistungen jenes Besessenen zählen einerseits die Ausprägung sowie die einzelnen Errungenschaften einer gänzlich neuen Disziplin – der *mathematischen Physik* –, außerdem die wichtigen Erkenntnisse auf einem rein mathematischen Gebiet, nämlich auf dem der *Integralrechnung*.

Bei Letzterem wird Archimedes insbesondere von dem Mathematiker Eudoxus und dessen *Ausschöpfungsmethode* für Flächenberechnungen inspiriert. In gewisser Weise setzte er die *Ausmessungslehre krummlinig begrenzter Flächen* des Eudoxus fort und gelangte zu neuen Ergebnissen auf demselben Gebiet. Doch auch Zenon und Anaxagoras hatten bereits vor Archimedes eine Vorstellung des *unendlich Kleinen* und somit bereits den unerlässlichen Ansatz für die *Integralrechnung* vorgegeben. Wiederum in der Tradition des Eudoxus übernahm Archimedes die Methode des indirekten Beweises. Dabei folgten die Sätze immer strenger Logik und mathematischer Gültigkeit.

Aus dem regen Briefkontakt mit dem zeitgenössischen Mathematiker-Kollegen Eratosthenes geht hervor, dass Archimedes seine geometrischen Erkenntnisse sehr oft mittels mechanischer Anschauung gewonnen hat. Mechanik und Statik bestehen auch ohne die strenge Beweiskraft der Mathematik und dienen dem Mathematiker deshalb, sich einen Begriff von der zu beweisenden Sache zu machen. Diesen Zusammenhang beschrieb Archimedes in seinem Werk der *Methodenlehre*. Also nutzte er die Geschenke der mechanischen Anschauung ganz bewusst für seine Beweise und stellte sich gerade somit gegen die Protagonisten der mathematischen Tradition. Sowohl Pythagoras als auch Euklid wehrten sich ja vehement gegen jegliche Anschaulichkeit, weil sie der Meinung waren, diese würde den Idealen der Mathematik schaden. Archimedes hingegen demonstrierte zum Beispiel mit der *Quadratur des Parabelsegments*, dass der Einbezug der Mechanik einen mathematischen Profit darstellt. Bei dem genannten Beispiel dienten die Verhältnisse an der Waage, um zu einem Beweis zu gelangen. Wie erfolgreich und wichtig dieses nahezu revolutionäre Verfahren des Archimedes gewesen ist, vermittelt besonders die Tatsache, dass die *Quadratur von Parabelsegmenten,* also die Flächenbestimmung des von einer Parabel und einer Geraden eingeschlossenen Gebiets, zu den überhaupt ersten exakt gelösten Quadraturproblemen zählt. Insofern brachte Archimedes also einen wesentlichen Fortschritt für die antike Mathematik.

Die Kreiszahl π konnte Archimedes durch die genauen Grenzen $3\frac{10}{71}$ und $3\frac{1}{7}$ einschränken. Hierbei zeigt sich auch die für Archimedes so charakteristische *moderne Strenge*, insofern er im Gegensatz zu anderen Mathematikern seiner Zeit nicht einen Näherungswert angab, sondern mathematisch beweisbare Abschätzungen nach unten und nach oben lieferte. Für π schaffte er dies, indem er den Kreis durch *reguläre 96-Ecke* von innen und von außen annäherte.

Mithilfe seiner revolutionären *Integralrechnung* untersuchte Archimedes ferner *rotationssymmetrische Figuren*, das heißt, er erforschte den *dreidimensionalen Körper*, der entsteht, wenn eine *Ellipse* sich *um* eine *Achse* dreht. Daneben beschäftigte sich Archimedes mit Spiralen und bestimmte deren Tangenten.

Archimedes selbst betrachtete aber nicht so sehr die *Integralrechnung* als seine größte Errungenschaft, sondern vielmehr seine Ergebnisse zu *Zylinder* und *Kugel*. Dabei zeigte er, dass das *Volumen* eines Zylinders zwei Drittel des Volumens der kleinsten Kugel, die den Zylinder umfasst, beträgt. Umgekehrt, also für den Zylinder, der die Kugel umschließt, gilt das gleiche *Verhältnis*. Schließlich wünschte er sich, dass auf seinem Grabstein genau diese Figur abgebildet würde. Und tatsächlich konnte Cicero 75 v. Chr. das verfallene Grab von Archimedes aufgrund dieser Abbildung entdecken. Im Zusammenhang jener Lieblingsergebnisse des Archimedes muss aber auch erwähnt werden, dass er dabei beachtlicherweise in der Lage war, die Fläche jedes Kugelsegments zu bestimmen.

Weiterhin wird berichtet, dass Archimedes Ägypten bereiste und dort die *Archimedische Schraube* erfand, die heute noch zur Bewässerung von Feldern eingesetzt wird. Daher bringt man heute vielleicht diese Leistung am meisten mit Archimedes in Verbindung. Den Kontakt zu Mathematikern in Alexandria hielt Archimedes noch lange Zeit nach seinen Reisen, indem er ihnen neue Resultate zusandte. Um Plagiaten vorzubeugen, schickte er jedoch nur die Ergebnisse ohne die dazugehörigen Beweise. Manchmal fügte er zur Sicherheit auch falsche Resultate hinzu, um die Kollegen zu verunsichern. Wegen dieser Reise geht man außerdem davon aus, dass Archimedes das Werk Euklids genau kannte. In Syrakos, dem heutigen Syracusa auf Sizilien, war er mit dem König Hieron II. freundschaftlich und verwandtschaftlich verbunden.

Aus Überlieferungen wissen wir außerdem, dass Archimedes schon zu Lebzeiten ein allgemein bekannter Mann war. Dies beruhte weniger auf seinen mathematischen Entdeckungen als vielmehr auf seinen praktischen Erfindungen, speziell von Kriegsgeräten. So wird von seinen Hebeln, Flaschenzügen, Brennspiegeln, Wurfmaschinen und anderen Verteidigungsmaschinen berichtet. Für Archimedes selbst scheinen allerdings gerade seine populärsten Anwendungen nur der eigenen Unterhaltung während der geometrischen Untersuchungen gedient zu haben. Denn tatsächlich interessiert war er eigentlich hauptsächlich an reiner Mathematik.

In *Über schwimmende Körper* legte Archimedes den Grundstein für die Entwicklung der *Hydrostatik*. Darin ist das berühmte *Archimedische Prinzip* enthalten, mit dem das Gewicht eines Objekts, das in einer Flüssigkeit schwimmt, bestimmt werden kann. Die Legende erzählt, dass Archimedes dieses Prinzip entdeckte, während er in der Badewanne saß und darüber grübelte, wie er nachweisen konnte, dass bei einer Krone des Königs mit billigem Metall Gold gespart worden war.

Nach seiner Entdeckung ist Archimedes angeblich, laut »*Heureka*« (»*ich hab's*«) rufend, nackt zu seinem König gelaufen. In *Über schwimmende Körper* geht es aber auch um die *Stabilität* verschieden geformter *Körper* in einer *Flüssigkeit*.

Letztlich beschäftigte Archimedes sich in einem weiteren Werk, der *Sandrechnung*, mit der Anzahl der Sandkörner, die in unserer Welt Platz haben. Dazu baute er ein *Zahlensystem* auf, mit dem er mit Zahlen bis zur *Größenordnung* 10^{64} umgehen konnte. Auch hier zeigt sich Archimedes' Brillanz nicht nur im Gehalt seiner Entdeckungen, sondern auch in der Einfachheit und Klarheit der Darstellung.

All die mathematischen Werke des Archimedes gerieten jedoch nach seinem Tod schnell in Vergessenheit, lediglich Heron, Pappus und Theon in Alexandria bezogen sich auf ihn. Erst durch Eudocius wurden seine Werke 600 n. Chr. wieder in größerem Umfang bekannt und Abschriften angefertigt. Aufregung haben in letzter Zeit die Archimedischen Palimpseste hervorgerufen. Die Werke des Archimedes wurden vor allem von der Schule von Leo, dem Geometer, in Konstantinopel ab dem 9. Jahrhundert studiert. Diese florierende Zeit Konstantinopels wurde jedoch durch den vierten Kreuzzug beendet, als die Stadt erobert wurde. In der darauffolgenden Zeit wurde das Pergament der alten Schriften benötigt und mit Gebetstexten überschrieben. Einer davon wurde im 19. Jahrhundert bei Bethlehem als *Palimpsest* erkannt, wo er sich wohl seit dem 16. Jahrhundert befand. Danach gelangte der Text nach Jerusalem, und 1906 erkannte der Archimedes-Spezialist Heiberg schließlich, dass bedeutende Original-Werke des Archimedes darin verborgen lagen. Die Werke wurden damals fotografiert, verschwanden aber kurz darauf. Erst 1998 tauchten sie bei einer Auktion bei *Christie's* stark beschädigt wieder auf. Ein unbekannter Bieter ersteigerte sie und übergab sie einem Museum in den USA, wo sie nun weiter mit modernen Methoden erforscht werden.

APOLLONIUS VON PERGE

(ungefähr 262 v. Chr.–190 v. Chr.)

Apollonius war bekannt als der »*große Geometer*«. Auf ihn gehen die Begriffe *Ellipse, Parabel* und *Hyperbel* zurück. Über sein Leben ist allerdings nicht sehr viel bekannt.

Apollonius wurde in Perge, dem heutigen Murtana bei Antalya in der Türkei, geboren. Als junger Mann ging Apollonius nach Alexandria, studierte bei Euklid und lehrte dort später auch. Er besuchte Pergamon, wo es eine Universität und eine Bibliothek nach dem Vorbild Alexandrias gab.

Obwohl Apollonius viele Schriften verfasste, ist er fast ausschließlich durch sein achtbändiges Werk *Conica* über die *Kegelschnitte* bekannt. Davon sind allerdings nur die ersten vier Bände im griechischen Originaltext erhalten. Von den Bänden V bis VII existieren noch arabische Übersetzungen, während Band VIII ganz verloren gegangen ist. Folglich konnte dessen Inhalt nur aus den Arbeiten späterer Autoren teilweise rekonstruiert werden.

Als *Kegelschnitte* bezeichnet man die Kurven, die sich aus dem Schnitt eines Kegels mit einer Ebene ergeben. Je nach Winkel zwischen Ebene und Kegel ergeben sich Ellipsen, Hyperbeln oder Parabeln. In den ersten vier Bänden der *Conica* ist das Wissen der damaligen Zeit über Kegelschnitte zusammengetragen. Die anderen vier wiederum enthalten die Forschungsergebnisse von Apollonius selbst. Damit gelang es ihm, weit über die Geometrie von Euklid hinauszugehen. Ferner konnten seine Ergebnisse erst ab dem 17. Jahrhundert erneut verbessert werden. Faszinierend daran ist vor allem, dass ihm seine Erkenntnisse ohne die heutigen Hilfsmittel, wie das algebraische Rechnen oder die Verwendung von Koordinaten und Funktionsgraphen, gelungen sind.

Des Weiteren gibt es Hinweise, dass Apollonius noch sechs weitere Bücher geschrieben hat. Eines davon, *De Locis Planis,* wurde im 17. Jahrhundert von Fermat rekonstruiert. Andere existierten noch in arabischen Übersetzungen, sind aber heute verloren. In einem zweibändigen Werk über *Tangentenprobleme* wird das *Apollonische Berührungsproblem* behandelt:

25

»*Konstruiere alle Kreise, die drei gegebene Kreise berühren*«. Auch in der *Astronomie* hat Apollonius wichtige Beiträge geliefert. Durch ihn wurde das *Modell der Epizyklen* verbreitet, welches allerdings schon vor seiner Zeit bekannt gewesen ist. Darin bewegen sich die Sterne auf Kreisbahnen, deren Mittelpunkte sich wieder auf der Bahn eines Kreises bewegen, in dessen Mittelpunkt sich die Erde befindet. Dieses Modell wurde am Ende der Wegbereiter für das *Ptolemäische Weltbild*.

DIOPHANTUS VON ALEXANDRIA
(ungefähr 200–280)

Diophantus, der oft als »*Vater der Algebra*« bezeichnet wird, ist hauptsächlich bekannt durch sein Werk *Arithmetica*. Darin behandelt er die Lösung algebraischer Gleichungen und Zahlentheorie. Unglücklicherweise ist nahezu überhaupt nichts über sein Leben bekannt – auch die oben angegebenen Lebensdaten sind mehr als vage. Zumindest lässt sich Diophantus' Leben in dem eingegrenzten Zeitraum von 150 v. Chr. bis 350 n. Chr. ansiedeln. Daneben ist ein Zahlenrätsel überliefert, in dem Diophantus als 84-Jähriger vorkommt.

Das Außergewöhnliche an Diophantus ist zunächst, dass sein mathematischer Stil ganz aus der griechischen Tradition herausfällt. Denn er arbeitete nicht mit geometrischen, sondern hauptsächlich mit *algebraischen Mitteln*. Typisch für Diophantus ist auch die Verwendung von *Abkürzungen* und *Symbolen*, also die Verwendung von Algebra-typischen *Variablen*. So hat er die bereits weitentwickelte babylonische Rechenkunst wieder aufgegriffen und weiterentwickelt. Möglicherweise stammte er sogar selbst aus Babylon. Immerhin wurden auf babylonischen Keilschrifttafeln Rechenaufgaben gefunden, deren Zahlenbeispiele sich mit denen der *Arithmetica* von Diophantus decken.

Die *Arithmetica* ist ein 13-bändiges Werk, in dem 130 Probleme gesammelt sind, die allesamt durch das Aufstellen und Lösen algebraischer Gleichungen mit einer oder mehreren Unbekannten angegangen werden müssen. Dazu gibt es teils eine Lösung, teils unendlich viele Lösungen. Dabei suchte Diophantus aber immer nur nach *positiven rationalen Lösungen*. Negative oder irrationale Lösungen erachtete er als absurd. Durch die Einschränkung auf positive Zahlen blieb es Diophantus letztlich verwehrt, eine systematische Theorie zu entwickeln, weil er zu viele Fälle unterscheiden musste. Gleichungen, von denen nur ganzzahlige positive Lösungen gesucht werden, heißen heute deshalb *Diophantische Gleichungen*. Eine typische Aufgabe der *Arithmetica* ist zum Beispiel, zwei Zahlen zu finden, deren Produkt und deren Summe gegeben sind.

Von den 13 Bänden der *Arithmetica* sind lediglich sechs erhalten. Die anderen scheinen bereits sehr früh verloren gegangen zu sein. Vor einigen Jahren wurden arabische Übersetzungen einiger Bände, die aus dem ausgehenden 8. Jahrhundert stammen, gefunden. Dabei ist immer noch ungeklärt, ob sich darunter bisher unbekannte Bände befinden.

Auch in der *Zahlentheorie* hatte Diophantus bereits fortgeschrittenes Wissen. So war ihm bekannt, dass sich *jede positive ganze Zahl als Summe von vier Quadraten* schreiben lässt, was schließlich erst im 18. Jahrhundert von Lagrange endgültig bewiesen werden konnte.

In Europa lernte man Diophantus erst durch Regiomontanus wieder kennen. In der Folge wurde 1621 von Bachet die erste lateinische Ausgabe der *Arithmetica* erstellt. Ebendieser Ausgabe gehörte auch Fermats Exemplar der *Arithmetica* an, in das er seine berühmten Randnotizen zur *Zahlentheorie* machte.

DAS MITTELALTER VON SUN TSU BIS KHAYYAM

Sun Tsu (400) aus China war einer der ersten Mathematiker, die sich mit dem *Chinesischen-Reste-Satz* beschäftigten. Dieser Satz hat heute in *Anwendungen der Zahlentheorie*, speziell der *Datenverschlüsselung* große Bedeutung.

Âryabhata (476 geb.)
Von den Mathematikern des mittelalterlichen Indiens sind nahezu keine Lebensdaten überliefert. Genauso verhält es sich bei Âryabhata, über dessen Leben nicht viel mehr bekannt ist als sein Geburtsjahr und -ort. Während die Angabe des Jahres

476 auf ihn selbst zurückzuführen sein soll, vermutet man, dass der Ort sich wohl in der Nähe von Pataliputra befunden hat, was auch ganz nah bei der damals weit bekannten Hochschule Nalanda lag.

Ganz sicher jedoch stammt das erste indische Mathematikwerk, von welchem der Verfasser bekannt ist, von Âryabhata. Dieses erschien in Versform, unter dem Titel *Âryabhatiya*, und behandelt ausschließlich astronomische und mathematische Fragen. Dabei setzt der Inhalt voraus, dass der Leser Kenntnis von der kurz vorher erschienenen Astronomieabhandlung *Siddhatas* hat. Wesentlich ist es aber ein Werk durchschnittlichen Niveaus, also vergleichbar mit dem des indischen Hochschulstoffs. Seine insgesamt 123 Stanzen hat Âryabhata außerdem in vier Teile untergliedert, die sich in deutscher Sprache etwa so nennen: *Stanzen, Mathematik, Zeitrechnung* und *Das Himmelsgewölbe*.

Weil nun die *Âryabhatiya* über 1000 Jahre lang einen mächtigen Einfluss auf die Fortentwicklung der indischen Mathematik haben sollte, lohnt es sich, einige der Fragestellungen des Buches hier nachzuvollziehen. Besonders auffällig in Âryabhatas Werk sind die verschiedenen Näherungswerte für π. So tritt zum Beispiel bei der Bestimmung des Kreisumfanges der Wert *62832/20000* auf, woraus sich π = *3,1416* ergibt, also ein ziemlich genauer Wert. Woanders wird π = *3,14166666...* verwendet, ein weiteres Mal erscheint der Wert *3,14146*. Erstaunlicherweise wird hingegen bei der Näherungsformel für das Kugelvolumen von einem ganz anderen π-Wert ausgegangen, nämlich von *16/9*.

Letztlich zeigt gerade dieser Wert, aber auch die gesamte Inkonsequenz im Umgang mit π ganz klar, wie enorm damals noch die Schwierigkeiten waren, den genauen Charakter der Zahl π im Zusammenhang der Kreis- und Kugelberechnung zu bestimmen. Entscheidende Schritte auf diesem Gebiet der Mathematik waren Lamberts Nachweis der Irrationalität von π von 1761 sowie Lindemanns Aufzeigen der Transzendenz im Jahr 1882.

Der indische Mathematiker **Brahmagupta (598–670)** schrieb bedeutende Werke sowohl in der Mathematik als auch der Astronomie. Wichtig sind darunter vor allem zwei Bücher, nämlich *Brahmasphutasiddhanta* von 628 und *Khandakhadyaka*, welches von ihm 665 als 67-Jähriger geschrieben wurde.

Von Brahmagupta stammt die *erste systematische Darstellung*, wie mit *negativen Zahlen* und der *Null* gerechnet werden kann. Damit konnte er lineare Diophantische Gleichungen der Form *ax+by=f* für die Unbekannten *x*, *y* vollständig lösen. Brahmagupta war in der Lage, quadratische Gleichungen in zwei Unbekannten zu lösen. So bestimmte er die kleinste positive ganzzahlige Lösung der Gleichung $x^2 - 61y^2 = 1$. Diese lautet $x = 1\ 766\ 319\ 049$ und $y = 226\ 153\ 980$. Zur Berechnung nutzte er einen *Vorläufer der Kettenbruchentwicklung*, die erst 1768 von Lagrange ausführlich erforscht wurde. Des Weiteren beschäftigte sich Brahmagupta bereits mit *Finanzmathematik*, zum Beispiel mit der Bestimmung des *Zinsfußes*. Infolge seiner Arbeit an der *Summation von Reihen* gab er als Summe der Quadrate der ersten *n* natürlichen Zahlen die Formel $n(n+1)(2n+1)/6$ an, ebenso die Formel für die dritten Potenzen.

Außerdem lieferte Brahmagupta eine Formel zur Bestimmung der Fläche und der Länge der Diagonalen eines Vierecks, wenn dessen Eckpunkte auf einem Kreis liegen. In der Astronomie bestimmte er die *Länge des Jahres* auf *365* Tage, *6* Stunden, *5* Minuten und *19* Sekunden. Interessant ist auch seine *Interpolations-Formel*, die er zur Erstellung einer Tabelle mit Sinus-Werten verwendete. Heute weiß man, dass Brahmagupta sogar schon einen *Spezialfall* der sogenannten *Newton-Stirling-Interpolationsregel* einsetzte.

Abu Ja'far Mohammed ibn-Musa al-Khwarizmi (ungefähr 780–850) stammte aus der Gegend des Aralsees und war schließlich einer der ersten Mathematiker, die in dem vom Kalifen Al-Ma'mun, dem Sohn des Kalifen Harun Al-Rashid, im 9. Jahrhundert gegründeten *Haus der Weisheit* in Bagdad wirkten. Eine Aufgabe der dortigen Gelehrten war es, antike Texte in das Arabische zu übersetzen. Aus al-Khwarizmis Namen leitet sich das Wort »*Algorithmus*« ab, welches heute in der Informatik synonym für »*Rechenverfahren*« steht. Al-Khwarizmi bedeutendstes Werk ist *Hisab al-jabr w'al-muqabalah*. Aus dem im Titel enthaltenen Wort »*al-jabr*«, das so viel wie »*kombinieren*« bedeutet, entstand wiederum das Wort »*Algebra*«. Außerdem gilt jenes Buch auch als das erste Lehrbuch der Algebra. Nichtsdestotrotz ist Al-Khwarizmis eigene mathematische Leistung umstritten, da er für manche der herausragende Mathematiker des Mittelalters ist, andere ihn hingegen als lediglich durchschnittlichen Mathematiker betrachten, der nur das Wissen der damaligen Zeit zusammengefasst hat.

Thabit Ibn-Qurra (836–901) lebte in Bagdad, beschäftigte sich mit *sphärischer Trigonometrie* und mit einer *Vorform der Infinitesimalrechnung*. Außerdem fand er eine Regel zur *Konstruktion von befreundeten Zahlen*. Demnach heißen zwei Zahlen *befreundet*, wenn die Summe der echten Teiler der einen Zahl gleich der anderen Zahl ist und umgekehrt. Ein Beispiel hierfür sind *220* und *284*. Denn schließlich gilt $220 = 2 \cdot 2 \cdot 5 \cdot 11$ und $284 = 2 \cdot 2 \cdot 71$ und ferner $1 + 2 + 4 + 5 + 10 + 11 + 20 + 22 + 44 + 55 + 110 = 284$ und $1 + 2 + 4 + 71 + 142 = 220$.

Omar Khayyam (1048–1131), mit vollständigem Namen **Ghiyath al-Din Abu'l-Fath Umar ibn Ibrahim Al-Nisaburi al-Khayyami,** stammte aus Nishapur in Persien, dem heutigen Iran, und lebte zu einer Zeit, in der dort große Unruhen herrschten. Nach dem Studium 1070 ging er zuerst nach Samarkant in Usbekistan, wo er sein erstes großes Werk *Abhandlung über Beweise von Problemen der Algebra* schrieb. Wenige Jahre später wurde er nach Isfahan in Persien eingeladen, um dort ein Observatorium aufzubauen. So arbeitete er an astronomischen Tabellen und an der Kalenderreform von 1079, wozu er die Länge des Jahres auf *365,24219858156* Tage berechnete. Heute wissen wir, dass sich die Jahreslänge im Laufe eines Lebensalters an der sechsten Nachkommastelle verändert. Momentan beträgt sie also etwa *365,242190* Tage.

Khayyam beschäftigte sich auch mit der *Lösung von Gleichungen dritten Grades* und gab eine *systematische Theorie der kubischen Gleichungen* an. Dabei bestimmte er die Lösung geometrisch, und zwar durch Schnitte von Kegelschnitten. Näherungs-Lösungen bestimmte er durch Interpolation von Werten aus Trigonometrie-Tabellen. Außerdem behauptete er, dass sich die Lösungen nicht mit Zirkel und Lineal bestimmen lassen – eine These, die schließlich erst im 19. Jahrhundert bewiesen werden konnte. Darüber hinaus stellte Khayyam fest, dass kubische Gleichungen mehr als eine Lösung haben können.

Zudem ist es ziemlich sicher, dass er eine *Methode zur Berechnung n-ter Wurzeln* hatte, bei der er die Erweiterung durch Binomialkoeffizienten nutzte. Das heißt also, Khayyam kannte die Verallgemeinerung unserer in der Schule so beliebten *binomischen Formel $(a + b)^2 = a^2 + 2ab + b^2$ für n-te Potenzen*. Schließlich lieferte er auch ungewollt einen Beitrag zur *Nicht-Euklidischen Geometrie*. Denn in seinem Versuch, Euklids Parallelenpostulat zu beweisen, wies er versehentlich Eigenschaften von Figuren in *Nicht-Euklidischen Geometrien* nach – eine Geometrie, die schließlich erst im 19. Jahrhundert entdeckt werden sollte.

Noch bekannter als in der Mathematik ist Omar Khayyam allerdings in der Literatur. Er ist nämlich der Autor von *Rubaiyat*, einer Sammlung von Versen, die auch heute noch im Iran gelesen werden.

LEONARDO PISANO FIBONACCI
(1170–möglicherweise 1250)

Leonardo Pisano ist besser bekannt unter seinem Spitznamen *»Fibonacci«*, einer Kurzform von *»Filius Bonacci«*, Sohn der Familie Bonacci. Er ist in Italien zur Welt gekommen, wurde aber in Nordafrika aufgezogen, wo sein Vater Guilielmo eine diplomatische Anstellung hatte. Und zwar war Letzterer der Vertreter der Kaufleute aus der Republik Pisa, die Handel in Bugia, dem heutigen Bougie, einem Mittelmeerhafen im nordöstlichen Algerien, trieben. Dort erwarb Fibonacci Kenntnisse über die Mathematik und reiste mit seinem Vater weit herum. Dabei lernte er die enormen Vorzüge der mathematischen Systeme schätzen, die in diesen Ländern verwendet wurden.

Um 1200 kehrte Fibonacci nach Pisa zurück, schrieb dort einige wichtige Werke, in denen antike Mathematik-Fertigkeiten wiederbelebt und auch eigene Entdeckungen gemacht wurden. Weil er in der Zeit vor der Erfindung des Buchdruckes lebte, waren seine Bücher noch handschriftlich angefertigt, weswegen die Anzahl der Exemplare naturgemäß nicht sehr groß war.

Von seinen Werken sind heute noch *Liber abbaci* von 1228, *Practica geometriae* von 1220, *Flos* von 1225 und *Liber quadra-*

torum von 1225 erhalten. Es ist aber bekannt, dass er weitere Bücher schrieb, die verloren gegangen sind. Darunter befinden sich *Di minor guisa*, eine Abhandlung über kaufmännisches Rechnen, sowie sein *Kommentar über Euklids Buch X der Elemente*. Darin war eine numerische Behandlung der irrationalen Zahlen enthalten, die Euklid geometrisch behandelt hatte. Sein *Liber abbaci* erschien zuerst 1202, wovon aber keine Ausgabe mehr erhalten ist. Welche Änderungen in der zweiten Ausgabe vorgenommen wurden, ist unbekannt.

Fibonaccis Werk wurde von seinen Zeitgenossen sehr beachtet, was allerdings eher seine praktischen Rechenanweisungen als seine zahlentheoretischen Betrachtungen betraf. So wurde Fibonacci sogar von dem den Wissenschaften aufgeschlossenen Kaiser Friedrich II. empfangen, während dieser um 1225 in Pisa Hof hielt. Dabei stellte ihm ein Mitglied des Hofes drei Mathematik-Aufgaben, wovon er schließlich zwei in seinem Buch *Flos* löste.

Im ersten Kapitel von *Liber abbaci* führte Fibonacci das *hindu-arabische dezimale Stellensystem* und die *arabischen Ziffern in Europa* ein. Außerdem gibt er Anweisungen, wie mit diesem System, insbesondere mit der Null, zu rechnen ist. Ein weiteres Kapitel des Buches befasst sich konkret mit kaufmännischen Rechenproblemen. Und schließlich im dritten Kapitel findet sich als kleine Übungsaufgabe die berühmte Kaninchenaufgabe: *Jemand setzt ein Kaninchenpaar in einen Garten, der auf allen Seiten von einer Mauer umgeben ist, um herauszufinden, wie viele Kaninchen innerhalb eines Jahres geboren werden. Wenn angenommen wird, dass jeden Monat jedes Paar ein weiteres Paar erzeugt und dass Kaninchen zwei Monate nach der Geburt geschlechtsreif sind, wie viele Paare werden dann jedes Jahr geboren?*

Bei der Antwort handelt es sich um die Folge der sogenannten *Fibonacci-Zahlen 1, 1, 2, 3, 5, 8, 13, 21, ...*, die seit dem Buch *Das Sakrileg* auch Nicht-Mathematikern bekannt ist und außerdem erstaunlich viele Anwendungen in den verschiedensten Bereichen hat. In einem Beispiel dafür nähert sich das Verhältnis zweier aufeinanderfolgender *Fibonacci-Zahlen*, also $\frac{2}{1}, \frac{3}{2}, \frac{5}{3}, \frac{8}{5}, \frac{13}{8}$, ..., mit zunehmender Größe dem Wert *1,61803398 ...* Dieser Wert wird als der *goldene Schnitt* bezeichnet und hat immer noch große Bedeutung in der Architektur. Auch Leonardo da Vinci richtete die Proportionen seiner Zeichnungen bereits danach aus. Bei Fibonaccis *liber abbaci* spielte diese Zahlenfolge jedoch keine wichtige Rolle – er scheint sie auch nicht selbst entdeckt zu haben. Denn sie war indischen Gelehrten schon mindestens seit 1135 bekannt.

Daneben behandelte Fibonacci in diesem Kapitel *perfekte Zahlen*, den *Chinesischen Restesatz* sowie die *Summation arithmetischer* und *geometrischer Reihen*. Im vierten Kapitel befasste er sich mit *irrationalen Zahlen* mittels numerischer Approximation und geometrischer Konstruktion. In seinem Buch *Flos* löste Fibonacci unter anderem die vom Hofe Friedrich II. zusätzlich gestellte Gleichung $x^3 + 2x^2 + 10x = 20$. Hier näherte er die Lösung auf neun Dezimalstellen genau an. Doch das am meisten beeindruckende Werk Fibonaccis bleibt wohl *Liber quadratorum*. Darin gab Fibonacci unter anderem eine *Konstruktion pythagoreischer Tripel* an, wobei es sich um jeweils drei ganze Zahlen *a, b, c* handelt, für die $a^2 + b^2 = c^2$ gilt. Ein Beispiel hierfür ist $3^2 + 4^2 = 5^2$. Letztlich gilt jenes *Liber quadratorum* als das wichtigste Buch zur *Zahlentheorie* zwischen Diophantus und Fermat. Fibonaccis mathematische Resultate, die über das Stellenwertsystem und seine Kaninchen hinausgingen, waren allerdings jahrhundertelang gar nicht bekannt.

Während Fibonacci den Umgang mit arabischen Ziffern erstmals nach Europa gebracht hatte, war es in Deutschland **Adam Ries (1492–1559)** aus Staffelstein, der ungefähr 300 Jahre später das schriftliche Rechnen mit ebenjenen Ziffern dem einfachen Volk vermittelt hat.

JOHANN MÜLLER – REGIOMONTANUS
(1436–1476)

Wohl der bedeutendste Mathematiker des 15. Jahrhunderts ist Johann Müller aus Königsberg in Bayern, der nach der lateinischen Übersetzung seines Geburtsortes »*Regiomontanus*« genannt wird. Er war der Sohn eines Müllers und wurde schon früh als mathematisches und astronomisches Genie erkannt. Zuerst studierte Regiomontanus von 1447 bis 1450 an der *Universität Leipzig*, danach an der *Universität Wien*. Während er sein *Bakkalaureat* bereits als 16-Jähriger erhalten hatte, konnte er den

Abschluss hingegen erst mit 21 Jahren absolvieren, weswegen er bis 1457 warten musste. Danach bekam er eine Anstellung an der *Universität Wien*, wo er zusammen mit seinem früheren Lehrer Peurbach auf den Gebieten Mathematik, Astronomie und Instrumentenbau arbeitete. Daneben interessierte sich Johann Müller auch für das Studium alter Manuskripte und fertigte Kopien an, von denen einige heute noch erhalten sind. Nach Peurbachs Tod übernahm er schließlich dessen Aufgabe, eine Kurzfassung von Ptolemäus' *Almagest* zu erstellen. Später trat Regiomontanus in die Dienste des *Kardinals Bessarion*, reiste mit diesem 1461 nach Rom und 1463 nach Venedig.

Ein großes Verdienst Johann Müllers war es, die *Trigonometrie* deutlich weiter entwickelt zu haben. In seinem monumentalen Werk *De triangulis omnimodis libri quinque* – 1462/63 geschrieben, aber erst 1533 erschienen – fasste er die Verfahren, Sätze und Tabellen zur *ebenen und sphärischen Trigonometrie*, also zur Berechnung von Dreiecken in der Ebene und auf der Kugel, systematisch zusammen. Unter anderem enthalten diese Bücher den *Sinus- und den Kosinussatz*. Dabei baute Regiomontanus den Inhalt durchwegs nach dem Vorbild der *Elemente* von Euklid auf. Gerade die sphärische Trigonometrie aber war ihm als Astronomen besonders wichtig.

Weiterhin folgte Regiomontanus 1467 einer Einladung des ungarischen Königs und besuchte die königliche Bibliothek in Buda. Dort konnte er die im letzten Türkenfeldzug neu eroberten Bücher mit Seltenheitswert studieren. Schon in Venedig war er auf eine Kopie der *Arithmetica* des Diophantus von Alexandria gestoßen und hatte diesen in Europa wieder in Erinnerung gebracht. Ebenfalls erstellte er dort sehr detaillierte *Sinus-Tafeln*, zuerst im *Sexagesimal-System*, dann auch im *Dezimalsystem*.

1471 siedelte Regiomontanus nach Nürnberg über, wo er ein Observatorium und eine Werkstatt für astronomische Instrumente erbaute. Nun machte er die Beobachtung, dass sich die Entfernung des Mondes für die *Bestimmung des Längengrades* verwenden lässt, was für die Seefahrt damals enorme Bedeutung hatte. Dies hielt er in seinem Buch *Ephemerides* fest, welches dann in seiner eigenen Druckerei in Nürnberg publiziert wurde. Überhaupt veröffentlichte Regiomontanus dort, nur kurze Zeit nach Gutenbergs Erfindung des Buchdruckes von 1454, einige wichtige Werke. Das eigens verfasste Buch war jedoch nicht weniger erfolgreich. Immerhin hatte Kolumbus *Ephemerides* auf seiner vierten Reise dabei und beeindruckte feindliche Indianer mit der darin enthaltenen Vorhersage einer Mondfinsternis am 29. Februar 1504.

Im Jahr 1475 wird Regiomontanus von Papst Sixtus IV. nach Rom gerufen, um bei der anstehenden Kalenderreform seinen Rat abzugeben. Nachdem er dann dort 1476 gestorben war, brodelten Gerüchte um seine Todesursache, die letztlich nie geklärt wurde. Einerseits könnte Regiomontanus einfach der Pest zum Opfer gefallen sein, andererseits könnte er einigen Stimmen zufolge genauso gut ermordet worden sein. Wie dem auch sei – jedenfalls wurde die vor seinem Tod angestrebte Kalenderreform dann gut 100 Jahre später von Papst Gregor XIII. durchgeführt.

Girolamo Cardano
(1501–1576)
Niccolò Tartaglia
(1500?–1557)
Scipione del Ferro
(1465–1526)

Diese drei Mathematiker verkörpern die Geschichte der Lösung eines uralten Problems der Menschheit. Und wie so oft in der Entwicklungsgeschichte der Mathematik, war auch sie mit vielen Plagiats-Streitigkeiten verbunden. Es handelt sich dabei um die Lösung *kubischer Gleichungen*, also um die Verallgemeinerung der damals schon seit Jahrhunderten bekannt gewesenen Lösung für *quadratische Gleichungen*. Auch heute noch lernt jeder Schüler die quadratische Lösungsformel $x_{1,2} = \frac{1}{2a}(-b \pm \sqrt{b^2 - 4ac})$ zur Bestimmung der Lösungen der Gleichung $ax^2 + bx + c = 0$.

Zu Zeiten del Ferros, Cardanos und Tartaglias kannte man diese Lösungsformel zwar, konnte allerdings noch nicht gut mit negativen Zahlen rechnen. Außerdem wurde die Null noch nicht verwendet, und man hatte schon gar kein Verständnis davon, dass eine quadratische Gleichung zwei Lösungen hat. Doch wie stand es nun mit Gleichungen höheren Grades? Der Franziskanermönch Luca Pacioli hatte 1494 in seinem Werk zur Mathematik noch behauptet, Gleichungen der Form $ax^3 + cx = d$ und $ax^3 + d = cx$ könnten rechnerisch nicht aufgelöst werden. Man musste damals diese beiden Fälle unterscheiden, da man ja nur schlecht mit negativen Zahlen umgehen konnte. Allerdings wusste man, dass Gleichungen, in denen auch ein Term bx^2 auftritt, immer in die obige Form umgewandelt werden können. Was aber leisteten jene drei Köpfe, von denen hier die Rede ist, auf diesem Gebiet?

Über **Scipione del Ferros** Leben ist nicht viel bekannt. Er wurde am 6. Februar 1465 in Bologna geboren, wurde 1496 an der *Universität Bologna* als Dozent angestellt. Von ihm sind keine Schriften erhalten. Mit Sicherheit hat er den ersten der beiden Fälle gelöst, ob er auch den zweiten Fall gelöst hat, ist jedoch ungeklärt. Seine Lösung hat er in seinen Aufzeichnungen festgehalten, die nach seinem Tod 1526 in den Besitz seines Schwiegersohnes übergingen. Neben anderen hatte del Ferros Schüler Antonio Maria Fior Kenntnis von der Lösungsformel.

Am 24. September 1501 wurde der nächste Protagonist dieser Geschichte, **Girolamo Cardano,** als uneheliches Kind in Pavia geboren. Nach einer kränklichen Kindheit studierte Cardano an der Universität Pavia Medizin. Dabei war er ein brillanter Student, aber, einen ausschweifenden Lebensstil führend und teilweise vom Glücksspiel lebend, genauso hochmütig. Nachdem Cardano mehrmals die Universität gewechselt hatte, wurde er schließlich 1526 noch als Student zum *Rektor der Universität Padua* gewählt. Ab 1534 arbeitete Cardano als Arzt in Mailand, und 1543 wurde er zum *Professor für Medizin* an die *Universität Pavia* berufen. Dort entfaltete Cardano nun eine rege Forschungstätigkeit, vor allem auf dem Gebiet der Mathematik. Von 1552 an führte Cardano ein Wanderleben durch Schottland, Frankreich und Deutschland. Danach dozierte er als Professor für Medizin in Mailand, Pavia und Bologna. Ab 1560 hatte er mit großen Schicksalsschlägen zu kämpfen. Denn sein Sohn wurde wegen Mordes an seiner Frau hingerichtet, während er selbst aufgrund einer Geldschuld eingekerkert wurde. Danach wurde er wegen Ketzerei innerhalb seiner philosophischen Schriften vor ein Inquisitionsgericht gestellt. Nur aufgrund der Zusprüche einiger ihm wohlgesonnener Kardinäle kam Cardano wieder frei. Den Rest seines Lebens konnte er dann einigermaßen sorgenfrei verbringen, bis er am 21. September 1576 starb. Das Gerücht besagt, er sei freiwillig verhungert, da er noch in dem von ihm selbst vorhergesagten Todesjahr sterben wollte.

1535 kam es zu einem Wettbewerb zwischen Fior, dem Schüler del Ferros, und dem Rechenmeister **Niccolò Tartaglia**. Letzterer wurde um 1500 in Brescia geboren, als sein Vater bereits gestorben war. Sicher ist, dass er eine sehr harte Kindheit verlebte. Passend dazu erzählt eine Anekdote, Tartaglia habe bei der Einnahme Brescias durch die Franzosen von einem Soldaten einen Schlag auf die Kinnlade erhalten, weswegen er fortan stotterte. Daher stamme letztlich sein Name »*Tartaglia*«, der Stotterer. Ebenfalls nur vermuten kann man, dass er sich Mathematik selbst beigebracht hatte und später als Mathematiklehrer und Rechenmeister in Brescia, Verona, Venedig, Mailand und Piacenza arbeitete. Er starb 1557 in Venedig.

Fior legte nun dem Rechenmeister Tartaglia 30 kubische Gleichungen vor, die dieser anscheinend ohne Probleme löste. Cardano und Fior baten Tartaglia daraufhin, seine Lösungsmethode bekannt zu geben. Nach jahrelangem Zögern teilte Tartaglia Cardano die Formel mit, forderte von ihm aber bei Ableistung eines Eides die Geheimhaltung. Diesen jedoch brach Cardano und veröffentlichte 1545 die Lösungsformel in seinem Werk *Ars magna*, worin er aber korrekterweise alle beteiligten Personen genannt hatte. Von del Ferros Schwiegersohn hatte Cardano zudem genaue Kenntnis von der Lösungsformel del Ferros erhalten. Danach kam es zu schweren gegenseitigen Anschuldigungen. Tartaglia beschuldigte Cardano des Eidbruchs. Cardanos Schüler Ferrari wiederum, unterstellte Tartaglia unberechtigterweise, von del Ferros Lösung gewusst zu haben – ein Plagiatsvorwurf also!

Heute steht fest, dass alle drei Beteiligten großen Anteil an der *Entwicklung* und Verbreitung der *Lösungsformel für Gleichungen dritten Grades* hatten. In *Ars magna* arbeitete Cardano im Übrigen schon mit komplexen Zahlen. Ebenso war in diesem Werk schon die Lösungsformel für Gleichungen vierten Grades angegeben, die auf Cardanos Schüler Ferrari zurückgeht. Weiterhin gab Cardano ein Näherungsverfahren für die Lösungen an, die *Regula aurea*.

In anderen Werken hat Cardano Arbeiten über die *mathematische Behandlung des Glücksspiels* geschrieben und hat spezielle Gleichungen sechsten Grades betrachtet. In einer weiteren Abhandlung beschrieb er eine Vorrichtung aus drei ineinandergreifenden Stahlringen, die bei einer offenen Lampe verhindert, dass Öl ausläuft. Diese *Cardanische Aufhängung*, die Cardano als alte Erfindung bezeichnet hatte und deshalb nicht für sich beanspruchte, wurde später zur Aufhängung von Schiffskompassen und ähnlichen Geräten verwendet. Die Bezeichnung Kardanwelle leitet sich heute noch davon ab.

Die Frage nach einer *allgemeinen Lösungsformel für Gleichungen fünften Grades und höher* erforderte an dieser Stelle der Geschichte allerdings noch viel Zeit und wurde letztlich erst im 19. Jahrhundert von Abel und Galois gelöst.

MARINE MERSENNE
(1588–1648)

Marine Mersenne war interessanterweise einer der eifrigsten Briefschreiber seiner Zeit – vielleicht weil er nach Beendigung des Studiums 1611, mit Ausnahme einiger weniger Reisen, seine ganze Zeit in seiner Ordenszelle des Konvents der *Minimi* in Paris verbrachte. Bei den *Minimi* handelte es sich um Einsiedler des heiligen Franz von Assisi, die ihren Namen der bescheidenen Lebensweise verdankten, die noch einfacher als die der *franziskanischen Minoriten* war. Doch gerade unter diesen Bedingungen war es Mersenne möglich, sich den Forschungen zu widmen, zu experimentieren und zu schreiben. Außerdem ließ man ihm im Orden die Freiheit, Mathematik zu lehren, Besucher zu empfangen und Treffen berühmter Wissenschaftler zu organisieren.

So konnte er – wie man heute sagen würde – Forschungsnetzwerke knüpfen. Seine *Korrespondenz* mit nach seinem Tod gezählten *78 Gelehrten* umfasst stolze *17 Bände*. Unter den

Empfängern waren unter anderen Fermat, Huygens, Galileo und Toricelli. Dabei lag Mersennes Talent insbesondere darin, die richtigen Fragen zu stellen, die dann oft den Anstoß zum Durchbruch in den jeweiligen Forschungsrichtungen gaben. Einen auffällig regen Schriftwechsel hatte er mit dem in Holland lebenden René Descartes, weil er so etwas wie der Verbindungsmann zwischen dem berühmten Philosophen und dessen Heimatland sein wollte. Überhaupt hat Mersennes Korrespondenz wesentlich zum Erblühen der wissenschaftlichen Forschung im 17. Jahrhundert beigetragen. Dafür leisteten ferner die von ihm organisierten Treffen der renommiertesten Gelehrten einen großen Beitrag. Selbst als er erkrankte, ließ er die klugen Köpfe noch kommen, und zwar direkt zu sich in die Mönchszelle.

Mersenne beschäftigte sich mit dem *freien Fall von Körpern* und den *Bewegungen des Pendels*. Um 1620 war er noch ein *entschiedener Gegner von Galileos Theorie*, um 1630 jedoch war er ein *genauso überzeugter Anhänger*. So veröffentlichte er ein Jahr nach Galileis Exkommunikation die *Mechanicques de Galilée, Florentin* und trug dadurch wesentlich zur Verbreitung der Ideen Galileis in Europa bei.

Ein weiteres großes Thema Mersennes war das *Nichts*. Konkret fragte er, ob es möglich ist, dass ein Teil unseres Universums absolut leer ist. Schließlich war es Blaise Pascal, der 1648 die Existenz des Vakuums experimentell bestätigte. Mersennes Beitrag zu diesem Fortschritt bestand nun darin, dass er vorher von einer Italienreise diesbezüglich neue Ideen von Toricelli nach Frankreich brachte. Darüber hinaus fand er heraus, dass die *Luftdichte* genau *1/19 der Dichte von Wasser* hat.

Heute aber ist Mersennes *Name* hauptsächlich mit der *Zahlentheorie* verbunden. Die sogenannten *Mersenneschen Primzahlen* sind Primzahlen der *Form 2^{p-1}*. Mersenne wusste, dass eine derartige Zahl nur dann Primzahl sein kann, wenn der *Exponent p* schon *selbst eine Primzahl* ist. Demnach sind Primzahlen also beispielsweise: $2^2 - 1 = 3$; $2^3 - 1 = 7$; $2^5 - 1 = 31$; $2^7 - 1 = 127$; $2^{13} - 1 = 8191$; $2^{17} - 1 = 131071$; $2^{19} - 1 = 524287$. Allerdings ist $2^{11} - 1 = 2047$ tatsächlich keine Primzahl. Weiterhin gab Mersenne 1644 an, dass für *p = 2, 3, 5, 7, 13, 17, 19, 31, 67, 127 und 257* die Zahlen 2^{p-1} Primzahlen seien, alle anderen *Primzahlen kleiner als 257* keine Primzahl dieser Form lieferten. Diese Behauptung jedoch war *nicht ganz korrekt*, wie man später herausfand. Überhaupt bleibt es unklar, wie Mersenne zu seiner Annahme gekommen war.

Großes Interesse widmete Mersenne auch der *Zykloide*. Das ist die Bahn, die ein Punkt, der auf einem Kreis liegt, beschreibt, wenn der Kreis auf einer Geraden entlangrollt. Die Zykloide wurde zu einer der wichtigsten Kurven in dieser Zeit. Einmal sollte sie Huygens für seine *Penduluhr* einsetzen, ein anderes Mal sollte sie später Johann Bernoulli in seiner berühmten Aufgabe zur *Brachistochrone* aufgreifen, so dass der Zykloide große Bedeutung in der Entwicklung der Variationsrechnung zuteil wurde. Des Weiteren beschäftigte sich Mersenne auch mit *Kombinatorik* und bestimmte die *Anzahl von Vertauschungs- und Kombinationsmöglichkeiten*, wofür ihm das Komponieren von *Musik* seine *Motivation* lieferte.

RENÉ DESCARTES
(1596–1650)

René Descartes war einer der typischen Rationalisten des 17. Jahrhunderts, die an die Erkenntnissicherheit der Vernunft glaubten, die Sinne jedoch für unverlässlich hielten. In der Philosophie ist Descartes vor allem wegen seines Dualismus bekannt und auch kritisiert. So gilt er als Schlüsselfigur der Trennung von Seele und Körper, oder der Spaltung des Menschen in zwei Substanzen, nämlich Denken und Ausdehnung.

Descartes' berühmteste Feststellung ist sicherlich sein Ergebnis des Anzweifelns der eigenen Existenz: »*Cogito, ergo sum!*« – *Ich denke, also bin ich*! Wenn das Denken gewiss ist, so ist demnach auch die menschliche Existenz sicher. Da nun Descartes' Auffassung zufolge in jenem Denken die Vorstellung eines vollkommenen Wesens, also die Vorstellung von Gott, vorhanden ist, und im Begriff der Vollkommenheit nun einmal Existenz mit inbegriffen ist, muss es Gott geben. Deshalb glaubt Descartes an Gott.

Das Interessante an der Philosophie jenes Barock-Denkers ist aber an dieser Stelle vor allem seine Methode. Wie kam Descartes auf die Idee, alles aus der Grundhaltung des Anzweifelns erklären zu können? Er wollte die philosophischen

Probleme in Einzelteile zerlegen, seine Gedanken wiegen, messen, ständig nachrechnen und schließlich vom Einfachen zum Komplizierten gelangen. Dabei sollte außerdem nichts als selbstverständlich wahr gelten! Mit anderen Worten: Descartes wollte die *mathematische Methode* auf die *philosophische Reflexion* anwenden und somit *philosophische Wahrheiten beweisen wie mathematische Lehrsätze*! Auf die Mathematik nämlich hatte sich Descartes verlassen, weil ihre Verhältnisse wie Länge, Breite und Tiefe von der Vernunft klar erkannt werden können. Folglich zeige uns die Mathematik nichts Geringeres als die Existenz der äußeren Welt! Doch wie wurde Descartes Mathematiker und Philosoph? Wie sollte sein Leben verlaufen, um all dies zusammenzubringen?

René Descartes wurde in La Haye, dem heutigen Descartes, in Frankreich geboren. Seine Erziehung genoss er in einem *Jesuitenkolleg in Anjou.* Dort studierte er bis zum Jahre 1612. Während seiner Schulzeit war er kränkelnd und erhielt deshalb die Erlaubnis, bis elf Uhr am Morgen im Bett zu bleiben – eine Angewohnheit, die er bis kurz vor seinem Tod beibehalten sollte.

In der Schule erkannte Descartes, wie wenig er wusste. Das einzige vernünftige Fach war – wie bereits angedeutet – seiner Ansicht nach die Mathematik. Dieser Gedanke sollte schließlich noch weiter in ihm reifen. Nach der Schule verbrachte er erst eine Zeit als Privatier, studierte danach Jura. Nach seinem Abschluss ging er 1616 an die *Militärschule in Breda,* ab 1618 studierte er Mathematik und Mechanik bei dem holländischen Forscher Isaac Beeckman und suchte nach einer Vereinheitlichung der Naturwissenschaften.

In der Anfangszeit des Dreißigjährigen Krieges schloss sich Descartes 1619 der bayerischen Armee an. Von 1620 bis 1628 reiste er durch Böhmen, Deutschland, Holland, Ungarn und Frankreich. So entstand unter anderem sein guter Kontakt zu Marin Mersenne, mit dem er sich wissenschaftlich austauschte. Doch 1628 war Descartes des Reisens müde und beschloss, sich in Holland niederzulassen, wo er dann auch 20 Jahre blieb. Dort verfasste er sein erstes physikalisches Werk, *Le Monde, ou Traité de la Lumière.* Kurz vor der Fertigstellung hörte er jedoch von den Schwierigkeiten Galileos und hielt das Manuskript zurück.

Da ihn seine Freunde zur Publikation seiner Ideen drängten, schrieb er sein nächstes Werk *Discours de la Méthode pour bien conduire sa Raison et chercher la Vérité dans les Sciences*. Diese Arbeit wurde 1637 in Leiden veröffentlicht und enthielt drei Anhänge: einen zur *Optik*, einen zur *Meteorologie* und einen dritten mit dem Titel *La Géométrie*. Zwar waren die ersten beiden Anhänge nicht besonders bedeutend, dafür umso mehr der dritte. Denn in *La Géométrie*, das später auch getrennt veröffentlicht wurde, brachte Descartes Geometrie und Algebra zusammen und schuf damit das Gebiet der *Analytischen Geometrie*. Aufgrund dieses Werkes sprechen wir heute, abgeleitet von seinem Namen, vom *kartesischen Koordinatensystem*, welches aber in *La Géométrie* nirgendwo auftaucht und eher Apollonius von Perge, Nicole Oresme (1323–1382) und Pierre de Fermat zugerechnet werden sollte. Die Leistung Descartes' war es jedoch, durch *Einführung einer Einheitsstrecke* jeder Strecke eine Zahl zuzuordnen, so dass mit dieser Größe gerechnet werden konnte. Auch der Begriff *kartesisches Produkt* in der *Vektorrechnung* geht letztlich auf Descartes zurück.

In den Naturwissenschaften lehnte Descartes die Existenz des Vakuums um die Erde herum ab, da seiner Meinung nach keine Kräfte auf das Vakuum wirken konnten. Er führte alle physikalischen Erscheinungen auf kleine Teilchen, die *Corpuscula*, zurück. Diese Theorie wurde später von Newton, der ein strenger Descartes-Gegner war, widerlegt. Aufgrund seiner *Koordinaten-Geometrie* gab es bei Descartes auch einen *absoluten Ursprung*. Dies war weder bei Newtons Physik noch – und erst recht nicht – bei Einsteins Modell nötig.

Die schwedische Königin Christina holte 1649 Descartes nach Schweden, um sich in Philosophie unterrichten zu lassen. Da sie ihre Lektion aber um fünf Uhr morgens erteilt bekommen wollte, musste Descartes seine eigentliche Gewohnheit des Ausschlafens aufgeben und im Morgengrauen zu Fuß zum Königsschloss gehen. Nach wenigen Monaten holte er sich eine Lungenentzündung, an der er am 11. Februar 1650 in Stockholm starb.

PIERRE DE FERMAT
(1601–1665)

Pierre de Fermat stammte aus einer wohlhabenden Leder-händler-Familie in Beaumont-de-Lomagne. Obwohl wenig über die Ausbildung Fermats bekannt ist, schreibt man ihm unter anderem hervorragende Kenntnisse in alten Sprachen zu. Zunächst – so weiß man auch – besuchte er die *Universität Toulouse* und zog dann zwischen 1620 und 1625 nach Bordeaux um. Dort hat er mit seinen ersten ernsthaften mathematischen Studien begonnen und schließlich 1629 den ortsansässigen Mathematikern eine von ihm restaurierte Kopie von Apollonius' *De Locis Planis* überreicht.

Von Bordeaux zog Fermat weiter nach Orléans, wo er Jura studierte und Anwalt wurde. Als solcher bekleidete er ab 1631 verschiedene Ämter am Gerichtshof zu Toulouse und wurde darüber hinaus in den Adelsstand erhoben. Allerdings scheint Fermat, da er sich hauptsächlich seinen wissenschaftlichen Forschungen widmete, bei Gericht nicht besonders angesehen gewesen zu sein. In einem geheimen Gutachten an den Finanzminister hieß es nämlich: »*Fermat ist ein Mann von großer Gelehrsamkeit. Er pflegt einen vielseitigen wissenschaftlichen Verkehr, ist ziemlich geldgierig, kein sehr guter Berichterstatter, konfus und gehört auch nicht zu den Freunden des ersten Präsidenten.*« Zu Fermats Verteidigung, was seine kritisierte Anwaltstätigkeit betrifft, muss auch erwähnt werden, dass er im Gegensatz zu vielen seiner damaligen Kollegen immer unbestechlich gewesen ist. Ansonsten lebte Fermat ruhig und zurückgezogen bis zu seinem Tod am 12. Januar 1665 in der Nähe seines Amtssitzes bei Toulouse.

Zu seinem zurückgezogenen Lebensstil gehörte leider auch, dass Fermat nur einen geringen Teil seiner mathematischen Errungenschaften publizierte. Erst sein ältester Sohn hat später aus dem Nachlass des Vaters alle noch vorhandenen Aufzeichnungen zusammengetragen und 1679 veröffentlicht. Aus diesem Grund ist es auch schwer, Fermats Entdeckungen zeitlich einzuordnen. Ein großer Teil seiner Forschungsergebnisse ist in Briefwechseln festgehalten, insbesondere mit Wallis, Pascal, de Roberval und Mersenne.

Zunächst interessierte sich Fermat für die antike Mathematik. Dabei versuchte er, verlorene Schriften von Euklid und Apollonius aufgrund von Anmerkungen späterer antiker Autoren zu rekonstruieren. In seiner *Ad locos planos et solidos isagoge, Einführung in die ebenen und körperlichen Orte* entwickelte er dann die Grundzüge der analytischen Geometrie, wobei er das Bezeichnen von algebraischen Größen durch Buchstaben von Vieta übernommen hatte. Während in jener Zeit die Gerade und der Kreis als ebene Orte betrachtet wurden, galten als körperlichen Orte die Parabel, Hyperbel und die Ellipse, also die Kegelschnitte. Fermat zeigt nun, dass alle Gleichungen maximal zweiten Grades auf eine derartige Kurve führen. In einer Arbeit *Über Maxima und Minima* von 1629 leitete Fermat unter anderem das Brechungsgesetz der Optik ab, und zwar aus dem Axiom, dass sich das Licht »*auf dem Weg des geringsten Widerstands*« ausbreitet, dem sogenannten *Fermatschen Prinzip*. Ferner bestimmte Fermat innerhalb dieses Werkes die Maxima und Minima mittels seiner *eigenen Differentialrechnung*, die allerdings noch nicht so allgemein formuliert war wie später bei Newton und Leibniz. Ein Problem, das Fermat damit angegangen ist, ist die Suche nach dem *Vialzentrum*, die Folgendes beinhaltet: Für n Punkte in der Ebene sucht man einen Punkt, für den die Summe aller Abstände zu diesen Punkten minimal wird.

Auch bei der *Integralrechnung* konnte Fermat Teilergebnisse erzielen. Darüber hinaus wurde die *Wahrscheinlichkeitsrechnung* in einem gemeinsamen Briefwechsel mit Pascal begründet.

1657 und 1658 gelangen Fermat außerdem einige heute noch berühmte Entdeckungen in der Zahlentheorie, die von seinem Studium der *Arithmetik* des Diophantos von Alexandria ausgingen. Dabei hielt er seine eigenen Ergebnisse auf dem Seitenrand seiner Ausgabe der *Arithmetik* fest. So formulierte er dort die *berühmte Fermatsche Vermutung*, dass für natürliche Zahlen $n = 1, 2, 3, \ldots$ die Gleichung $x^n + y^n = z^n$ nur ganzzahlige Lösungen x, y und z, die alle von Null verschieden sind, hat, falls $n = 1$ oder $n = 2$. In diesen Fällen für n gibt es unendlich viele Lösungen. Ein Beispiel für $n = 2$ wäre: $3^2 + 4^2 = 5^2$. Darauf folgend notierte Fermat am Seitenrand nur noch, dass er zwar einen wundervollen Beweis dafür habe, aber der Seitenrand zu schmal sei, um ihn auszuführen. Von da an hat jene Behauptung Mathematiker für mehr als 300 Jahre beschäftigt. Inzwischen hatte Euler alle übrigen unbewiesenen Sätze Fermats beweisen können, nur eben den als Randnotiz vermerkten nicht; deshalb wurde er auch unter dem Namen *Fermats letzter Satz* berühmt. Erst in den 1990er Jahren ist es Andrew Wiles gelungen, Fermats Behauptung zu beweisen. Interessant ist dabei weniger die eigentliche Behauptung, sondern vielmehr, dass im Lauf der Jahrhunderte die Mathematik durch die zahllosen Versuche, die *Fermatsche Vermutung* zu beweisen, entscheidend weiterentwickelt wurde. Heute, da ein Beweis gefunden wurde, herrscht die allgemeine Überzeugung, dass Fermat keinen Beweis hatte. Möglicherweise hatte er den Satz für $n = 3$ bewiesen und dann irrigerweise geschlossen, dieser Beweis könne leicht verallgemeinert werden. Der Beweis für $n = 3$ wiederum wurde dann zuerst von Euler formuliert.

Dieser war auch derjenige, der einen anderen Fehler von Fermat entdeckte. Jener behauptete nämlich, die Folge der Zahlen $2^n + 1$, also *3, 17, 257, 65537, ...,* umfasse ausschließlich Primzahlen. Doch Euler entdeckte, dass bereits $2^{2^5} + 1 = 641 \cdot 6700417$ gilt, die Zahl also keine Primzahl ist.

Eine andere Behauptung war dagegen richtig, nämlich der sogenannte *kleine Fermat*. Hierbei gilt für jede Primzahl p und jede Zahl a, dass $a^p - a$ durch p teilbar ist. Diese Beziehung ist heute noch bei jeder Art von *verschlüsselter Datenübertragung* von enormer Bedeutung. Der Satz ermöglicht es, bei Zahlen, bei denen für irgendeinen Wert a diese Teilbarkeitseigenschaft nicht gilt, von vornherein auszuschließen, dass die Zahl eine Primzahl ist. Ein weiterer sehr schöner Satz, den Fermat wahrscheinlich auch bewiesen hat, ist folgender: *Jede Zahl der Form 4n + 1 ist die Summe von zwei Quadraten.* Demnach gilt also zum Beispiel $13 = 4 \cdot 3 + 1 = 9 + 4$.

Wie hier vorher bei Tartaglia und Cardano beschrieben, entfachten sich später auch bei Fermat Prioritätsstreitigkeiten und Anfechtungen, die insbesondere vonseiten seines Zeitgenossen Descartes kamen. Möglicherweise war Pierre de Fermat seiner Zeit einfach zu weit voraus.

BLAISE PASCAL
(1623–1662)

Bei Blaise Pascal ist neben seiner Mathematik vor allem interessant, wie radikal er zweimal sein Leben veränderte. So führte er drei Lebensformen, wobei schon die erste die des reinen Wissenschaftlers, des Genies, gewesen ist. Als ihn die Naturwissenschaft in die Krise stürzte, gab er die diesbezügliche Arbeit komplett auf und lebte von da an als Weltmann in Paris. Nach vier Jahren jedoch überfiel ihn erneut eine Krise, die in der Nacht vom 23. auf den 24. November 1654 durch ein mystisches Erlebnis ausgelöst wurde, was wiederum den Rest seines Lebens prägen sollte.

Geboren im französischen Clermont, wo sein Vater ein hoher königlicher Beamter und Mathematiker war, entwickelte sich Blaise Pascal zum frühreifen mathematischen Talent. Diesem vermochte auch die eher sprachlich ausgerichtete Erziehung nicht entgegenzuwirken. Immerhin hatte der Vater Etienne versucht, bei der Ausbildung seiner Kinder die Mathematik außen vor zu lassen, obwohl er selbst ja durch die Entdeckung der *Pascalschen Schnecken*, was gewisse Kurven vierten Grades sind, zum namhaften Mathematiker geworden war. Und schließlich zog er 1631 mitsamt der Familie nach Paris, um sich abermals den Wissenschaften zu widmen. So war der Vater dann ab 1635 Mitglied in der von Mersenne in die Welt gerufenen *Freien Akademie*, einer Vereinigung der bedeutendsten Naturwissenschaftler, beispielsweise Descartes, Desargues und Fermat. Vor diesem Hintergrund war es also auch nicht gerade verwunderlich, dass Blaise Pascal schon mit 13 Jahren eigenständig Euklids *Elemente* studierte. Daraufhin durfte er schließlich den Vater zu einem der Akademie-Treffen begleiten und somit endgültig ins Reich der Mathematik eintauchen.

So schrieb Pascal bereits mit 16 Jahren eine Arbeit über Kegelschnitte, die später noch von Leibniz gelobt wurde, aber mittlerweile verloren gegangen ist. Zwei Jahre später veröffentlichte Pascal sein erstes Druckwerk *Abhandlung über die Kegelschnitte*. Beide Arbeiten basieren auf den Vorarbeiten von Apollonius und Desargues und enthalten ferner den *Pas-*

calschen Satz: »*Im Sehnensechseck eines Kegelschnittes liegen die Schnittpunkte je zweier Gegenseiten auf einer Geraden.*«

Mittlerweile war die Familie nach Rouen übergesiedelt, weil dort der Vater dem Kanzler bei der Unterdrückung eines Volksaufstandes assistierte und die Aufgabe der Steuereintreibung hatte. Dabei wurde er wiederum von Blaise Pascal unterstützt, der dadurch angeregt wurde, eine Rechenmaschine zu bauen. Nach vielen Versuchen gelang es ihm in dem immer noch geringen Alter von 20 Jahren, insgesamt *acht Addiermaschinen* zu bauen. Daneben richtete er damals eine *Omnibuslinie* ein und entwickelte eine *Schubkarre*.

Danach wandte sich Pascal zunächst der Physik zu und führte den Nachweis, dass sich die *Höhe einer Quecksilbersäule* mit dem *Luftdruck* verändert. Ab 1648 lebte die Familie dann wieder in Paris, wo 1651 sein Vater starb. Schließlich 1654 führte Pascal einen Briefwechsel mit Fermat über Fragen der Wahrscheinlichkeitsrechnung. Auslöser dafür war die Problemfrage, wie bei einem Glücksspiel der Einsatz zwischen gleichwertigen Teilnehmern aufzuteilen sei, wenn das Spiel vorzeitig abgebrochen würde. Bei diesen Betrachtungen entwickelte Pascal das sogenannte *Pascalsche Dreieck*, das allerdings schon vorher von arabischen Mathematikern untersucht worden war. Nichtsdestotrotz bildete genau jener Briefwechsel mit Fermat den eigentlichen *Grundstein für die Entwicklung der Wahrscheinlichkeitstheorie.*

Bereits vorher, im Jahr 1646, war die gesamte Familie Pascal zum sogenannten *Jansenismus* bekehrt worden. Die von diesem Glauben geprägten *Briefe aus der Provinz*, die Pascal von 1655 bis 1657 verfasst hatte und darin das Dogma und die Scheinmoral der Jesuiten bloßstellte, wurden später als ketzerisch bezeichnet und öffentlich verbrannt. Für Pascal selbst bedeuteten jene Briefe vielmehr eine Wende in seinem Leben. Während er sich nun vermehrt religiösen Studien zuwandte, gab er seine naturwissenschaftlichen Forschungen ganz auf und verleugnete sogar seine eigenen Beiträge. Bis auf einen kleinen Exkurs zurück zur Mathematik im Jahr 1658, in dem er sich mit *Rollkurven* befasste, blieb es auch bei jener Abwendung von der Wissenschaft.

Ab 1659 verschlechterte sich der Gesundheitszustand von Pascal erheblich. Er selbst sagte sogar, dass er schon seit dem

18. Lebensjahr keinen Tag ohne Schmerzen erlebt hätte. An eine regelmäßige Arbeit war nun nicht mehr zu denken. Unterdessen waren die Jansenisten der Verfolgung durch die Jesuiten ausgesetzt, weswegen Pascal die bedingungslose Lossagung von den Lehren Jansens unterschreiben musste. Schließlich ließen 1662 seine Kräfte weiter nach, bis er am 19. August 1662 an Krebs starb.

Obwohl Blaise Pascal nie eine professionelle Mathematikausbildung erhalten hatte und in diesem Sinne als Amateur zu sehen ist, war er dennoch ein naturwissenschaftlicher Universalist, dem tiefe Einsichten gelangen. Doch aufgrund seiner religiösen Befangenheiten, des persönlichen Starrsinns und der Unduldsamkeit gegenüber anderen Ansichten wurde er letztlich an noch größeren Leistungen gehindert.

CHRISTIAAN HUYGENS
(1629–1695)

Christiaan Huygens, das melancholische Genie, stammte aus einer bedeutenden holländischen Familie. Sein Vater Constantin Huygens hatte selbst Naturphilosophie, die den heutigen Naturwissenschaften entsprach, studiert. Deshalb erlangte Huygens auch Zugang zu den bedeutendsten Wissenschaftskreisen seiner Zeit. Dabei war sein Vater immer sein großes Vorbild, so dass Huygens, als jener mit 90 Jahren starb, von sich selbst das Bild eines Waisenkindes zeichnete – im Alter von 58 Jahren.

Huygens wurde von Privatlehrern ausgebildet, lernte Geometrie und das Bauen von mechanischen Modellen. Seine mathematische Ausbildung wurde wesentlich von *Descartes* geprägt, der gelegentlich bei den Huygens zu Gast war und am mathematischen Fortschritt Christiaan Huygens' interessiert war.

Seine ersten Arbeiten von 1651 und 1654 beschäftigen sich mit dem alten Problem von der *Quadratur des Kreises*. Die Frage dabei ist, ob man mit Zirkel und Lineal aus einem Kreis ein Quadrat konstruieren kann, das den gleichen Flächeninhalt wie der Kreis hat. Schließlich deckte Huygens in seinen

Abhandlungen den Fehler in einem Beweis von Gregory of Saint-Vincent auf und bestimmte daneben π auf zehn Stellen genau.

Danach wandte sich Huygens dem *Schleifen von Linsen* und der *Konstruktion von Teleskopen* zu. Mit einer seiner Linsen entdeckte Huygens 1655 den ersten Mond des Saturns. Im gleichen Jahr reiste er das erste Mal nach Paris, berichtete dort von seinen Entdeckungen und lernte die *Wahrscheinlichkeitstheorie* kennen, die aus der Korrespondenz von Fermat und Pascal entstanden war. Zurück in Holland, schrieb er eine kleine Arbeit über Wahrscheinlichkeitstheorie, *De Ratiociniis in Ludo Aleae*, das erste gedruckte Werk auf diesem Gebiet.

1656 entdeckte er das *Wesen der Saturnringe*, was zuerst auf fehlende Akzeptanz bei anderen Astronomen stieß. Da in der *Astronomie* die genaue Bestimmung der Zeit eine wichtige Rolle spielt, wandte sich Huygens nun der *Konstruktion von Uhren* zu. Bereits 1656 patentierte er dann die erste *Penduluhr*, die die bis dahin mögliche Genauigkeit deutlich verbesserte. Drei Jahre später gelang Huygens schließlich die großartige Entdeckung mitsamt dem Beweis, dass das *Pendelgewicht* eines *isochronen Pendels* auf einer *Zykloidenbahn* verläuft. Ein *isochrones Pendel* – und das ist eben das Besondere – benötigt für jeden Schwung die gleiche Zeit, egal wie weit es ausschwingt. Die *Zykloide* war zu jener Zeit eine Rollkurve, die vielfach untersucht wurde, mehr als etwa die Sinuskurve. Durch Johann Bernoulli konnte später für die Zykloidenbahn noch die Eigenschaft nachgewiesen werden, dass auf ihr eine Kugel am schnellsten von einem Punkt zum anderen rollt, womit wiederum die Variationsrechnung ihren Anfang fand.

Seine Entdeckung veröffentlichte er allerdings erst 1673 in *Horologium Oscillatorium sive de motu pendulorum*. In diesem Werk leitete er auch die *Zentrifugalkraft* aus der gleichförmigen Kreisbewegung ab. Aus den Überlegungen entstand wiederum bei Huygens, Hooke, Halley und Wren das *Gesetz des umgekehrten Quadrats in der Gravitationstheorie*.

Huygens konnte bereits perfekt mit unendlich kleinen Größen umgehen, ohne allerdings eine Theorie daraus zu formen. Dies sollte dann nur wenige Jahre später Newton und Leibniz gelingen. Schließlich 1661 reiste Huygens nach London und stellte seine Ergebnisse vor. Dort wurde er 1663 zum Mitglied der Londoner *Royal Society* gewählt. Als Huygens dann 1666 außerdem in die Pariser *Académie Royale des Sciences* aufgenommen wurde, stellte er fest, dass diese Akademie bisher noch nicht organisiert wurde, woraufhin er die Führung übernahm und versuchte, sie nach dem englischen Vorbild zu strukturieren.

Mit einer schon vorher allgemein instabilen Gesundheit wurde Huygens 1670 schließlich ernsthaft krank. Er litt an Depressionen und ging deshalb zurück nach Holland. Zuvor veranlasste er noch, dass seine Schriften zur *Royal Society* nach England geschickt wurden, da er fürchtete, nicht mehr lange zu leben.

Doch 1671 kehrte Huygens nach Paris zurück – in einer Situation, in der Frankreich Krieg gegen das heimatliche Holland führte. Als er 1672 Leibniz kennenlernte, brachte er diesem die neueste Mathematik nahe. Im gleichen Jahr hörte Huygens von Newtons Teleskop sowie von seiner *Teilchentheorie des Lichts*. Letztere lehnte er aber ab, da er ein überzeugter Vertreter der *Wellentheorie* war; deshalb brach er auch kurz danach die Korrespondenz mit Newton ab. Nichtsdestotrotz bestand das Verhältnis der beiden Mathematiker fortdauernd aus großer gegenseitiger Achtung.

Danach hielt sich Huygens noch mehrmals in Paris und London auf, während er wieder öfter erkrankte und erneut an Depressionen litt. 1678 erschien seine *Traité de la lumiere,* in der er seine *Wellentheorie* vorstellte. Als Newtons *Principia* erschien, bezeichnete Huygens das Gesetz von der universellen Gravitation als absurd. Mittlerweile verließ er zum Teil das Bett nicht mehr und ließ sich von Bediensteten herumtragen, was sehr gut zu Huygens' Persönlichkeit passte. Denn einen starken Hang zur Melancholie hatte er schon zeit seines Lebens. Letztlich zog er sich wieder nach Holland zurück.

In seinen letzten Jahren verfasste Huygens eine der ersten Diskussionen über *extraterrestrisches Leben,* nämlich die *Cosmotheoros,* die dann 1698 posthum erschien. Außerdem entwickelte er zuletzt in der Musik eine wohltemperierte Harmonie aus 31 Tönen. Doch sein psychischer Zustand verschlechterte sich immer mehr. So lag Huygens am Ende in seinem abgedunkelten Zimmer, fügte sich mit Glassplittern Verletzungen zu und verweigerte die Nahrungsaufnahme aus Angst, vergiftet zu werden. Infolgedessen starb Christiaan Huygens am 8. Juli 1695.

Erst lange nach seinem Tod wurden viele seiner mathematischen Entdeckungen wahrgenommen, die zu Lebzeiten völlig unberücksichtigt blieben. Sogar heute noch kommen immer wieder Ideen von Huygens zum Vorschein. Dabei beschäftigten sich seine Arbeiten außergewöhnlicherweise schon damals mit *symplektischer Geometrie, Variationsrechnung, Optimalsteuerung, Singularitätstheorie, Katastrophentheorie* und vielem mehr.

SIR ISAAC NEWTON
(1642–1727)

Newtons bekannteste und bedeutendste Errungenschaften waren seine *Ausformulierung des Trägheitsgesetzes* sowie die bis Einstein gültige *Beschreibung des Sonnensystems*. Mithilfe der diesbezüglichen Erforschungen von Kepler und Galilei gelang es ihm schließlich, das *Gesetz der allgemeinen Gravitation* zu finden und damit die Auswirkungen der *universellen Anziehungskraft* zu erklären. Wegen Newtons Entdeckungen wissen wir also genau, weshalb der Mond nicht einfach auf die Erde fällt.

Grundsätzlich muss Newton klar gewesen sein, dass durch das neue, heliozentrische Weltbild der Mensch seine Sonderstellung in der Welt verloren hatte, weil nun dessen Wohnort Erde nicht mehr Mittelpunkt der Welt war. Er sah auch, dass deswegen die Allmacht Gottes plötzlich infrage gestellt wurde. Doch für Newton gab es auch jetzt keinen Zweifel an der Herrschaft Gottes. Vielmehr verstärkten die neuen Erkenntnisse seinen Glauben, denn das Wirken der Naturgesetze ist nach Newtons Ansicht nichts anderes als ein Beweis für die Allmacht Gottes!

Isaac Newton wurde, nach julianischem Kalender gerechnet, am 25. Dezember 1642 in Woolsthorpe in Lincolnshire, England, geboren. Sein gleichnamiger Vater war ein Landwirt, der, obwohl er weder lesen noch schreiben konnte, sich ein kleines Vermögen erarbeitet hatte und 1642 Hannah Ayscough heiratete. Weil er aber bereits sechs Monate nach der Hochzeit starb, kam das Siebenmonatskind Isaac vaterlos zur Welt. Als sich dann auch noch das Verhältnis zu seiner Mutter und zu seinem späteren Stiefvater schlecht entwickelte, ließ man Isaac Newton von seiner Großmutter erziehen. Im Alter von 12 Jahren kam er auf die *Lateinschule in Grantham*, wo er bei einem Apotheker wohnte. Dieses Umfeld scheint bei ihm das Interesse an Alchemie geweckt zu haben, das ihn zeitlebens beschäftigte. Anscheinend war Newton auch ein geschickter Erbauer von allerlei Modellen und Gerätschaften.

Schließlich holte seine Mutter ihn mit 17 Jahren zurück, damit er ihr Besitztum verwalte. Allerdings interessierte das Newton wohl wenig. Jedenfalls ging er schon bald zurück zur Schule, um sich auf die Universität vorzubereiten. Am 5. Juni 1661 trat er schließlich in das *Trinity College* der Universität *Cambridge* ein, wo der mathematisch-naturwissenschaftliche Lehrstuhl, der *Lucas-Katheder* genannt, von Isaac Barrow besetzt war. Obwohl Newton eigentlich vorhatte, Jura zu studieren, erweckte vielmehr die Astronomie Galileis sein Interesse, so dass er bald Keplers Werke las. Ab 1663 scheint er sich dann ganz der Mathematik und Physik zugewandt zu haben, wo er schon zwei Jahre darauf den Grad des *Bakkalaureus* erwarb.

Da 1665 in London die Pest ausbrach, wurde auch die *Universität Cambridge* geschlossen. Daraufhin zog sich der 22-jährige Newton für weitere zwei Jahre in sein Heimatdorf Woolsthorpe zurück. Hier sollte er nun seine Wunderjahre durchleben, seine sogenannten *anni mirabilis*, in denen er den Grundstein für genau die Entdeckungen legte, die ihn zu einem der größten Wissenschaftler aller Zeiten machten: Newton fand in dieser Zeit das *Gravitationsgesetz*, was heißt, dass die Anziehung zwischen Massenkörpern umgekehrt proportional zum Quadrat ihrer Entfernung ist. Damit begründete er schließlich die *theoretische Physik* sowie ein *neues Weltverständnis*. Daneben schuf er in der Mathematik die *Differential- und Integralrechnung*, lernte insbesondere, Funktionen durch unendliche Reihen auszudrücken und diese gliedweise zu integrieren. Zudem fand er sein *Approximationsverfahren*, um Nullstellen zu berechnen, also das heutige *Newton-Verfahren*. Innerhalb der Pestjahre fand er außerdem durch Versuche heraus, dass weißes Licht eine Mischung aus farbigem Licht ist, und gab somit der *Theorie der Optik* eine *neue Wendung*. Hierbei war er selbst ein Vertreter der Teilchentheorie des Lichtes, verwendete aber auch zum Teil die Wellentheorie. Jedenfalls führte seine neue Optik-Theorie zu heftigen Kontroversen mit Hooke.

Später lernte Newton von Barrow, dass das Tangenten-Problem und das Problem der Flächeninhaltsbestimmung zueinander invers sind. Von diesem übernahm er auch die typische Notation, Geschwindigkeiten, das heißt Ableitungen nach der Zeit, mit einem Punkt über der Variablen zu bezeichnen. Dabei heißen die physikalischen Größen, die bei Newton von der objektiv ablaufenden Zeit abhängen, *Fluenten* beziehungsweise *Fließende*. Deren Geschwindigkeiten wiederum, also ihre Ableitungen, nennt Newton *Fluxionen*. Seine Erkenntnisse blieben jedoch zunächst unveröffentlicht.

1669 schrieb er dann die Abhandlung *De Analysi per aequationes numero terminorum infinitas* (Über die Rechenkunst mittels der Zahl ihrer Glieder nach unendlichen Gleichungen), in der seine *Theorie der unendlichen Reihen* festgehalten ist. Veröffentlicht wurde diese Arbeit allerdings erst 1711, womit *die Theorie der unendlichen Reihen* endgültig offiziell begründet war. Doch noch im Jahr 1669 trat sein Lehrer und Freund Barrow zu Newtons Gunsten von seinem *Lucasischen Lehrstuhl* zurück, um Pfarrer zu werden. 1671 stellte Newton ein weiteres mathematisches Werk fertig, nämlich die *Methodus fluxionum et serierum infinitarum* (Methode der fließenden Größen und der unendlichen Reihen). Darin fasste er schließlich seine *Infinitesimalrechnung* zusammen. Dieses Buch erschien in einer englischen Übersetzung wiederum erst 1736, also nach Newtons Tod.

Neben der *Analysis* beschäftigte sich Newton auch mit Algebra und verfasste 1673/74 das Skript *Arithmetica universalis* (Allgemeine Algebra), dessen Druck ebenfalls mit 33-jähriger Verspätung erfolgte.

Genauso blieb Newtons *Gravitationslehre* vorerst unveröffentlicht. Erst durch die Korrespondenz mit Hooke, der selbst mit seinen Forschungen nahe an das *Gravitationsgesetz* herangekommen war, sowie mit dem Astronomen Halley, dessen Namen heute ein Komet trägt, konnte Newton von der Notwendigkeit einer Publikation überzeugt werden. In einem der Briefe an Hooke hatte Newton eigentlich bereits geäußert, dass er sich mit Ende 30 zu alt für die Forschung finde und sich davon zurückgezogen habe. Doch dann fragte ihn der junge Halley bei einem Besuch, ob er aus dem *Gesetz vom inversen Quadrat* die *Ellipsengestalt der Planetenbahnen* herleiten könne. Nun antwortete Newton, dass er dies schon vor vielen Jahren bewiesen habe, aber seine Aufzeichnungen nicht mehr finde. Daraufhin setzte sich Newton offenbar neu motiviert hin, um sein Monumentalwerk *Principia* auszuarbeiten. Des Weiteren erschien 1685 die Abhandlung *De Motu* (Über die Bewegung), die Newton bei der *Royal Society* zur Sicherung seiner Prioritätsrechte hinterlegt hat. Dann machte er sich mithilfe seines Sekretärs daran, seine Erkenntnisse umfassend niederzuschreiben. Interessanterweise verwendete Newton nun zur Herleitung seiner Ergebnisse ausschließlich die *Euklidsche Geometrie* und nicht seine Infinitesimalrechnung. Nach der Fertigstellung wurde dann am 28. April 1686 das Manuskript *Philosophiae naturalis principia mathematica* (Mathematische Prinzipien der Naturwissenschaft) der *Royal Society* überreicht. Schließlich erschien das Buch 1687 im Druck und ist bis heute das wohl bedeutendste wissenschaftliche Werk. Erst Einstein sollte dann die Newtonsche Physik abermals entscheidend verbessern.

Dennoch bleibt es Newtons Verdienst, mit den *Principia* drei Bewegungs-Axiome formuliert zu haben, nämlich das *Trägheitsgesetz*, die *Kraft als Änderung der Bewegungsgröße* und *actio gleich reactio*. Damit konnte er den *freien Fall*, die *Bewegungen des Mondes*, die *Gezeiten* und die *Bewegungen der Planeten* berechnen. Somit sollte also Seneca, der einst sagte »*Eines Tages wird uns ein Mann erstehen, der zeigen wird, wie und wo die geheimnisvollen Kometen ihre Bahnen ziehen*«, am Ende Recht behalten. Und mit Isaac Newton hatte jener Mann auch endlich einen Namen.

Sein großer Verehrer Voltaire sorgte nun dafür, Newton im kontinentalen Europa schnell bekannt zu machen, obgleich nach dem Erscheinen der *Principia* die Forschungstätigkeit von Newton im Wesentlichen abgeschlossen war. Später wurde er als Abgeordneter der Universität Cambridge in das *Parlament von London* gewählt. Dort jedoch trat Newton bis auf eine Ausnahme kaum hervor. Dabei handelte sich aber nur um den Antrag, dass man doch bitte die Fenster schließen solle, woraufhin dann heftig applaudiert wurde.

Schließlich von 1690 bis 1693 litt Newton an Depressionen und geistigen Verwirrungen, die eventuell eine Folge der übergroßen geistigen Anstrengungen der vorhergehenden Jahre waren. Als Newton 1699 zum Aufseher der Münze wurde, widerfuhr ihm großer Wohlstand. Letztlich gab er zugunsten dieses Amtes sogar seinen *Lucasischen Lehrstuhl* in Cambridge auf und zog nach London. 1703 wird Newton Präsident der *Royal Society*, was er bis zu seinem Lebensende blieb. Ferner wurde er 1705 geadelt. In den darauffolgenden Jahren erwarb sich Newton Verdienste um die Organisation der Wissenschaften in England und um die Mitarbeit in verschiedenen Parlamentskommissionen. Aber geistig beschäftigte er sich zu dieser Zeit fast nur noch mit Alchemie und Theologie.

Zu erwähnen bleibt, dass Newton in Prioritätsstreitigkeiten mit Leibniz eingebunden war; deswegen setzte die *Royal Society* eine Untersuchungskommission ein, die Newton die Prioritätsrechte zusprach. Den Abschlussbericht dieser Kommission schrieb Newton allerdings selbst, natürlich anonym. Dieser Streit nahm noch größere Dimensionen an, bei dem am Ende sogar nationale Gefühle eine Rolle spielten. Aus heutiger Sicht muss man anerkennen, dass sowohl Newton als auch Leibniz die Infinitesimalrechnung in ihrer jeweiligen Ausprägung entwickelt haben. Ersterer hat vor allem den physikalischen Aspekt betont, Letzterer hingegen eher die Verbindung zur Logik. Dabei hat Leibniz die durchaus geschickteren Bezeichnungen gewählt.

Neben all diesen Turbulenzen um Rechte, verbrachte Newton aber außerhalb der Wissenschaften ein ruhiges Leben. Er wurde von seiner Nichte umsorgt und lebte trotz seines Wohlstandes nahezu geizig. Am 4. März 1727 erlitt er einen Gallenanfall und starb schließlich am 21. März im Alter von 84 Jahren. Am Ende erhielt Sir Isaac Newton ein Staatsbegräbnis und wurde in der Londoner Westminster Abtei beigesetzt.

GOTTFRIED WILHELM LEIBNIZ
(1646–1716)

Der Universalgelehrte Leibniz findet nicht nur Platz in einer Sammlung der bedeutendsten Mathematiker, Vergleichbares hat Leibniz auch als Philosoph und als Historiker geleistet. Außerdem war er ein hervorragender Jurist und Diplomat. Neben Descartes in Frankreich hat auch Leibniz in Deutschland eine Unterscheidung zwischen Stofflichem und Geistigem unternommen. Dabei kam er zu der wesentlichen Auffassung, dass der Stoff in immer kleinere Teile zerlegt werden kann, während sich die Seele hingegen nicht in Stücke schneiden lässt.

Da sich die Mathematik ja aber, abstrakt verstanden, auch mit dem *Stoff* beschäftigt, machte er eben gerade das Zerstückeln zu seinem mathematischen Hauptinteresse. So hat durch Leibniz die *Inifinitesimalrechnung* schließlich die Form gefunden, die heute noch in der Schule gelehrt wird. Darüber hinaus schuf er auch die *Grundlagen für den Bau eines Computers*.

Gottfried Wilhelm Leibniz wurde am 1. Juli 1646 in Leipzig, das kurz vor dem Ende des Dreißigjährigen Krieges von den Schweden besetzt war, geboren. Sein Vater, Friedrich Leibniz, war Jurist und Professor für Moral an der Universität Leipzig. Die Eltern starben früh, der Vater 1652, die Mutter 1664.

Mithilfe der Bibliothek seines Vaters brachte sich der Achtjährige selbst Latein bei, so dass er schon mit zehn Jahren in der Lage war, die lateinischen, aber auch die griechischen Klassiker zu lesen. Mit 13 verfasste er sogar seine eigenen lateinischen Gedichte. Als 14-Jähriger besuchte Leibniz die Universität in Leipzig und mit 18 wurde er Magister, nachdem er einen Sommer in Jena verbracht hatte, wo er intensiver mit Mathematik in Kontakt gekommen war. Obwohl er Philosophie studiert hatte, beschäftigte er sich auch mit Jura, Mathematik, Physik und Logik. In Leipzig verwehrte man ihm jedoch aus nicht ganz geklärten Gründen den Doktortitel. Also reiste er nach Altdorf bei Nürnberg und promovierte dort zum *Doktor* beider Rechte. Die dort angebotene Professur schlug Leibniz aus, weil er Höheres im Sinn hatte. Zuerst schloss er sich dem Geheimbund der *Rosenkreuzer* in Nürnberg an und kam dort mit Alchemie in Berührung. Damit beschäftigte er sich, wie übrigens sein Gegenspieler Newton auch, sein Leben lang immer wieder. Im Geheimbund lernte er Johann Christian von Boineburg kennen, den früheren Kanzler des Kurfürsten von Mainz. Dieser erkannte die juristischen und diplomatischen Talente von Leibniz und sorgte dafür, dass derselbe vom Mainzer Kurfürsten Johann Philipp von Schönborn angestellt wurde. So wurde Leibniz 1762 als Diplomat nach Paris geschickt. Dort sollte er Ludwig XIV. davon überzeugen, statt gegen deutsche Regionen gegen Ägypten Krieg zu führen. Dabei stammte die Idee für dieses Vorgehen von Leibniz selbst, wurde allerdings nicht durchgesetzt.

In Paris lernte er Christiaan Huygens kennen, den wohl bedeutendsten Mathematiker, Physiker und Astronom vor der Zeit Newtons und Leibniz. Hier glänzte er nun als Meister bei der Berechnung von Reihensummen, wie etwa $\frac{1}{1}+\frac{1}{3}+\frac{1}{6}+\frac{1}{10}+\ldots=2$. Schließlich 1673 reiste er weiter nach London, wo er der *Royal Society* eine von ihm selbst konstruierte *Rechenmaschine* präsentierte, die allen anderen Maschinen überlegen war, da sie neben Addition und Subtraktion auch Multiplikation und Division beherrschte. Leider funktionierte sie noch nicht, woraufhin Leibniz Nachbesserung versprach. Da er sie aber nicht liefern konnte, sondern abreiste, sorgte er für Verstimmung, die sich im späteren Prioritätsstreit mit Newton noch gegen ihn auswirken sollte.

Zurück in Paris, entdeckte Leibniz 1674 die Staffelwalze, die seiner Maschine den Übertrag in die nächste Dezimalstelle ermöglichte, wodurch diese letztlich funktionsfähig wurde. Außerdem machte Leibniz in Paris seine in London offenbarten Schwächen in Mathematik wett. Unter Anleitung von Huygens studierte er die neueste Mathematik und wurde nach und nach selbstständig.

Im Herbst 1675 ersann Leibniz seine *Infinitesimalrechnung*, die unter dem Namen *Calculus* berühmt wurde. Nicht nur aufgrund seiner tiefen Einsicht, auch wegen der geschickten Wahl der Bezeichnungen sollte sich der Leibnizsche Ansatz im kontinentalen Europa schnell durchsetzen. So führte er das *Integralzeichen* und den *Differentialquotienten* ein. Dieser neue

Kalkül half ihm ferner, rasch eine Reihe neuer Einsichten zu finden.

Allerdings hatte er in dieser Zeit auch mit anderen Problemen zu kämpfen. Denn nachdem sowohl der Kurfürst als auch von Boineburg gestorben waren, gelang es Leibniz nicht, in Paris eine Anstellung zu finden. Deshalb war Leibniz froh, als Bibliothekar und juristischer Berater in den Dienst des Herzogs von Hannover treten zu können. So reiste er 1676 über London und die Niederlande nach Hannover. In London gewährte man ihm Einblick in die Schriften Newtons, weswegen ihm später das Plagiat vorgeworfen wurde.

Im Dezember 1676 traf Leibniz in Hannover ein, wo er bis zu seinem Tod, vierzig Jahre später, blieb. Seine Position erlaubte es ihm allerdings nicht mehr, sich viel mit Mathematik zu beschäftigen, wie etwa das bereits geplante Buch zur Infinitesimalrechnung zu schreiben.

1682 wurde in Leipzig die monatlich erscheinende Zeitschrift *acta eruditorum* gegründet, für die Leibniz ständiger Mitarbeiter war. Dort publizierte er in einer Reihe von Artikeln seine Ergebnisse, die die heutige *Differential- und Integralrechnung* begründen. So veröffentlichte er die *Leibniz-Reihe*, bei der es sich um eine Formel zur Bestimmung von $\pi/4$ handelt, und das nach ihm benannte *Konvergenzkriterium* für Reihen beziehungsweise Summen. Das Brechungsgesetz der Optik behandelte er als Extremwertproblem. Weiterhin gab er die Regeln zum Differenzieren von Summen, Differenzen, Produkten, Quotienten an, dazu die Kettenregel, die zweite Ableitung und die Lösung einer Differentialgleichung durch Trennung von Variablen. Zudem kannte er die Ableitung $\frac{dx^n}{dx} = nx^{n-1}$. Ferner zeigte Leibniz, dass das Verschwinden der Ableitung notwendige Bedingung für Minimum und Maximum einer Funktion ist, genauso wie das Verschwinden der zweiten Ableitung notwendige Bedingung für einen Wendepunkt ist. Außerdem führte er die beiden Bezeichnungen *Funktion* und *Differentialrechung* ein.

1686 führte dann Leibniz ebenfalls das *Integralzeichen* ein, und 1693 gelangte er zu der Methode, eine Funktion in eine Reihe zu entwickeln und gliedweise zu integrieren. Des Weiteren beschäftigte sich Leibniz mit Anwendungen in der Mechanik. Ferner führte Leibniz die *Verwendung von Indizes* ein, die *Determinantenschreibweise*, den *Multiplikationspunkt*, die *Potenzschreibweise* a^x *für variable Exponenten*.

Eine weitere große Leistung von Leibniz war die Entdeckung des *Dualsystems* im Jahr 1679, das er allerdings erst 1701 veröffentlichte. Seit den Studientagen hatte er außerdem ein formales Beweissystem im Sinn, was nichts anderes heißt, als dass er sich Gedanken über ein formales Logiksystem, wie es später von Boole gefunden wurde, gemacht hatte.

Leibniz' Aufgaben in Hannover beschränkten sich hauptsächlich auf die Bibliotheksverwaltung. Hinzu kam dann der Auftrag, die Geschichte der Welfen zu erforschen. Dazu reiste er durch Deutschland, nach Österreich und Italien. Allerdings konnte er dieses monumentale Werk nicht mehr abschließen. Nahezu nebenher *gründete* Leibniz die *Akademie der Wissenschaften in Berlin*. Das Gleiche versuchte er später in Wien und St. Petersburg, was aber dann erst nach seinem Tod verwirklicht wurde. Unterdessen schuf Leibniz in Hannover seine philosophischen Werke. Daneben korrespondierte er unaufhörlich mit etwa 600 Gelehrten in ganz Europa. Deshalb ist es kein Wunder, dass viele seiner Schriften bis heute noch nicht erfasst sind und im Archiv lagern.

Ab dem Jahr 1711 beschäftigte Leibniz der Streit um die *Prioritätsansprüche* bei der Entdeckung der *Infinitesimalrechnung* mit Newton beziehungsweise mit der *Royal Society London*. Dabei hatte wohl jede der beiden Parteien nicht ganz unrecht. Denn bei der *Infinitesimalrechnung* handelt es sich um ein Beispiel einer Entdeckung, die innerhalb der Mathematikentwicklung längst überreif gewesen ist und deshalb dann an mehreren Stellen gleichzeitig und beinahe unabhängig voneinander gefunden wurde. Ein ähnlicher Fall wird sich im 19. Jahrhundert bei der *Nicht-Euklidischen Geometrie* zeigen.

In Hannover war das Ansehen von Leibniz nach dem Tod des Herzogs 1679 allmählich gesunken. Als er im Alter von 70 Jahren starb, war Leibniz nunmehr ein einsamer, von langer Krankheit gezeichneter Mann, und seine Leistungen waren bereits in Vergessenheit geraten. Heute jedoch gilt er als universaler Gelehrter, der tiefe Spuren in unserer kulturellen und wissenschaftlichen Entwicklung hinterlassen hat.

Die BERNOULLI-Familie

Die Familie Bernoulli ist eine der wenigen Familien, die über Generationen hinweg herausragende Mathematiker-Persönlichkeiten hervorgebracht hat. Der mathematische Lehrstuhl der Universität Basel war über den Zeitraum von 105 Jahren jeweils von einem Bernoulli besetzt. So lassen sich die Nach-, fahren von Nikolaus Bernoulli bis in das 20. Jahrhundert hinein verfolgen, wobei fast ausschließlich erfolgreiche Karrieren vorgefunden werden. Das vererbte mathematische Talent schien sich immer wieder zu entfalten, auch wenn viele der Bernoullis ursprünglich eine andere Berufslaufbahn eingeschlagen hatten.

Die Bernoullis waren eine der protestantischen Familien aus Antwerpen, die 1583 vor den Massakern der Katholiken flohen. Zuerst ließen sie sich in Frankfurt nieder, später siedelten sie nach Basel über. Dort heiratete sich einer der Stammväter in eine Basler Familie ein und wurde infolgedessen ein mächtiger Kaufmann. Auch die Nachfolger heirateten später alle in wohlhabende Kaufmannsfamilien ein. Der Stammvater der Wissenschaftler-Familie ist Nikolaus Bernoulli und war Ratsherr in Basel. Aus seiner Ehe mit Margareta Schoenauer gingen unter anderem die Brüder Jakob I. und Johann I. hervor. Zur Orientierung innerhalb der weiteren Nachkommenschaft sei an dieser Stelle ein grober Überblick über die Verhältnisse gegeben:

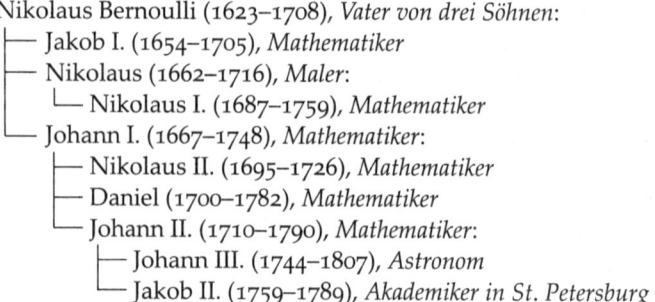

Nikolaus Bernoulli (1623–1708), *Vater von drei Söhnen:*
├── Jakob I. (1654–1705), *Mathematiker*
├── Nikolaus (1662–1716), *Maler:*
│   └── Nikolaus I. (1687–1759), *Mathematiker*
└── Johann I. (1667–1748), *Mathematiker:*
    ├── Nikolaus II. (1695–1726), *Mathematiker*
    ├── Daniel (1700–1782), *Mathematiker*
    └── Johann II. (1710–1790), *Mathematiker:*
        ├── Johann III. (1744–1807), *Astronom*
        └── Jakob II. (1759–1789), *Akademiker in St. Petersburg*

Jakob Bernoulli wurde am 27. Dezember 1654 in Basel geboren. Dort studierte er auf Wunsch seines Vaters zuerst Theologie, zu der er sich aber gar nicht hingezogen fühlte. Trotzdem schloss er das Studium 1676 ab. Unterdessen hatte er sich selbst bereits heimlich Mathematik-Kenntnisse beigebracht.

Zwischen 1676 und 1682 verbrachte er seine Zeit mit Reisen nach Italien, die Niederlande und Frankreich, wobei er einige bedeutende Mathematiker kennenlernte. Während er seinen Lebensunterhalt als Privatlehrer verdiente, vervollständigte er seine Sprachkenntnisse und arbeitete sich zugleich in die aktuelle physikalische und mathematische Literatur ein. 1682 kehrte Jakob Bernoulli nach Basel zurück und hielt dort Privatvorlesungen über die Mechanik. 1687 schließlich erhielt er den *Lehrstuhl für Mathematik an der Universität Basel*, den er bis zu seinem Tod 1705 besetzte.

Zuerst beschäftigte sich Bernoulli mit Astronomie. Dabei widersprach er der damaligen Auffassung, dass Kometen Leuchterscheinungen wären, und behauptete stattdessen, dass sie Gestirne oder Trabanten unentdeckter Planeten seien. Später wandte er sich der Physik zu, befasste sich mit Elastizität und Kompressibilität der Luft. Erst später widmete er sich der Mathematik, studierte die Werke von Wallis und Barrow, dem Lehrer von Newton, sowie die *Geometrie* von Descartes.

In den Jahren 1685/86 gelang es Jakob Bernoulli, die Beweismethode der *vollständigen Induktion* zu erfassen und zu begründen, die heute jeder Anfänger des Mathematikstudiums mitgeteilt bekommt. Etwa zur gleichen Zeit führte Jakob seinen jüngeren Bruder Johann I., der sich später zu seinem großen Rivalen entwickeln sollte, an die Mathematik heran. Von da an studierten sie nun gemeinsam die *Leibnizsche Abhandlung zur Infinitesimalrechnung* von 1684.

1691 erschien in den Leipziger *Acta eruditorum* die erste Arbeit Jakob Bernoullis, die die Infinitesimalrechnung verwendete. Darin werden parabolische und logarithmische Spiralen untersucht, darüber hinaus werden der Begriff *Integral* eingeführt und die Kettenlinie untersucht. Letztere ist die Kurve, die die Lage einer an zwei Punkten aufgehängten Kette beschreibt. Genau auf jener Arbeit basiert schließlich unsere heutige Konstruktion von Hängebrücken und Hochspannungsleitungen. In diesen Jahren pflegten die Bernoullis außerdem einen Briefwechsel mit Leibniz, der sehr wichtig ist, weil aus ihm viele Resultate hervorgingen, die heute noch in den Lehrbüchern enthalten sind.

Johann Bernoulli wurde am 27. Juli 1667 als zehntes Kind geboren. Der Vater verordnete ihm zuerst eine Kaufmannslehre, danach ein Medizinstudium. Nebenher lernte er, wie bereits erwähnt, von seinem Bruder Jakob Mathematik, insbesondere Infinitesimalrechnung.

Als Johann Bernoulli 1690 die Approbation erhalten hatte, reiste er sogleich nach Genf und Paris. Dabei wurde er unter anderem zum Privatlehrer des vermögenden Marquis de l'Hospital, welcher ein kreativer Autodidakt auf dem Gebiet der Mathematik war. Die beiden schlossen das heimliche Abkommen, dass Johann Bernoulli dem Marquis de l'Hospital gegen Bezahlung seine neuesten mathematischen Ideen zukommen ließe. Infolgedessen wurden diese Erkenntnisse Bestandteil des ersten Lehrbuchs der Differentialrechnung, das 1696 von l'Hospital veröffentlicht wurde. Später, nach dem Tod des Marquis, erhob Johann Bernoulli jedoch Anspruch auf die Ergebnisse von l'Hospital, unter anderem auf die *l'Hospitalsche Regel*, die den Grenzwert des Quotienten zweier Funktionen bestimmen hilft.

1695 hatte Johann Bernoulli auf Betreiben von Huygens einen Lehrstuhl an der Universität Groningen erhalten. Dort beschäftigte er sich neben Mathematik auch mit Experimentalphysik und Medizin. 1705, nach dem Tod seines Bruders Jakob, übernahm er dessen Lehrstuhl an der Universität Basel. Aus familiären Gründen lehnte er mehrere ehrenvolle Rufe an andere Universitäten ab. Am 1. Januar 1748 starb Johann Bernoulli schließlich im Alter von 81 Jahren.

Das persönliche Verhältnis der beiden Brüder war fast immer gespannt. Sie haben sich sowohl in Briefen als auch in der Öffentlichkeit wüst beschimpft. Dabei scheint Johann derjenige gewesen zu sein, der stärker auf Streit aus war. Später zerstritt er sich sogar mit seinem Sohn Daniel, weil dieser ihm einen Preis der Pariser *Akademie der Wissenschaften* wegschnappte.

Die Differenzen zwischen den beiden Brüdern wirkten aber in gewisser Weise auch wie ein Spiegelbild ihrer tatsächlich unterschiedlichen Typen. Während Johann ein schneller, einfallsreicher Denker war, der elegante Lösungen suchte und fand, war Jakob dagegen eher langsamer und umständlicher, allerdings oftmals mit der Folge eines tieferen Verständnisses.

Im Laufe der Jahre hat Jakob Bernoulli immer wieder das Thema der *unendlichen Reihen* aufgegriffen. Unter anderem hat er die *Nichtkonvergenz der harmonischen Reihe* bewiesen. Von ihm stammt ebenso die *Bernoullische Ungleichung*. Ein wichtiges Hilfsmittel, um eine Funktion zu integrieren, war für ihn immer, die Reihenentwicklung zu finden und gliedweise zu integrieren. Nachdem er sich lange mit der unendlichen Summe $\frac{1}{1} + \frac{1}{4} + \frac{1}{9} + \frac{1}{16} + \cdots$ beschäftigt hatte, konnte er zeigen, dass der Grenzwert kleiner als 2 war. Erst Euler fand die hierfür *exakte Lösung* $\frac{\pi^2}{6}$.

Acht Jahre nach Jakobs Tod veröffentlichte sein Neffe Nikolaus I. das Buch *ars conjuctandi* aus des Onkels Nachlass, welchem schließlich große Bedeutung in der Entwicklung der *Wahrscheinlichkeitstheorie* zuzuschreiben ist. Schon vorher hatten sich Männer wie Fermat, Pascal und Huygens mit der Untersuchung von Gewinnchancen beim Glücksspiel sowie mit Problemen der Bevölkerungsstatistik und Lebensversicherung befasst. Jakob fasste nun deren Erkenntnisse zusammen und entwickelte die Theorie weiter. So tauchen hier die *Bernoullischen Zahlen* auf und ferner – wie Poisson es später bezeichnete – das *Gesetz der großen Zahlen*, das Jakob nach zwanzigjährigem Nachdenken beweisen konnte. Damit schuf Jakob Bernoulli eine mathematische Grundlage für die *Wahrscheinlichkeitstheorie*. Ein weiteres Gebiet, das Jakob Bernoulli prägte, ja sogar begründete, ist die *Variationsrechnung*.

Im Juni 1696 stellte Johann Bernoulli in den *acta eruditorum* das berühmte Problem der *Brachistochrone*. Gesucht war diejenige Bahn von einem Punkt *A* zu einem tiefer gelegenen Punkt *B*, auf der eine Kugel nur unter dem Einfluss der Schwerkraft am schnellsten von *A* nach *B* rollt. Die Lösung forderte Johann bis zum Jahresende, musste dann aber wegen des Mangels an Einsendungen den Termin bis Ostern 1697 verlängern. Im Maiheft 1697 erschienen sowohl die beiden Lösungen der rivalisierenden Brüder als auch eine Notiz von Leibniz, die die richtige Lösung enthielt, nämlich die *Zykloide*. Johanns Lösung war ganz auf den Spezialfall zugeschnitten, Jakobs Lösung hingegen war allgemein und ist als der *Grundstein der Variationsrechnung* zu sehen. Außerdem fordert Jakob innerhalb seines Resultats nun im Gegenzug seinen Bruder Johann heraus, das sogenannte *verallgemeinerte isoperimetrische Problem* zu lösen. Hierbei galt es, unter allen Kurven gleicher Länge diejenige zu finden, die in gewisser Hinsicht optimal ist. Johann ließ sich provozieren und lieferte prompt eine falsche Lösung, was ihm den öffentlichen Spott seines Bruders Jakob einbrachte. Zudem gab Jakob dann 1700 seine eigene, richtige Lösung an. Nach dem Tod Jakobs vereinfachte Johann wiederum diese Methode und formulierte im Anschluss ein neues, wichtiges Variationsproblem: *Finde auf einer gekrümmten Oberfläche den kürzesten Weg zwischen zwei Punkten!* Euler und Lagrange entwickelten daraus die Variationsrechnung mit vielen wichtigen Anwendungen in der Mechanik und der Physik.

Doch auch Johann Bernoulli war, trotz seiner Streitsucht, einer der bedeutendsten Mathematiker. Denn er entwickelte nicht nur die *Integrationstheorie von Differentialgleichungen,* nein – die nach ihm benannten *Bernoullischen Differentialgleichungen* werden heute noch so gelöst, wie er es tat. Johann Bernoulli beschäftigte sich viel mit der Anwendung der Infinitesimalrechnung auf technische und physikalische Probleme. Unter anderem veröffentlichte er 1742 eine umfangreiche *Arbeit über Hydrodynamik.* Und ganz grundsätzlich war es Johann Bernoulli, der überhaupt erst die Leibnizsche Form der Infinitesimalrechnung auf dem europäischen Kontinent verbreitet hat. Zu seinen Schülern gehörten seine Söhne Nikolaus II., Daniel und Johann II. sowie kein Geringerer als Euler.

Der **dritte Bernoulli**, den wir hier erwähnen wollen, ist **Johanns Sohn Daniel**. Er wurde 1700 in Groningen geboren, seine Schulzeit verbrachte er in Basel. Wie in der Familie üblich, wurde auch bei ihm das mathematische Talent zuerst ignoriert, denn Daniel sollte Kaufmann werden. Nachdem er zweimal eine Lehre abgebrochen hatte, durfte er Medizin in Basel, Straßburg und Heidelberg studieren. Zuerst arbeitete er als praktischer Arzt in Venedig und erhielt dann aber 1725, nach einer ernsthaften Krankheit, zusammen mit seinem älteren Bruder Nikolaus II. einen Ruf an die *Akademie in St. Petersburg.* Dieser erfolgte auf Empfehlung des Zahlentheoretikers Goldbach, nachdem Daniel mit der Lösung einer später nach *Riccati* benannten *Differentialgleichung* Aufsehen erregt hatte.

Bald darauf kam auch Euler nach St. Petersburg. Noch vorher starb 1726 Nikolaus II. an einem Krebsleiden. Schließlich kränkelte auch Daniel in dem rauen Klima St. Petersburgs und kehrte 1733 nach Basel zurück, wo er trotz des schwierigen Verhältnisses zu seinem Vater Johann auch blieb. 1750 erhielt er den *Lehrstuhl für Physik* an der *Universität Basel*, wo er in seinen Experimentalphysik-Vorlesungen bis zu hundert Hörer zählen konnte. Letztlich konnte sich der unverheiratete Daniel Bernoulli die letzten Jahrzehnte seines Lebens ungestört und sorgenfrei der Wissenschaft widmen, bis er am 17. März 1782 geistig hellwach und immer noch arbeitend verstarb. Seine größte Leistung ist das umfangreiche Werk *Hydrodynamik oder über die Kräfte und Bewegungen der Flüssigkeiten*. Es war schon in St. Petersburg begonnen worden und erschien dann 1738. Darin stellte er die Hypothese auf, dass die kleinsten Teilchen eines Gases unabhängig in geradliniger Bewegung sind und an die Wand des umgebenden Gefäßes wie elastische Kugeln stoßen. Daniel Bernoullis Vermutung zufolge sollte nun der dabei erzeugte Druck zum Quadrat der Geschwindigkeit der Teilchen proportional sein. Damit legte er die *Grundlagen der kinetischen Gastheorie*, die erst Mitte des 19. Jahrhunderts wieder aufgegriffen wurde.

Ferner erhielt Daniel zehn Mal den *Preis der Pariser Akademie*. Er gewann sie mit Arbeiten unter anderem über Fragen der schwingenden Saite, über Fragen zur Schifffahrt, zur Meeresströmung und zu den Gezeiten. Des Weiteren beschäftigte er sich mit *Wahrscheinlichkeitstheorie* sowie mit *Magnetismus* und *Elektrizitätslehre* und deren *Anwendung in der Medizin*. Auch auf seinem ursprünglichen Gebiet *Medizin* veröffentlichte Daniel vier größere Abhandlungen.

LEONHARD EULER

(1707–1783)

Basel war zu Beginn des 18. Jahrhunderts aufgrund der aufgeschlossenen und bildungsinteressierten Kaufleute ein bedeutendes wissenschaftliches Zentrum. Leonhard Euler wurde am 15. April 1707 als Sohn des Pfarrers Paul Euler geboren. Der Vater hatte sich neben der Theologie auch für Mathematik interessiert und bei dem berühmten Jakob Bernoulli studiert.

Nach dem Besuch der Lateinschule schrieb sich Leonhard Euler 1720 an der philosophischen, später auch an der theologischen Fakultät der Universität Basel ein. Euler meisterte alle Fächer und erreichte 1722, im Alter von 15 Jahren, seinen Abschluss. Sein Vater erlaubte ihm, obwohl er ihn gerne als Pfarrer gesehen hätte, seiner mathematischen Neigung nachzugehen und Mathematik zu studieren. Durch die Bekanntschaft des Vaters mit den Bernoullis wurde Johann Bernoulli sein Privatlehrer, der ihn einmal in der Woche anleitete und seine Fragen beantwortete. Als 17-Jähriger erhielt er 1724 die *philosophische Magisterwürde*, als 19-Jähriger mit einer *Dissertation über die Natur des Schalls* den *Doktorgrad*. Mit der Doktorarbeit bewarb er sich um eine Professorenstelle in Basel, wurde aber wegen seines jugendlichen Alters abgelehnt. In der Zwischenzeit waren seine beiden Studienfreunde, Daniel und Nikolaus Bernoulli, die Söhne von Johann Bernoulli, an die St. Petersburger Akademie, die 1724 von Zar Peter I. gegründet worden war, gerufen worden. Zwei Jahre später arrangierten sie auch für Leonhard Euler eine Stelle in St. Petersburg. Nun hatte Euler zunächst eine Stelle für *Physiologie und Anatomie*, beschäftigte sich also für einige Zeit mit medizinischen Studien. Nach Kurzem jedoch gelang es ihm, in die Mathematik zu wechseln. 1730 erhielt Euler in St. Petersburg erst eine *Professorenstelle für Physik*, 1733 dann die *für Mathematik*, und zwar die des nach Basel weggegangenen Daniel Bernoulli. Im gleichen Jahr heiratete er Katharina Gsell, die Tochter eines aus der Schweiz stammenden Malers an der St. Petersburger Malakademie.

Dieser erste Aufenthalt in St. Petersburg dauerte 14 Jahre, von 1727 bis 1741, und war eine sehr fruchtbare Schaffensperiode für Leonhard Euler. Er schrieb mehrere elementare und fortgeschrittene Schulbücher in Russisch, beschäftigte sich ferner mit vielen *Anwendungen* der Mathematik auf Astronomie, Mechanik, Optik, Artillerie und auf vielerlei Probleme, die von den Machthabern an ihn herangetragen wurden. Außerdem arbeitete er ab 1735 im *geographischen Department*, hatte an der *Kartographierung* des riesigen, weiten Russlands großen Anteil. In dieser Zeit verlor er 1735, möglicherweise durch Überanstrengung, sein rechtes Auge.

Im darauffolgenden Jahr erschien sein Werk *Mechanica sive motus scienta analytice exposita*, das für die Physik bahnbrechend war, weil er darin als Erster die Newtonsche Dynamik des Massenpunktes mit den analytischen Methoden der Differential- und Integralrechnung in der Leibnizschen Schreibweise verbunden hatte. Insgesamt veröffentlichte er während der St. Petersburger Zeit etwa 90 Arbeiten, nahm jedes Jahr am Preiswettbewerb der Pariser Akademie teil, den er nicht weniger als zwölf Mal gewann. In diese Schaffensperiode fällt ebenso die Lösung des *Königsberger Brückenproblems*, mit dem er das Gebiet der *Graphentheorie* begründete. Er selbst nannte das Gebiet damals *Analysis situs*.

Nach dem Tod der Zarin Anna im Jahr 1740 folgte eine Periode der Unsicherheit in Russland. Aus diesem Grund nahm Euler 1741 einen Ruf an die *Berliner Akademie der Wissenschaften* an, die nach dem Willen des ehrgeizigen Königs Friedrich II. ein Zentrum der Wissenschaft und Kultur werden sollte. Obwohl Eulers persönliches Verhältnis zu jenem immer kühl blieb, verbrachte er 26 Jahre in Berlin. Während dieser ganzen Zeit erhielt er immer noch ein Gehalt von der St. Petersburger Akademie, für die er weiterhin zusätzlich arbeitete. Auch diese Periode war sehr fruchtbar, und so wurde Euler mit seinen Resultaten zur prägenden Instanz für die Mathematik des 18. Jahrhunderts.

Neben zahllosen Arbeiten in Zeitschriften veröffentlichte Euler auch einige sehr einflussreiche Lehrbücher. 1744 erschien *Methodus inveniendi lineas curvas maximi minimive propreitate gaudentes*, das den damaligen Stand der Variationsrechnung wiedergab. Dazu kamen einige Lehrbücher über Differential-

und Integralrechnung. Euler prägte darin die Begriffe *algebra-isch* und *transzendent*, erklärte den *Begriff einer Funktion* und führte die Symbole *f(x)* für Funktionen, π für die Kreiszahl und *i* für $\sqrt{-1}$ ein. Ferner beschäftigte er sich intensiv mit der Zahl *e* = 2,718281828459..., die genau deswegen seinen Namen trägt und heute *Eulersche Zahl* heißt. Für diese fand er schließlich außerdem die wundersame Gleichung $e^{i\pi x} = \cos x + i \sin x$.

1750 stellte Euler seine berühmte *Vermutung* über den Zu-sammenhang der Anzahlen an Seiten, Kanten und Ecken eines *Polyeders* auf. Ein Würfel zum Beispiel hat acht Ecken, zwölf Kanten und sechs Seiten. Euler vermutete die Gleichung *Ecken-zahl – Kantenzahl + Seitenzahl = 2*.

Zwischen 1760 und 1762 schrieb er die 234 *Briefe an eine deut-sche Prinzessin*, die er später veröffentlichte. Darin befindet sich eine populäre Darstellung der Physik, aber auch seine Ansicht zu philosophischen Fragen. Daneben beriet Euler den König in verschiedensten Angelegenheiten, wie den Finanzwissen-schaften, der Ballistik, der Navigation, der Wasserversorgung und im Lotteriespiel. Mit der Zeit fühlte Euler allerdings die Gunst des Königs, der ihn in Anspielung auf sein kaputtes Auge als »*mein Zyklop*« bezeichnete, schwinden; deshalb ver-ließ er 1766 im Alter von 59 Jahren Berlin – zum Leidwesen des Königs – und kehrte nach St. Petersburg zurück.

Eulers zweite Periode in St. Petersburg, die bis zu seinem Tod andauern sollte, war wiederum äußerst fruchtbar. Die Za-rin Katharina die Große, selbst Deutsche, sorgte großzügig für ihn und stellte ihm sogar einen ihrer Köche zur Verfügung. Sein Aufenthalt begann jedoch mit einem Unglücksschlag, weil Euler auch noch das Sehvermögen auf dem anderen Auge verlor. Dank seines enormen Gedächtnisses und der Un-terstützung seines Sohnes sowie anderer Schüler nahm aber seine Produktivität in keiner Weise ab. Immerhin entstanden ein Drittel seiner Publikationen unter diesen Bedingungen. 1773 starb seine Frau, woraufhin Euler deren Halbschwester Salome Abigail Gsell heiratete. Noch vorher, 1770, hatte er ein Lehrbuch in deutscher Sprache mit dem Titel *Vollständige Anleitung zur Algebra* veröffentlicht. Den Text hatte Euler er-staunlicherweise einem Mitarbeiter, der eigentlich Schneider war, diktiert. Erst als selbst dieser den Inhalt verstand, war Euler mit der Darstellung einverstanden. Zwischen 1769 und

1771 erschien sein dreibändiges Werk *Dioptrik,* worin er genau die *Reihen* verwendet, die heute nach *Fourier* benannt werden. Zudem wurde Euler *Mitbegründer der Hydrodynamik* und *der Kreiseltheorie.*

Schließlich starb Euler im Alter von 76 am 18. September 1783 an einem Schlaganfall. Bis dahin hatte er insgesamt nahezu 900 Arbeiten veröffentlicht. Dabei wird geschätzt, dass Euler ein Drittel aller Arbeiten zur Mathematik, mathematischen Physik, Astronomie und zu den Ingenieurswissenschaften zwischen 1725 und 1800 geliefert hat. Euler selbst war immer bescheiden und genoss es, wenn andere seine Ideen weiterentwickelten oder vollendeten. Seine Energie scheint unerschöpflich gewesen zu sein. Noch immer wird das St. Petersburger Archiv durchforstet, weil man bei jeder Suche immer wieder bislang unbekannte Arbeiten Eulers gefunden hatte.

JEAN-LE-ROND D'ALEMBERT
(1717–1783)

Ende des 17. Jahrhunderts und zu Beginn des 18. Jahrhunderts hatte Frankreich in der Mathematik keine Persönlichkeit, die sich mit Englands Newton oder mit Deutschlands Leibniz hätte vergleichen können. Nach der Zeit der Mittelmäßigkeit, die im letzten Teil der Regentschaft Ludwig des XIV. vorherrschte, sollte jedoch ein strahlendes Kapitel der Mathematikgeschichte Frankreichs beginnen, in einer Zeit, als weder England noch Deutschland vergleichbare Persönlichkeiten besaßen.

D'Alembert, der erste der Mathematik-Stars im Frankreich des 18. Jahrhunderts, stand in Konkurrenz zu Euler. Letzterer hatte sicherlich die größere mathematische Veranlagung, nützte aber trotzdem hin und wieder Ideen d'Alemberts aus. Mathematik war jedoch nur ein Interesse von d'Alembert, der eine führende Figur der Aufklärung war.

Jean-le-Rond-d'Alembert wurde am 17. November 1717 in Paris geboren. Er war das Kind von Claudine-Alexandrine Guérin, Marquise de Tencin, einer bekannten Salonhostess, und des Chevalier Louis-Camus Destouches-Canon, einem

Kavallerie-Offizier. Seine Mutter, die eine ehemalige Nonne war, setzte ihr neugeborenes Kind aus Angst, in den Konvent zurückgesteckt zu werden, auf den Stufen von Notre-Dame aus. Doch d'Alemberts Vater fand ihn und brachte ihn im Haus eines Kunsthandwerkers und dessen Frau unter, wo er bis zu seinem 47. Lebensjahr bleiben sollte. All seine wissenschaftliche und schriftstellerische Arbeit sollte d'Alembert in diesem Haus vollbringen. D'Alemberts Vater sorgte sowohl für die Schulbildung als auch für ein Vermächtnis nach seinem Tod, welches dem Sohn ein bescheidenes Vermögen für den Rest seines Lebens gewährleisten sollte. Schließlich starb jener, als der Junge gerade neun Jahre alt war. Zu seiner Mutter hatte d'Alembert keinen Kontakt.

Nun besuchte d'Alembert das *Collège de Quatre Nations*, in dem die Klassiker und Rhetorik gelehrt wurden. Zudem wurde der Mathematik ein großes Gewicht beigemessen. Im Bruch zur Tradition war der Unterricht auf Französisch statt auf Lateinisch. Trotz des Drängens von außen, eine Priesterlaufbahn einzuschlagen, entschied d'Alembert, Jura und Medizin zu studieren. Erst später entschloss er sich, Mathematiker zu werden. Obwohl er keine mathematik-wissenschaftliche Ausbildung erhielt, wissen wir, dass er sich eigenständig mit dem Werk Newtons vertraut machte, außerdem mit den Arbeiten von l'Hospital und anderer Mathematiker dieser Tage, wie etwa denen der Bernoullis.

Mit 22 Jahren, also 1739, reichte d'Alembert seine erste Arbeit an der *Pariser Akademie der Wissenschaften* ein. Innerhalb der nächsten zwei Jahre sandte er fünf weitere ein, die die Lösung von Differentialgleichungen und die Dynamik von Körpern zum Inhalt hatten. 1741 wurde er schließlich zum Akademie-Mitglied gewählt. Für weitere zwei Jahre arbeitete d'Alembert nun an verschiedenen Problemen in der *Rationalen Mechanik* – diese wird heute auch als *Theoretische Mechanik* bezeichnet – und veröffentlichte seine *Traité de dynamique* (Abhandlung über Dynamik). In dieser gefeierten Arbeit versuchte er als Erster, die *Mechanik* auf der Basis der Newtonschen Prinzipien zu formalisieren. Im ersten Teil der Abhandlung entwickelte d'Alembert seine eigenen drei *Bewegungsgesetze*. Dabei handelte es sich bei den ersten beiden um mathematische Konsequenzen aus grundlegenden Überlegungen zu Raum und Zeit.

Erst das dritte Gesetz basierte auf physikalischen Annahmen und implizierte die Erhaltung des Momentums bei gleichzeitiger Vermeidung des Begriffes der Kraft. Das berühmte *d'Alembertsche Prinzip* jedoch war eigentlich bereits in einer Arbeit von Daniel Bernoulli enthalten. Außerdem ist es eher eine Regel, wie Newtons Gesetze bequem anzuwenden sind, als eine mathematische Folgerung.

1744 publizierte d'Alembert ein begleitendes Werk, nämlich die *Traité de l'équilibre et du mouvement des fluides* (Abhandlung über das Gleichgewicht und die Bewegung von Flüssigkeiten). Noch im gleichen Jahr veröffentlichte Clairaut eine konkurrierende Arbeit. Die darauf folgende Abhandlung d'Alemberts *Reflektionen über die allgemeine Ursache des Windes* enthielt, obwohl sie auf falschen Annahmen basierte, den ersten allgemeinen Einsatz von *partiellen Differentialgleichungen* in der mathematischen Physik. Bei *Differentialgleichungen* sucht man im Allgemeinen Funktionen, die zusammen mit ihrer Ableitung eine Gleichung erfüllen. Der komplizierte Spezialfall der *partiellen Diffentialgleichungen* tritt vor allem bei der Modellierung von physikalischen Vorgängen auf. Euler schaffte es dann, d'Alemberts Resultate auf diesem Gebiet zu perfektionieren – eine Situation, die es noch öfter geben sollte, zum Beispiel auch bei der Theorie der schwingenden Saite, wo zum ersten Mal eine Wellengleichung in der Physik auftauchte. Dann wandte sich d'Alembert der Himmelsmechanik zu und publizierte 1749 seine *Untersuchungen in der Kreiselbewegung der Equinoxes und der Nutation der Pole.* Während der nächsten zehn Jahre schrieb er das große wissenschaftliche Werk *Untersuchung verschiedener wichtiger Punkte, die das Sonnensystem betreffen*, welches zwischen 1754 und 1756 in drei Bänden erschien. Dieses befasst sich hauptsächlich mit der Mondbewegung, was unter anderem den Hintergrund besaß, dass sich d'Alembert gegenüber Clairaut auf ebenjenem Gebiet die Urheberschaft der Ideen wahren wollte.

Um seinen Platz an der Spitze zu behaupten, scheute d'Alembert den Wettstreit mit anderen Mathematikern keineswegs. Nicht zuletzt aus diesem Grund hat er oft genau an den Problemen gearbeitet, mit denen sich die anderen Top-Mathematiker wie Euler, Clairaut und Daniel Bernoulli gerade beschäftigten. Immer fürchtete er, das Prioritätsrecht zu verlieren, produzierte deshalb hastig Veröffentlichungen und verwickelte sich danach immer in Kontroversen über die Meinung und Bedeutung der Werke. Viele seiner besten Ideen wurden nicht verstanden, solange sie Euler nicht übernahm. Einmal sandte d'Alembert eine Arbeit zur *Strömungsmechanik* an die *Berliner Akademie*, die dafür einen Preis ausgeschrieben hatte, und obwohl seine Arbeit als die beste betrachtet wurde, erhielt er den Preis seltsamerweise nicht. D'Alembert schrieb dies dem negativen Einfluss Eulers zu, was das Verhältnis der beiden Männer noch weiter abkühlen ließ. In dieser Arbeit drückte er die *Differentialgleichungen der Hydrodynamik* mit dem Begriff des Feldes aus und gab eine Beschreibung des *hydrodynamischen Paradoxons*.

Voltaire lobte d'Alembert als den besten Schriftsteller dieser Zeit, was jedoch nur für seine außermathematischen Schriften galt. Die so schlechte Ausformulierung seiner mathematischen Ideen hing wohl zum Teil damit zusammen, dass er seine Energie auch für weitere Interessen benötigte: In den 1740er Jahren wurde er nämlich Mitglied der *philosophes*, einer Gruppe Intellektueller, die den sozialen und intellektuellen Standard dieser Zeit kritisierten. Nach Newtons Erfolg bei der Beschreibung der Planetenbewegung hofften ebenjene, dass alles Wissen und alle humanen Angelegenheiten sich auf rationale Beine stellen ließen.

Ein weiteres Interessengebiet war die 17-bändige *Encyclopaedia*, die von Denis Diderot in der Zeit von 1745 bis 1772 herausgegeben wurde. Dazu schrieb d'Alembert eine bemerkenswerte Einleitung. Daneben war er für einige Zeit wissenschaftlicher Herausgeber dieses Werks und verfasste auch viele der mathematischen Artikel. Aufgrund dieser Leistungen wurde er auch in die *Académie Française* aufgenommen, dem literarischen Gegenstück zur Akademie der Wissenschaften. Später schrieb d'Alembert auch über Jura und Religion und gab, von Voltaire beeinflusst, unter einem Pseudonym ein Buch heraus, in dem er die Unterdrückung der Jansenisten und der Jesuiten forderte.

Auffällig in d'Alemberts Biographie ist, wie selten er im Vergleich zu anderen Wissenschaftlern reiste. Er hat Frankreich nur ein einziges Mal, nämlich 1764 für einen Besuch am Hof Friedrich des Großen, verlassen. Dieser wollte d'Alembert als Präsidenten seiner von ihm gegründeten *Berliner Akademie der Wissenschaften* gewinnen. D'Alembert zögerte jedoch und empfahl stattdessen Euler. Dadurch wurde das Verhältnis der beiden konkurrierenden Männer wieder gekittet.

Die große Liebe in d'Alemberts Leben war Julie de Lespinasse. Mit ihr eröffnete er sogar einen eigenen Salon, und als sie später an Pocken litt, pflegte er sie liebevoll. Eine weitere Erkrankung im Jahr 1765 nahm Julie zum Anlass, ihn davon zu überzeugen, endlich sein beschützendes Heim zu verlassen und zu ihr zu ziehen. So spielte sich die nächsten zehn Jahre das Leben d'Alemberts rund um Julies Salon ab, weshalb ihn auch ihr Tod im Jahr 1776 sehr hart traf. Umso mehr verletzte es ihn dann, als er in Julies Briefen entdecken musste, dass sie in ihrer gemeinsamen Zeit einige leidenschaftliche Affären mit anderen Männern hatte.

Die letzten sieben Jahre seines Lebens verbrachte d'Alembert in einem kleinen Apartment im Louvre, zu dem er als permanenter Sekretär der *Académie Française* berechtigt war. Nun musste er zu seinem Unglück feststellen, dass seine geistigen Kräfte es nicht mehr zuließen, mathematisch zu arbeiten, obwohl es ja das Einzige war, an dem er noch interessiert war. Trotz der daraus resultierenden Verbitterung und seiner Einsamkeit tat er doch alles, um junge Mathematiker zu unterstützen und zu ermutigen. So war er es, der die Karrieren von Lagrange und Laplace, der beiden großen französischen Protagonisten der Mathematik der kommenden Jahre, entscheidend in Bewegung setzte.

Was er noch nicht vorhersehen konnte, war, dass ein Nebenaspekt seiner Arbeit, nämlich die *Verwendung der komplexen Zahlen*, im nächsten Jahrhundert eine Blüte ohnegleichen erleben sollte und der Mathematik ermöglichen würde, die Schranken des 18. Jahrhunderts zu überschreiten.

Mit dem Tod Jean-le-Rond d'Alemberts am 29. Oktober 1783 im Alter von 65 Jahren verabschiedete sich ein Mathematiker im Geiste Descartes', weniger ein Wissenschaftler, wie Euler es war. Letzterer starb ein paar Wochen vorher. D'Alembert sagte einmal, die Mathematik verdanke ihre Sicherheit der Einfachheit der Dinge, mit der sie zu tun hat. Darauf basierte ebenso sein prinzipielles Verständnis von der Natur. Genauso übertrug er jenes Prinzip auf viele mathematische Anwendungen,

wie die Fragen der Wahrscheinlichkeitsrechnung und Lebens-
erwartung. Schließlich war er seiner Zeit voraus, indem er eine
strengere Untersuchung der *Konvergenzfragen* bei Reihen und
Funktionen forderte. Ferner war er der einzige Mathematiker
seiner Zeit, der das *Differential als Grenzwert einer Funktion* auf-
fasste, was dem Schlüsselkonzept, auf dem die heutige Analysis basiert, gleichkommt. Und letztlich scheint d'Alembert
wohl der Erste gewesen zu sein, der sich die *Zeit* als die *vierte
Dimension* vorstellte.

JOSEPH LOUIS LAGRANGE
(1736–1813)

Von Lagrange ist besonders sein kompromisslos formaler
Zugang zur Analysis und Mechanik bekannt. Er betrachtete
alle *Funktionen als Potenzreihen* und versuchte, die *Mechanik* auf
die *Analyse dieser Funktionen* zurückzuführen, ohne Verwendung von Geometrie.

Diese wertvollen Verdienste veranlassten seinen französischen Zeitgenossen Napoleon Bonaparte, der im Übrigen
selbst mathematisches Talent besaß, zu folgender Aussage
über Lagrange: »*Lagrange ist die Pyramidenspitze der mathematischen Wissenschaften.*« Eben wegen seiner Bedeutung für die
Mathematik streiten sich Franzosen und Italiener immer noch
um seine eigentliche Nationalität.«

Geboren unter dem Namen Giuseppe Lodovico Lagrangia
in Turin, war er eines von elf Kindern, von denen allerdings
nur er das Erwachsenenalter erreichte. Seine Eltern waren
ursprünglich vermögend, verloren aber ihren Wohlstand
durch Spekulationsgeschäfte des Vaters. Dieser plante für
seinen Sohn eine Karriere als Anwalt, die dann von Lagrange
tatsächlich in Angriff genommen wurde, obwohl er sich
zunächst eher für literarische Themen und insbesondere für
Latein interessiert hatte. Dementsprechend zeigte er auch
zu Beginn seines Studiums an der *Turiner Artillerieschule*
noch keine große Begeisterung für Mathematik – ja, die Geometrie des antiken Griechenlandes empfand er sogar als lang-
weilig.

Doch als Lagrange eine Arbeit von Halley über die Verwendung von Algebra in der Optik aus dem Jahr 1693 las, wurde sein Interesse für Mathematik geweckt. Da er außerdem von physikalischen Phänomenen begeistert war, beschloss er, sich ganz auf die Mathematik zu konzentrieren. Auf gewisse Weise hat die Welt also den Spekulationsgeschäften des Vaters zu verdanken, dass Lagrange Mathematiker wurde. Denn er selbst sagte später einmal: »*Wenn ich reich gewesen wäre, hätte ich mich wahrscheinlich nicht der Mathematik gewidmet.*«

All seine mathematischen Kenntnisse und Fähigkeiten erlernte er autodidaktisch, ohne auf die Unterstützung eines großen Mathematikers zurückzugreifen. Denn in Turin gab es solche schlichtweg nicht. Seine erste Arbeit publizierte er schließlich 1754 in Form eines Briefes, den er an Giulio Fagnano in italienischer Sprache geschrieben hatte. Die auffallende Besonderheit dieser Niederschrift ist ihre Veröffentlichung unter dem Namen Luigi De la Grange Tournier, um ein Meisterwerk handelt es sich dabei allerdings nicht. Bevor Lagrange dann selbst entdeckte, dass die Resultate dieser Arbeit bereits in einem Briefwechsel zwischen Johann Bernoulli und Leibniz auftauchten, hatte er sie auch schon an Euler geschickt. Dies bereitete ihm zunächst große Sorgen, da er fürchtete, des Plagiats bezichtigt zu werden. Hauptsächlich aber spornte es Lagrange an, seine Anstrengungen zu erhöhen. Bei seiner anschließenden Arbeit an der *Tautochrone* oder *Zykloidenkurve* gelang es ihm, wichtige neue Ideen in der *Variationsrechnung* zu entwickeln. Diese Resultate sandte er erneut an Euler, der sich davon sehr beeindruckt zeigte.

Nach diesem ersten Erfolg seines mathematischen Schaffens wurde Lagrange 1755, im Alter von nur 19 Jahren, zum *Professor* an der *königlichen Artillerieschule* in *Turin* ernannt. Unterdessen wandte er die Variationsrechnung in der Mechanik an, womit er Ergebnisse erzielten konnte, welche die diesbezüglichen Arbeiten Eulers verallgemeinerten. Diese schickte er 1756 abermals an Euler, dessen Reaktion positiver kaum hätte sein können. Denn angesichts der Wertigkeit jenes dritten Schreibens aus Turin nämlich empfahl er das junge Mathematik-Talent Lagrange sofort an Maupertuis, den Direktor der *Berliner Akademie der Wissenschaften*. Letzterer bot Lagrange daraufhin eine Stelle in Preußen an, die deutlich mehr Presti-

ge besaß als jene in Turin. Da Lagrange jedoch keinen Ruhm
anstrebte, sondern vielmehr in Ruhe arbeiten wollte, lehnte
er schüchtern, aber höflich ab. Doch immerhin wurde er im
Anschluss – dafür hatte Euler sich vehement eingesetzt – zum
korrespondierenden Mitglied der *Berliner Akademie gewählt*.

Die Folgezeit war eine äußerst fruchtbare Schaffensperiode
für Lagrange: Er erzielte weitere großartige Resultate in der
Variationsrechnung und befasste sich mit der *Wahrscheinlichkeitsrechnung*. Seine Arbeit über die Grundlagen der Dynamik
baute er auf dem Trägheitsgesetz sowie der kinetischen Energie auf. Außerdem forschte er an Theorien zur Ausbreitung
des Schalls und zur Schwingung einer Saite. Dabei fasste er
eine Saite als eine Aneinanderreihung von n Massenpunkten
auf, die durch massenlose Saiten verbunden waren. Die resultierenden $n+1$ Differentialgleichungen konnte er lösen. Indem
er n gegen unendlich wachsen ließ, erreichte er schließlich dieselbe Funktionalgleichung wie Euler, aber auf einem komplett
anderen Weg. Die Tatsache, dass Lagrange somit auf diesem
Gebiet gleichauf mit Euler war, führte jedoch nicht – wie man
es vielleicht hätte vermuten können – zu Konflikten zwischen
den beiden. Ganz im Gegenteil: Euler und Lagrange achteten
sich mit höchstem gegenseitigen Respekt.

Des Weiteren studierte Lagrange die *Integration von Differentialgleichungen*, die er auf anderen Gebieten wie der *Strömungsmechanik* erfolgreich anwenden konnte. Andere Arbeiten beschäftigten sich mit dem *Lösen von Differentialgleichungen* und
den *Bahnen von Jupiter und Saturn*. 1763 schließlich beteiligte er
sich an einem Preiswettbewerb der *Pariser Akademie der Wissenschaften*, in dem es um die Beschreibung von Mondbewe-
gungen ging. Zu diesem Anlass reiste er selbst nach Paris, wo
er aber schwer krank wurde. Zurückgekehrt nach Turin, gewann er einen Preis der dortigen *Akademie der Wissenschaften*,
der die *Bahnen der Jupitermonde* zum Thema hatte. Daraufhin
wurde Lagrange auf Veranlassung d'Alemberts hin erneut
eine Stelle in Berlin angeboten. Doch abermals lehnte er ab,
und zwar mit der Begründung, dass dort kein Platz für ihn
wäre, solange Euler in Berlin sei.

Da Euler kurz darauf erneut eine Stelle in St. Petersburg angenommen hatte, bekam Lagrange von Friedrich II. nochmals
ein großzügiges Angebot für Berlin. Schließlich willigte er ein,

reiste über Paris und London nach Berlin und wurde dort 1766 Nachfolger Eulers als *mathematischer Direktor* der *Berliner Akademie der Wissenschaften*. Dort heiratete er ein Jahr später seine Cousine Vittoria Conti.

Obwohl Turin immer bemüht war, ihn zurückzugewinnen, arbeitete Lagrange die nächsten 20 Jahre in Berlin, produzierte am laufenden Band Spitzenresultate und gewann regelmäßig den Preis der *Akademie der Wissenschaften in Paris*.

Seine Arbeitsgebiete waren: *Astronomie*, die *Stabilität des Sonnensystems*, *Mechanik*, *Dynamik*, *Strömungsmechanik*, *Wahrscheinlichkeitstheorie* und *Grundlagen der Analysis*. Daneben arbeitete Lagrange auch in der *Zahlentheorie*, wo er Diophantus' Behauptung, dass sich jede positive ganze Zahl als Summe von vier Quadraten schreiben lässt, bewies. Ebenfalls erbrachte er – und zwar als Erster – den Beweis für den Satz von Wilson, dass eine Primzahl n immer die Zahl $(1 \cdot 2 \cdot \ldots \cdot (n-1)) + 1$ teilt. Außerdem schrieb Lagrange eine grundlegende Arbeit, in der er zeigte, warum Gleichungen bis zum vierten Grad durch Wurzeln gelöst werden können. Dies war der erste Schritt in die Richtung, die später Ruffini, Abel und Galois beschreiten sollten.

Schließlich begann Lagrange, seine Ergebnisse in der Mechanik in einem Buch zusammenzufassen, wofür er noch während seiner Berliner Zeit mehrere Jahre investierte. Unterdessen war er des Öfteren schwer krank, und 1783 starb seine Frau, was ihn tief deprimierte. Danach merkte er auch, wie seine mathematische Kreativität langsam nachließ.

Nach dem Tod Friedrichs II. 1786 war Lagranges Stellung in Berlin weniger glücklich. Er wurde von italienischen Universitäten umworben, ging aber schließlich 1787 nach Paris, wo er *Mitglied* der *Akademie der Wissenschaften* wurde und bis zu seinem Lebensende blieb. Im Gegensatz zu vielen anderen dort, überstand Lagrange die Französische Revolution.

Sein Werk *Méchanique analytique*, das er noch in Berlin geschrieben hatte, wurde 1788 gedruckt. Darin ist die gesamte Mechanik seit Newton enthalten, die Lagrange ausschließlich mithilfe von Differentialgleichungen entwickelte. Damit hat er die Mechanik zu einem Teil der Analysis überführt. Im Vorwort der *Méchanique analytique* schreibt Lagrange sinngemäß: *In diesem Buch sind keine Zeichnungen zu finden. Die Methoden, die ich entwickle, benötigen keine geometrischen Konstruktionen oder mechanische Argumente, nur algebraische Operationen.*

1790 wurde Lagrange Mitglied des *Ausschusses der Akademie für die Standardisierung von Gewichts- und Längeneinheiten.* Hierbei handelte es sich um genau den Ausschuss, der unser heutiges metrisches System und das Dezimalsystem einführte. Besagter Ausschuss war später die einzige akademische Einrichtung in Paris, die weiterarbeiten durfte, als der Terror der Revolution auch die Akademie erreichte und diese schließlich 1793 geschlossen werden musste. Und Lagrange hatte nun das große Glück, der *Vorsitzende* des *Ausschusses zur Gewichts- und Längenstandardisierung* zu werden. Anderen französischen Mathematikern hingegen, wie zum Beispiel Monge, blieb der Erhalt einer festen Stelle verwährt.

In der Zwischenzeit hatte Lagrange 1792 ein zweites Mal geheiratet, und zwar die Tochter eines Astronomie-Kollegen der Akademie. 1794 wurde ein Gesetz eingeführt, dass alle Ausländer eingesperrt und ihr Vermögen eingezogen werden sollte. Der Chemiker Lavoisier erwirkte eine Ausnahme für Lagrange, geriet aber schließlich selbst in die Fänge der Revolution und wurde 1794 durch die Guillotine hingerichtet. Dazu sagte Lagrange: »*Es dauert nur einen Moment, um seinen Kopf herunterfallen zu lassen, aber hundert Jahre werden nicht genügen, einen gleichwertigen zu produzieren.*«

Im Dezember 1794 wurde die *École Polytechnique* eröffnet, wo Lagrange der erste Professor für Analysis wurde. Außerdem gab er Kurse in elementarer Mathematik an der *École Normale.* Diese Verpflichtungen zur Lehre wurden ihm erst während der Revolutionszeit auferlegt. Ein guter Lehrer scheint er allerdings nicht gewesen zu sein. Doch immerhin dienten seine Vorlesungen der Herausgabe eines zweibändigen Lehrbuchs dieses bedeutenden Mathematikers Lagrange.

Als Auszeichnung für all seine Verdienste für die französische Wissenschaft nahm ihn Napoleon in die Ehrenlegion auf und ernannte ihn 1808 zum *Count of the Empire.* Am 3. April 1813 wurde Lagrange sogar das *Grand Croix* der *Ordre Impérial de la Réunion* verliehen, eine Woche später jedoch verstarb er.

GASPARD MONGE
(1746–1818)

Gaspard Monge, geboren 1746 in Beaune bei Dijon, besuchte als Schüler das *Collegium* des Ordens *der Oratorianer* in *Beaune* und war dort sehr erfolgreich. Er gewann nämlich immer den ersten Preis in den jährlichen Schülerwettbewerben. Mit nur 14 Jahren zeichnete er einen Plan seiner Heimatstadt, die er mit eigens konstruierten Instrumenten vermessen hatte. Dieser Plan sollte später eine entscheidende Rolle in Monges Leben spielen. Wegen seiner ausgezeichneten Leistungen schickten ihn die Mönche des Ordens im Alter von 16 Jahren schließlich als Physiklehrer an das *Collegium* in *Lyon*.

Bei einem Heimaturlaub zeigte Monge seinen Stadtplan einem befreundeten Offizier. Dieser war so begeistert, dass er ihm vorschlug, als Schüler auf die *Militärschule von Mézières* zu gehen. Dort entwickelte er sich sehr gut, wurde zunächst zum Repetitor und schließlich zum *Professor für Mathematik und Physik* ernannt. Der Titel wurde Monge hauptsächlich verliehen, weil er eine eigene Methode entwickelte, um Pläne für Befestigungsanlagen zu erstellen. Dieses Verfahren ist heute als *Darstellende Geometrie* bekannt – genauer aber hat er die *senkrechte Zweitafelprojektion* verwendet.

Darüber hinaus hat sich Monge mit der *Theorie der Flächen* sowie *der Schraubkurven* und mit *Differentialgleichungen* beschäftigt. Deshalb wurde er 1780 als Professor für *Hydrodynamik* nach Paris berufen. Auch hier unterrichtete er an militärischen Einrichtungen. Danach wurde er in die *Pariser Akademie der Wissenschaften* aufgenommen und zählte bereits zu den namhaftesten Wissenschaftlern Frankreichs. Nun hatte er zwei Stellen zu erfüllen und musste für mehrere Jahre zwischen seinen beiden Arbeitsplätzen in Mézières und Paris pendeln. Weiterhin wurde er 1783 Nachfolger Bezouts als Examinator der Marineschüler. In den nächsten fünf Jahren arbeitete Monge an einer Vielzahl von mathematischen Problemen, die eine Bandbreite von *partiellen Differentialgleichungen* über *gekrümmte Flächen* bis hin zu der *Zusammensetzung* von *Eisen und Stahl* sowie der *Meteorologie* umfassten.

Nach der Machtübernahme der Girondisten 1792 und der Abschaffung der Monarchie wurde Monge zum Minister für Marine und Kolonien ernannt. Diese Zeit kann allerdings nicht unbedingt als Erfolg in seinem Leben angesehen werden, ohne dass ihn dafür Schuld traf. Die politischen Ansichten der beteiligten Menschen waren einfach zu verschieden. Nach acht Monaten resignierte er und wandte sich wieder seiner Stelle in der *Akademie der Wissenschaften* zu, die dann aber bereits im Sommer 1793 von der Nationalversammlung geschlossen wurde. Nun erhielt er zusammen mit anderen Wissenschaftlern den Auftrag, sich um den Nachschub von Waffen und Pulver für die Armee zu kümmern. Monge engagierte sich sehr in diesem Projekt, publizierte auch Arbeiten darüber. Zusätzlich arbeitete er noch im *Ausschuss zur Standardisierung der Gewichts- und Längeneinheiten*, der trotz der Schließung der Akademie weitergeführt wurde.

1794 wurde Monge in die neu gegründete Schule berufen, die später die *École Polytechnique* werden sollte. Hier hatte er zunächst großen Einfluss auf die Errichtung der Institution und war dann Lehrer für *Darstellende Geometrie*. Darüber hinaus hielt er auch Vorlesungen über die Theorie der Flächen und Kurven, ein Gebiet, das später von Gauß zur *Differentialgeometrie* ausgearbeitet wurde. Seine Vorlesungsmanuskripte wurden veröffentlicht, was schließlich zur Folge hatte, dass nach Jahren der Vorherrschaft der Analysis die Geometrie wieder ein stärkeres Gewicht erlangte.

Monges erste Aufgabe an der *École Polytechnique* war es, die zukünftigen Lehrer der Schule zu instruieren. Auch in der neu gegründeten *École Normale* gab er Kurse in *Darstellender Geometrie*. Letztlich ist unter seiner Mitwirkung 1795 die *Akademie der Wissenschaften* wieder gegründet worden.

Von Mai 1796 bis Oktober 1797 gehörte er einer Kommission an, die durch Italien reiste, um die wertvollsten Kunstschätze zu sichten und nach Frankreich zu bringen. In dieser Zeit lernte er Napoleon Bonaparte kennen.

Zurück in Paris wurde Monge zum *Direktor der Akademie der Wissenschaften* ernannt. Im Mai 1798 schloss er sich, nach einigem Zögern, auf Napoleons Wunsch hin dem Feldzug nach Ägypten an. Dort war er an der Gründung des *Institut d'Egypte* in Kairo beteiligt. Während dieser sicherlich nicht leichten Zeit arbeitete Monge immer weiter an seinem Werk *Application de l'analyse à la géométrie*. Die weltgeschichtlichen Abläufe sind bekannt: Napoleon ließ schließlich die Armee in Ägypten im Stich und übernahm zu Hause in Paris die absolute Macht. Monge kehrte im Oktober 1799 zurück und übernahm wieder seine Rolle als *Direktor der École Polytechnique*. Mittlerweile hatte seine Frau eigeninitiativ sein Werk *Géométrie descriptive* veröffentlichen lassen.

Auch nach dem Staatsstreich 1799 blieb Monge Napoleon treu, obwohl er als überzeugter Republikaner sich eigentlich gegen die neue Militärdiktatur hätte auflehnen sollen. Aber, betört von Napoleon, nahm er dennoch alle Ehrungen und Auszeichnungen, darunter die Ernennung zum *Grafen* und zum *Ritter der Ehrenlegion*, dankbar an. Auf seine begeisternde Lehrtätigkeit und seine wissenschaftliche Arbeit hatten die politischen Umstände keinen negativen Einfluss. Auch als Napoleon auf seinem Russlandfeldzug scheiterte und die Niederlage bei Waterloo erlebte, hielt Monge zu ihm und blieb mit ihm in Kontakt bis Napoleon am 15. Juli 1815 aus dem Land gebracht wurde. Monge selbst hatte nun Angst um sein Leben und verließ Frankreich. Im März 1816 kehrte er nach Paris zurück, wo er zwei Tage später aus dem *Institut de France* hinausgeworfen wurde und – im Gegensatz zu anderen – alle Titel verlor. Von da ab war sein Leben ständig in Gefahr. Verarmt und seelisch gebrochen starb er letztendlich am 28. Juli 1818.

Obwohl seinen Schülern der *École Polytechnique* verboten war, der Beerdigung Monges beizuwohnen, legten sie trotzdem am nächsten Tag einen Kranz auf sein Grab. Denn als Lehrender genoss er große Zustimmung und Beliebtheit. Neben diesem Erfolg wird Monge als *Vater der Differentialgeometrie* bezeichnet, weil er unter anderem das Konzept der Krümmungslinien auf Flächen im dreidimensionalen Raum eingeführt hat. Ferner ist seine *Darstellende Geometrie* heutzutage als *orthogonale Projektion* bekannt. Diese Methode wird auch heute noch in modernen technischen Zeichnungen eingesetzt. Weiter bleibt Monges mathematisches Grundverständnis zu erwähnen, das generell darin bestand, die Analysis nicht als in sich abgeschlossenes Gebiet zu betrachten, sondern nur als das Drehbuch des sich bewegenden geometrischen Schauspiels, das die Realität ausmacht.

Zuletzt bleibt zu erwähnen, dass die unter Monges Einfluss entstandene *École Polytechnique* über zwei Jahrhunderte hinweg einen großen Anteil an der Herausbildung einer wissenschaftlichen und politischen Elite in Frankreich hatte.

PIERRE SIMON LAPLACE
(1749–1827)

Im Gegensatz zum intuitiven Verstand seines Freundes Gaspard Monge war der Verstand von Pierre Simon Laplace analytisch geprägt. Die beiden ergänzten sich gut, waren beide Lehrer an der *École Polytechnique* und formten so die nachfolgende Generation der französischen Mathematiker.

Obwohl Laplace gemeinhin als Begründer der *Wahrscheinlichkeitsrechnung* betrachtet wird, war es zunächst die *Himmelsmechanik*, durch die er Ruhm erlangte. Er wird als die schillerndste Figur dieses goldenen französischen Zeitalters angesehen und als einer der einflussreichsten Wissenschaftler aller Zeiten. Wegen seiner Arbeiten zur *Himmelsmechanik* wurde Laplace außerdem als der *Newton Frankreichs* bezeichnet.

Sein Charakter scheint sehr vielschichtig gewesen zu sein. Zum einen galt er als gierig nach Titeln, politisch sprunghaft, wollte immer glänzend dastehen. Zum anderen hat er sich auch selbstlos um mathematische Talente gekümmert und sie gefördert.

Pierre Simon Laplace wurde am 28. März 1749 in Beaumonten-Auge in der Normandie geboren. Sicher scheint zu sein, dass sein Vater Landwirtschaft betrieb und mit Apfelwein handelte. Laplace besuchte ab 1755 zuerst eine von Benediktinern geführte Schule, mit 16 Jahren trat er in das Jesuiten-Kolleg in Cáen ein. Sein Vater wollte, dass er eine geistliche Laufbahn einschlägt. Durch zwei fördernde Lehrer in Cáen jedoch wurde sein Interesse für Mathematik geweckt, und schließlich kam sein Talent zum Vorschein. 1768, im Alter von 19 Jahren, wurde Laplace mit einem Empfehlungsschreiben zu d'Alembert nach Paris geschickt. Dort wurde er, wohl wegen dessen schlechten Erfahrungen bezüglich vorheriger Empfehlungsschreiben, zuerst nicht empfangen. Erst als er d'Alembert einen Brief mit seinen Studien zur *Himmelsmechanik* schickte, erkannte der seine Begabung und sorgte dafür, dass er einige Tage später bereits zum *Professor* an der *Militär-Akademie* in *Paris* wurde.

Nun machte sich Laplace an sein Lebenswerk, die detaillierte Anwendung der *Newtonschen Gravitationsgesetze* auf das gesamte Sonnensystem – ein Thema, auf das er immer wieder zurückkommen sollte.

Mit 27 Jahren schrieb er einen Brief an d'Alembert, der sein Selbstverständnis zeigt: »*Ich habe Mathematik immer unter dem Gesichtspunkt des Geschmacks betrieben, und nicht wegen dem Streben nach Reputation. Mein größtes Vergnügen ist es, den Weg der Erfinder zu studieren, um ihren Genius anhand der Hindernisse, auf die sie getroffen sind und die sie bewältigen konnten, kennenzulernen. Ich versetze mich dann in ihre Lage und versuche herauszufinden, wie ich die gleichen Schwierigkeiten meistern würde. Obwohl dies in den meisten Fällen nur zur Erniedrigung meines Selbstbewusstseins beigetragen hat, hat doch das Vergnügen, sich an ihrem Erfolg nochmals zu erfreuen, die empfangenen Erniedrigungen mehr als zurückgegeben.*

Wenn ich einmal doch etwas zu ihrem Werk hinzufügen kann, dann schreibe ich das Verdienst deren ersten Anstrengungen zu. Denn ich weiß, dass sie an meiner Stelle noch viel weiter als ich gegangen wären.«

Diese bescheidene Ansicht trifft allerdings nicht genau die Wahrheit. Denn Laplace hat, ohne es nötig gehabt zu haben, oft ohne Quellenangabe Resultate seiner Vorgänger und Zeitgenossen übernommen. Von Lagrange hat er das fundamentale Konzept eines *Potentials* kopiert, von Legendre hat er alles übernommen, was er zur Entwicklung der *Analysis* benötigte. In seinem monumentalen Werk zur Himmelsmechanik, *Mécanique céleste*, verzichtete er, mit Ausnahme eines Newton-Zitats, großzügig auf Verweise auf seine Vorgänger.

Das Ziel von Laplace war, so schnell wie möglich Mitglied *der Akademie der Wissenschaften* in Paris zu werden. Aus diesem Grund reichte er in kurzer Zeit eine schier unglaubliche Anzahl an wichtigen Arbeiten über verschiedenste schwierige Probleme ein. Nach zwei erfolglosen Versuchen wurde er schließlich 1773 mit 24 Jahren zum *Akademiemitglied* gewählt.

Seine ersten Beiträge beschäftigten sich mit der Verwendung von *Integralrechnung* bei *Differenzengleichungen*. Sein

Hauptinteresse galt aber anderen Dingen. Da er ein großer Bewunderer Newtons war, begann er das Newtonsche Weltbild zu verfeinern. Das fundamentale Problem jener Zeit war die *Langzeitstabilität des Sonnensystems*, ein Problem, das erst in der zweiten Hälfte des 20. Jahrhunderts durch die *KAM-Theorie* gelöst wurde.

Damals wurde zum Beispiel beobachtet, dass die Jupiterbahn schrumpfte und die Saturnbahn sich vergrößerte. Laplace konnte zeigen, dass sich die Bahn-Schwankungen selbst korrigierten und dass die durchschnittliche Bewegung der Planeten unverändert bleibt. Weiterhin beschrieb er die Beschleunigung des Mondes um die Erde, die Störungen der Planeten-Bahnen durch ihre Satelliten und die Bahnen von Kometen mathematisch. Schließlich zeigte Laplace auch, dass das idealisierte Modell des Sonnensystems, wie es von Newton eingeführt worden war, stabil ist. Erst wesentlich später wurde dann bekannt, dass noch weitere Kräfte berücksichtigt werden müssen.

Während dieser fruchtbaren Zeit arbeitete Laplace zusammen mit Lavoisier auch an physikalischen und chemischen Experimenten. Außerdem erstellte er eine Sterbestatistik von Paris und nützte die *Wahrscheinlichkeitsrechnung*, um die Bevölkerung von Frankreich zu schätzen. Neben der Tätigkeit als Lehrer an der *Militär-Akademie* wurde er auch Prüfer der Artillerie-Kadetten. Einer seiner ersten Prüflinge war kein Geringerer als Napoleon Bonaparte.

Zu dieser Zeit scheint sich auch abgezeichnet zu haben, dass d'Alembert sich von seinem Zögling abwandte. Vielleicht weil Laplace genau wusste, dass er auf vielen Gebieten exzellent bewandt ist, wollte er in der Akademie immer alles selbst beurteilen, so dass man ihm letztlich Arroganz nachsagte, die ihn natürlich bei seinen Kollegen unbeliebt machte. Einst schrieb ein Besucher: *»Ich habe öfter Monsieur de la Place getroffen, er ist nett und ein großer Mathematiker, aber er ist erschreckend förmlich und flüchtig, er hört kaum einem anderen als ihm selbst zu.«*

1788 heiratete Laplace die 20 Jahre jüngere Marie-Charlotte de Courty de Romanges, mit der er zwei Kinder großzog. Der Sohn wurde schließlich General in der Armee, die Tochter starb bei der Geburt ihres Kindes im Alter von 25 Jahren.

1790 wurde Laplace in die *Kommission zur Standardisierung der Gewichts- und Längeneinheiten* berufen. Schließlich war es der Vorschlag von Laplace, die genormte Längeneinheit *Meter* zu nennen. Die Kommission wollte übrigens auch für Winkel und den Kalender das Dezimalsystem einführen, was sich aber im Lauf der Zeit nicht durchsetzen konnte.

Kurz vor der Schließung der Akademie 1793 wurde Laplace aus politischen Gründen aus ihr ausgeschlossen. Um dem Terror und der Willkürherrschaft zu entgehen, zog er vorsichtshalber mit seiner Familie auf das Land nach Melun. Als 1795 die Lage wieder ruhiger wurde, arbeitete Laplace weiter in der Kommission und publizierte seine Ergebnisse.

Laplaces erstes großes Werk erschien schließlich 1796: die *Exposition du systéme du monde* (Beschreibung des Sonnensystems), ein Klassiker der Wissenschaftsliteratur. Dabei handelt es sich sozusagen um sein späteres Werk zur *Himmelsmechanik*, wobei die Mathematik noch weggelassen wurde. Unter anderem diskutierte er die *Nebelhypothese*, die der Nebelhypothese von Immanuel Kant sehr ähnelt. Darüber hinaus gibt es Wissenschaftler, die die Behauptung vertreten, Laplace hätte in seiner *Analyse des Gravitationsfelds* auf einer Kugeloberfläche *schwarze Löcher* vorhergesehen. Deren Existenz wurde aber erst durch Einsteins *Allgemeine Relativitätstheorie* begründet.

Eine richtig strenge mathematische Ausführung der Theorien hob sich Laplace für sein Meisterwerk auf, und zwar für das monumentale fünfbändige Werk *Traité de mécanique céleste*, (Abhandlung über Himmelsmechanik), das zwischen 1799 und 1825 veröffentlicht wurde. Darin vervollständigte er die Arbeit Newtons auf diesem Gebiet und erweiterte die Resultate von Lagrange. Newton hatte noch geglaubt, dass göttliches Eingreifen nötig war, um hin und wieder den Zustand des Sonnensystems zu korrigieren. Doch Laplace zeigte nun ganz konträr, dass das *Gesetz der universellen Gravitation* für die Stabilität in seinem Modell des Sonnensystems sorgt. Als Napoleon Bonaparte ihn darauf ansprach, dass das Wort »Gott« in seiner umfangreichen Abhandlung nicht ein einziges Mal auftaucht, antwortete Laplace: »*Sire, ich habe diese Hypothese nicht benötigt.*« Als wichtiges Hilfsmittel entwickelte er die *Potentialtheorie*, ohne die heute die Theorie des *Elektromagnetismus*, der *Strömungsdynamik* und viele andere Gebiete nicht denkbar wären.

Neben der *Himmelsmechanik* lieferte Laplace bedeutende Beiträge zur *Wahrscheinlichkeitstheorie* und der statistischen

Vorhersage. In seiner *Théorie analytique des probabilités* (Analytische Theorie der Wahrscheinlichkeit) von 1812 fasste er alles, was zu dieser Zeit auf dem Gebiet der Wahrscheinlichkeitsrechnung und deren Anwendungen bekannt war, zusammen. Diese Arbeit enthält unter anderem genau das, was heute noch unter dem Namen *Laplace-Transformation* bekannt ist, nämlich eine einfache und elegante Methode um Integralgleichungen zu lösen. Daneben führte er auch das von Bernoulli entdeckte *Gesetz der großen Zahlen* sowie die *Methode der kleinsten Quadrate* von Legendre und Gauß auf.

Laplace betrachtete sich selbst als den besten Mathematiker Frankreichs. Seine Kollegen hätten sich, obschon sie dies vielleicht auch dachten, ein wenig mehr Bescheidenheit von ihm gewünscht. Doch seine Arroganz scheint im Laufe der Jahre sogar kontinuierlich gewachsen zu sein.

Fakt allerdings ist ja, dass Laplace vom späten 18. Jahrhundert bis hinein in das 19. Jahrhundert die *Pariser Akademie* dominierte und jüngere Kollegen mit seinen wissenschaftlichen Vorlieben und seiner Ideologie prägte. Mit Neugründung der *Akademie* wurde er 1795 *Vizepräsident* und fünf Monate später sogar *Präsident*. Dadurch hatte er auch einen erheblichen Einfluss auf die Politik der *Akademie*.

Als Lehrer an der *École Polytechnique* war er bekannt für sein schnelles Fortschreiten im Stoff, und in seinen Veröffentlichungen verwendete er häufig die unter Mathematikern berüchtigte Floskel »*wie man leicht sieht* …«. Damit unterschlug er oft wichtige Beweisschritte, was seinen Lesern die Arbeit nicht gerade vereinfachte. Obwohl er die gesamte wissenschaftliche Literatur zu kennen schien, gab er selten die Quellen für bekannte Resultate an und vermittelte somit den Eindruck, er hätte die Entdeckungen eigenständig gemacht.

1799 ernannte ihn Napoleon zum Innenminister, wobei er aber nicht erfolgreich war und deshalb bereits nach sechs Wochen durch den Bruder Napoleons ersetzt wurde. In seinen Erinnerungen schrieb Napoleon sinngemäß: *Laplace war ein Mathematiker ersten Ranges und stellte sich bald als durchschnittlicher Verwalter heraus. Er konnte bei einer Frage nie die eigentliche Bedeutung erkennen, suchte immer die Feinheiten und hatte nur problematische Ideen. Kurz, er trug das Infinitesimale, also das unendlich Kleine, in die Verwaltung mit hinein.*

Also wurde Laplace zum Senator ernannt, was ihn vermögend machte. Doch 1814 schwenkte er politisch um und stimmte im Senat für die Bourbonen und gegen Napoleon. Mit seinem Vermögen erwarb er ein Landhaus etwas außerhalb von Paris, wo er bis an sein Lebensende blieb, Gäste empfing und junge Wissenschaftler protegierte. Zeit seines Lebens war er relativ gesund und starb nach kurzer Krankheit am 5. März 1827 in seinem Landsitz.

Später verglich Laplaces Zögling Poisson die beiden großen Gestalten Lagrange und Laplace auf folgende Weise:

»*Zwischen den beiden Genien ist ein Unterschied, der jedem Leser ihrer Werke auffallen muss. Seien es die Mondbewegung oder Fragen aus der Zahlentheorie, Lagrange scheint meistens in den Fragen, die er behandelt hat, lediglich die Mathematik zu sehen, die in den Problemen zu Vorschein kommt. Daher rührt das hohe Maß, das er der Eleganz der Formulierung und der Allgemeinheit der Methoden zuordnet.*

Für Laplace war dagegen die mathematische Analyse ein Instrument, das er so zurechtgebogen hat, wie er es für die meisten Anwendungen benötigte. Aber immer wurde die Methode selbst dem Inhalt der Fragen untergeordnet. Vielleicht wird die Nachwelt den einen als großen Mathematiker sehen, den anderen als großen Wissenschaftler, der die Erkenntnis über die Natur durch das Instrument der fortgeschrittensten Mathematik erlangen wollte.«

ADRIEN-MARIE LEGENDRE
(1752–1833)

Adrien-Marie Legendre wäre wahrscheinlich nicht einverstanden, dass über ihn als Person geschrieben wird. Poisson nämlich berichtet über ihn: »*Unser Kollege hat mehrmals den Wunsch ausgesprochen, dass, wenn von ihm gesprochen wird, nur die Früchte seiner Arbeit betrachtet werden, weil diese in der Tat sein ganzes Leben sind.*« Daher ist der Mangel an bekannten Details aus Legendres Leben auch nicht besonders überraschend.

Als Geburtsort wird zwar meist Paris angegeben, jedoch gibt es auch Anzeichen, dass es Toulouse sein könnte. Sicher aber stammte er aus einer reichen Familie und erhielt dementsprechend eine erstklassige Ausbildung in Mathematik und Physik am *Collège Mazarin* in Paris. Hier verteidigte Legendre 1770, also mit 18 Jahren, seine *Doktorarbeit* in Mathematik und Physik. Wobei die Betitelung »*Doktorarbeit*« zur damaligen Zeit eher nur für einen Forschungsplan als für einen abgeschlossenen Forschungsbericht stand. Ohne auf eine Anstellung angewiesen gewesen zu sein, konnte Legendre in Paris bleiben und sich der Forschung widmen.

Von 1775 bis 1780 unterrichtete er an der *École Militaire*, wo er eine Anstellung auf Empfehlung d'Alemberts erhalten hatte. 1782 beschloss er dann, an einem Wettbewerb der *Berliner Akademie der Wissenschaften* teilzunehmen, wo es um die *Flugbahn von Projektilen unter Berücksichtigung des Luftwiderstands* ging. Am Ende gewann seine Arbeit den Preis, womit Legendres spätere Forschungslaufbahn schließlich ermöglicht wurde.

Danach widmete er sich der *Gravitation bei Ellipsoiden*. Mithilfe der heute nach ihm benannten *Legendre-Funktionen* und mittels Potenzreihen gelang es Legendre, die Anziehungskraft eines jeden Punktes außerhalb des Ellipsoids zu bestimmen. Aufgrund dieser Arbeit wurde er in die *Pariser Akademie der Wissenschaften* aufgenommen.

Die nächsten Jahre arbeitete er auf vielen Gebieten, nämlich zum einen in der *Himmelsmechanik*, wobei er die *Legendre-Polynome* einführte, des Weiteren in der *Zahlentheorie* und zum anderen an der Theorie der *elliptischen Integrale*, die er abschließend auch mit einer Veröffentlichung über die *Integration mittels Ellipsenbögen* krönte. *Elliptische Integrale* haben ihren Namen, weil sie bei der Längenbestimmung von *Ellipsen*bögen auftreten.

Insbesondere die Veröffentlichung zur *Zahlentheorie* im Jahr 1785 enthält eine Reihe wichtiger Beiträge, unter anderem das *Quadratische Reziprozitätsgesetz für Reste* sowie die Lösung der Frage, welche arithmetische Folgen, zum Beispiel *8, 3 + 8, 6 + 8, 9 + 8, 12 + 8, ...* unendlich viele Primzahlen enthalten.

Das erste Resultat ordnen wir heute Gauß zu, das zweite Dirichlet. Dies ist insofern korrekt, als dass Legendres Beweis im ersten Fall unvollständig war und er im zweiten Fall keinen Beweis angegeben hatte. Auch das *Quadratische Reziprozitätsgesetz* wurde nicht ursprünglich von ihm formuliert, sondern von Euler. Trotzdem waren die Beiträge Legendres von großer Bedeutung.

So stieg er auch in der *Akademie der Wissenschaften* weiter auf. 1787 war er an einem Projekt zusammen mit dem Observatorium in Greenwich beteiligt, in dem es um die Vermessung der Erde durch Triangulisierung, also durch Zerlegung in Dreiecke ging. In diesem Zusammenhang veröffentlichte Legendre eine wichtige Arbeit, in der sein *Satz über Dreiecke auf der Kugel* erscheint. Wie Lagrange wurde Legendre 1791 Mitglied des *Ausschusses zur Standardisierung von Gewichts- und Längeneinheiten*. Aufgabe war unter anderem, die genaue Länge eines Meters zu bestimmen. Darüber hinaus arbeitete Legendre zur gleichen Zeit an einem umfassenden Werk, nämlich den *Eléments de géométrie*.

Obwohl ihn die Französische Revolution in große Probleme stürzte, da er sein komplettes Vermögen verlor, arbeitete Legendre zusammen mit anderen Mathematikern von 1792 bis 1801 an der umfangreichen Aufgabe, Logarithmentabellen und Trigonometrische Tabellen, die sogenannten *Cadastre* zu erstellen. Dazu hatte die Arbeitsgruppe die Unterstützung von bis zu 80 Assistenten, die zu dem Projekt beitrugen.

1794 erschien Legendres Werk *Eléments de géométrie*, welches *Die Elemente* von Euklid in der Funktion als Geometrie-Lehrbuch fast überall in Europa ablöste. Darin zeigt Legendre einen einfachen Beweis für die *Irrationalität der Zahl* π und vermutet darüber hinaus, dass π transzendent ist, also niemals die Lösung einer algebraischen Gleichung.

Bei der Wiedereröffnung der *Akademie der Wissenschaften* 1795 wurde Legendre schließlich erneut aufgenommen. Elf Jahre später, also 1806, schrieb Legendre ein Buch zur Bahnbestimmung von Kometen. Im Anhang stellte er die *Methode der kleinsten Quadrate* vor. Gauß hat dieselbe Methode erst im Jahr 1809 veröffentlicht, wo er zwar Legendres Werk zitiert, daneben aber behauptet, die Methode bereits vor Legendre gekannt zu haben. Diese öffentliche Herabsetzung seiner Leistung hat Legendre tief verletzt; deshalb hat er in den anschließenden Jahren lange Zeit um das Prioritätsrecht seiner Entdeckung gekämpft.

1808 veröffentlichte Legendre die zweite, beträchtlich überarbeitete Ausgabe seiner *Théorie des nombres*. Bereits 1801 hatte Gauß in seinen *Disquisitiones arithmeticae* das *Quadratische Reziprozitätsgesetz* vollständig bewiesen und dabei Legendres

Beweise von 1785 sowie die Beweise aus der ersten Ausgabe der *Théorie des nombres* von 1798 kritisch kommentiert. Schon diese erste Kritik bezüglich der Genauigkeit der Beweisführung muss Legendre schwer gekränkt haben, denn immerhin kam sie von einem Mathematiker, der 25 Jahre jünger war als er. Zu diesem Konflikt äußerte er später einmal, dass er solche Unverschämtheiten eines Mannes mit so großen Verdiensten für unglaublich halte.

In der zweiten Ausgabe jenes Zahlentheoriebuchs übernahm Legendre einen Beweis für das *Quadratische Reziprozitätsgesetz* von Gauß und zitierte ihn auch korrekt. In diesem neu aufgelegten Werk war außerdem eine Abschätzung der Anzahl der Primzahlen kleiner als eine Zahl n, nämlich $\frac{n}{\log n} - 1{,}08366$ enthalten. Ein weiteres Mal sollte Gauß später behaupten, dass er die besagte Formel bereits vorher gefunden hatte. Dennoch gebührt Legendre, selbst wenn mittlerweile die Prioritätsrechte der genannten Ergebnisse tatsächlich an Gauß gegangen sind, sicher das so wichtige Verdienst, sie als Erster veröffentlicht zu haben. Und damit hat er im Gegensatz zu Gauß die Entwicklung der Mathematik nicht aufgehalten, sondern ihr einen förderlichen Reiz gesetzt.

Zwischen 1811 und 1819 publizierte Legendre ein umfassendes, dreibändiges Werk über *elliptische Funktionen*, darin wurden die *Alpha- und Gammafunktionen* eingeführt. Trotz einer späteren Überarbeitung war er nie ganz zufrieden damit. Ferner konnte Legendre auf diesem Gebiet nie die Einsichten von Jacobi und Abel erreichen. Auf einem anderen mathematischen Teilgebiet, nämlich der *Geometrie*, versuchte sich Legendre 30 Jahre lang vergeblich daran, das *Parallelen-Postulat von Euklid* zu beweisen. Noch 1832, in dem Jahr in dem Bolyai seine Arbeit über die *Nicht-Euklidische Geometrie* veröffentlichte, bekräftigte Legendre seinen Glauben an den *Euklidschen Raum*.

Zuletzt verweigerte er 1824 seine Stimme dem Kandidaten der Regierung für das *Institut National*. Aufgrund dessen wurden seine Pensionszahlungen eingestellt. Letztlich starb er 1833 in Armut. Vielleicht fassen Abels Worte von 1824 den Konflikt der Persönlichkeit und somit auch des ganzen Schaffens Legendres am trefflichsten zusammen: »*Legendre ist ein äußerst liebenswerter Mann, aber leider steinalt.*«

PAOLO RUFFINI
(1765–1822)

Paolo Ruffini wurde am 22. September 1765 in Valentano, das heute in Italien liegt, geboren. Er wuchs in Reggio bei Modena auf und besuchte ab 1783 die *Universität von Modena*, wo er Mathematik, Medizin, Philosophie und Literatur studierte. Hier war er ab 1788 *Professor für Grundlagen der Analysis*, daneben erlangte er 1791 die *Approbation* von der *Medizinischen Fakultät* der Universität, so dass er Patienten behandeln durfte.

Durch die Wirren der Napoleonischen Kriege verlor er 1798 seine Professorenstelle und beschränkte sich deshalb auf seine Arzttätigkeit, die er anscheinend sehr engagiert ausführte. In seiner freien Zeit beschäftigte er sich mit dem Problem der *Lösung allgemeiner Gleichungen fünften Grades*. Del Ferro, Tartaglia und Cardano hatten im 16. Jahrhundert zunächst die Lösung für Gleichungen *dritten Grades* herausgefunden, und kurz danach gelang Ferrari die Lösung für Gleichungen *vierten Grades*. Die Lösung für Gleichungen *fünften Grades* zu finden war aber mittlerweile zu einem jahrhundertealten Problem der Mathematik geworden. Seltsamerweise scheint Ruffini der Erste gewesen zu sein, der die Möglichkeit, dass eine derartige Formel gar nicht existiert, in Erwägung erzog. Immerhin hatte Lagrange hierfür schon wichtige Vorarbeiten geleistet, jedoch selbst permanent an die Existenz einer Lösungsformel geglaubt.

Schließlich veröffentlichte Ruffini 1799 das Buch *Allgemeine Theorie der Gleichungen, in der gezeigt wird, dass die algebraische Lösung der allgemeinen Gleichung von Grad größer als vier unmöglich ist*. Zum Beweis seiner Behauptung erfand er außerdem, ganz auf sich alleine gestellt, die *Gruppentheorie*. Dabei verwendete er bereits den *Begriff* der *Ordnung eines Gruppenelements* sowie den *Begriff* der *Konjugiertenklasse* und die *Zykelzerlegung einer Permutation*. Zudem kannte Ruffini bemerkenswerte Sätze über die symmetrische Gruppe.

Da Ruffinis Beweis bis auf eine einzige Lücke korrekt war, ist es aus heutiger Sicht umso unverständlicher, dass er damals gänzlich ignoriert wurde. Obwohl er zweimal ein Exemplar

seines Buches an Lagrange sandte, erhielt er nie eine Resonanz
– weder eine positive noch eine negative.

In den Jahren 1808 und 1813 veröffentlichte Ruffini weitere
Beweise. Der letzte davon wurde dann 1845 im Wesentlichen
von Wantzel als *Modifikation des Beweises von Abel* neu veröffentlicht. Ruffini selbst allerdings sollte einfach kein aussagekräf-
tiges Feedback aus der Mathematikwelt bekommen. Lediglich
die *Royal Society* antwortete auf jene Arbeit zumindest mit der
Einschätzung, dass sie im Wesentlichen korrekt sei, obgleich
man sie nicht bis ins Detail überprüft habe.

Ausgerechnet Cauchy, der sonst beim Zitieren von Autoren
nicht sehr genau war, schrieb 1821, also genau ein Jahr vor Ruffinis Tod, an denselben, dass er den Beweis für korrekt halte
und das Resultat für wichtig erachte. Vermutlich waren auch
schon Cauchys Arbeiten, die zwischen 1813 und 1815 entstanden waren, wesentlich von jenem verkannten Mathematiker
beeinflusst. Ruffini selbst wurde 1814 immerhin zum *Rektor*
der *Universität Modena* ernannt. So behandelte er bei einer Ty-
phus-Epidemie im Jahr 1817 die Erkrankten, woraufhin auch
er sich die Krankheit holte und deswegen seinen Beruf aufgeben musste.

CARL FRIEDRICH GAUß
(1777– 1855)

Als Carl Friedrich Gauß am 30. April 1777 in Braunschweig
zur Welt kam, ahnte man wohl zuletzt, dass dieser Junge schon
bald zu einem der größten Mathematiker der Geschichte werden sollte. Denn die einfachen Verhältnisse, in die Gauß hin-
eingeboren wurde, lassen für gewöhnlich keine gute Schulbildung zu. Der Vater hatte nicht einmal einen festen Beruf,
sondern musste des Öfteren die Art seiner Arbeit wechseln – er
war sowohl als Gärtner wie auch als Versicherungskassierer
tätig. Trotzdem wird er von Carl Friedrich Gauß als rechtschaf-
fener, angesehener Mann beschrieben, der sich allerdings innerhalb der Familie sehr hart und herrisch verhielt. Deshalb
entwickelte der junge Gauß auch das bessere Verhältnis zu
seiner Mutter Dorothea. Sie war – wohl im Gegensatz zum

Vater – intelligent und besaß literarische Begabung. Vermutlich kommt daher auch Gauß' Affinität zur Philologie, die sich im Laufe seiner autarken Ausbildung herauskristallisierte. Jenes Interesse lief lange Zeit einher mit der Begeisterung für Rechenaufgaben und schließlich der Mathematik. Erst mit 21 Jahren lässt er ganz von der Philologie ab und widmet sich der reinen Mathematik.

Letztere beherrschte wohl das Bewusstsein des jungen Gauß von Anfang an am meisten, denn bereits als Dreijähriger korrigierte er die Abrechnungen seines Vaters, ohne auch nur irgendeine Form von Bildung genossen zu haben. Und in der Schule schockierte er den Lehrer mit seiner blitzschnellen Berechnung der Dreieckszahlen. Eigentlich dienten solche Aufgaben aufgrund ihres aufwendigen Rechenweges in der Schule meistens dazu, sich ein bisschen Ruhezeit vom Lehren zu verschaffen. Doch der junge Gauß ließ dies nicht zu, denn er fand angeblich im Nu eine Formel zur Beantwortung der Frage. Um die Anzahl der Bohnen in einem Dreieck mit *100* Bohnen in der ersten Reihe und *100* Reihen insgesamt, die jeweils eine Bohne weniger als die vorherige Reihe enthalten, zu bestimmen, fand Gauß den schnellen Rechnungsweg $\frac{1}{2} \cdot (100 + 1) \cdot 100$ und hatte das richtige Ergebnis von *5050* Bohnen sofort.

Aufgrund der Umstände seines bescheidenen Elternhauses wäre jenes mathematische Genie vermutlich immer verkannt geblieben, wenn nicht Herzog Ferdinand von Braunschweig auf das Talent des frühreifen Gauß aufmerksam gemacht worden wäre. Da der Herzog in der Tradition seines Vaters die Wissenschaft wertschätzte, wurde er zum ersten Förderer Carl Friedrichs, schickte ihn 1788 zunächst an das *Gymnasium* beziehungsweise ans *Catharineum* und im Anschluss daran 1793 an das *Carolinum*, eine Art Vorschule zur technischen Hochschule. Danach begann Gauß 1796 in Göttingen sein Mathematikstudium. So wurden trotz der Widerstände vonseiten der Eltern dank des großzügigen und einflussreichen Gönners dem mathematischen Talent Gauß die Bahnen zur Wissenschaft geebnet.

Denn schon mit 15 Jahren, ein Jahr nachdem Gauß eine Logarithmustafel geschenkt bekommen hatte, hatte er die revolutionäre Idee, die Prinzipien der *Logarithmustabellen* auf die *Primzahlforschung* zu übertragen. Logarithmen konnte man damals schon berechnen, Primzahlen hingegen galten als unvorhersagbar und schienen zufällig aufzutreten. Dennoch wurde in der Primzahlforschung bisher immer ein Weg gesucht, jene kuriosen Zahlen vorauszusagen. Gauß' fundamental neuer Ansatz auf dem Terrain der Primzahlen war es, den Blick nicht auf die Primzahlen selbst zu richten, sondern deren Anzahl in einem festgelegten Zahlenbereich bestimmen zu wollen. Zum ersten Mal in der Geschichte der Primzahlforschung wurde deren *Häufigkeit* zum Gegenstand der Untersuchungen. Die Frage lautete nun: Wie viele Primzahlen gibt es unter den ersten *100*, den ersten *1000* und so weiter, also den ersten *N*? So erhielt Gauß eine Tabelle, die am Ende zeigt, mit welcher *Regelmäßigkeit* sich die Anzahl der Primzahlen bei immer größer werdenden Zehnerpotenzen verhält.

Denn anhand der Tabelle lässt sich zunächst ein Mittelwert für den Abstand zwischen zwei Primzahlen berechnen. Dieser Mittelwert gleicht dabei einer Aussage über die *Wahrscheinlichkeit*, dass eine Zahl aus dem vorgegebenen Bereich eine Primzahl ist. Zum Beispiel gibt es *25* Primzahlen zwischen *1* und *100*, was einen *mittleren Abstand* der Primzahlen von *4* ergibt; deshalb ist die Wahrscheinlichkeit beim Zählen von *1* bis *100* auf eine Primzahl zu treffen gleich *1 zu 4* oder *25 aus 100*.

Beim Durchrechnen der *Primzahlen-Wahrscheinlichkeiten* für die immer größer werdenden Zahlenbereiche, stellte Gauß nun fest, dass sich ab dem oberen Grenzwert *N = 10 000* eine Regelmäßigkeit zeigt. Ab da nämlich steigt der Wert des Verhältnisses zwischen *N* und der Anzahl der Primzahlen zwischen *1* und *N* – diese Anzahl wird seit Gauß übrigens als $\pi(N)$ bezeichnet – immer um ungefähr *2,3*.

Entscheidend dabei war für Gauß, dass es genau wie beim Logarithmus einen Zusammenhang zwischen der unternommenen *Multiplikation* ($N \cdot 10$) und jener *Addition* des Wahrscheinlichkeitswertes um 2,3 gibt. Mit der Grundlage dieser Feststellung entdeckte er irgendwann, dass der Logarithmus mit dem Basiswert *e* die Primzahlen zählen kann. Das mathematische Talent aus Braunschweig, das 1795 sein Studium in Göttingen begann, ermöglichte also eine Annäherung an die Anzahl der Primzahlen zwischen *1* und *N*. Es handelt sich hierbei um das Ergebnis des Quotienten aus *N* und $log_e(N)$.

Jene Gleichförmigkeit sowie die Annäherung an die Anzahl der Primzahlen überhaupt war für die damalige Forschung ein Riesenschritt. Allerdings wusste Gauß durchaus, dass die Formel weder sicher die genaue Anzahl liefern konnte noch bewiesen ist. Deshalb blieb die Funktion, die er auf der Rückseite seiner Logarithmustafel dargestellt hatte, für Gauß selbst nichts weiter als eine mathematische Notiz, die sich nicht zur Veröffentlichung eignete. Was ihr fehlte, war der *Beweis*. Denn Sätze beweisen zu können war schon für den jungen Gauß oberste Voraussetzung für deren sichere Wahrheit. Und nur wahre Sätze, aber wirklich nur diese, eigneten sich zur Veröffentlichung. Schließlich, so verglich Gauß selbst einmal, lasse ein Architekt auch nicht seine Gerüste an den Bauwerken stehen. Mit dieser Ansicht widersprach Gauß sämtlichen spekulationsgierigen Mathematikern aus seiner unmittelbaren Vergangenheit und schuf zugleich eine neue Tendenz für die mathematische Arbeit. Wie in der Antike war jetzt der *Beweis* erneut das Nonplusultra der Mathematik. Infolge dieser strengen Arbeitsauffassung gelangte jedoch quantitativ gesehen das Wenigste von Gauß' Schaffen in die öffentlichen Hände seiner Gegenwart, wodurch vermutlich wesentliche Erkenntnisprozesse der Mathematik deutlich verlangsamt wurden. Deswegen beurteilen heute viele Mathematiker genau jenes Verhalten als fortschrittshinderlich. Ein anderer Grund für eine solche Einschätzung der Gauß'schen Arbeitsmoral ist die Tatsache, dass er sich nicht auf bereits vorhandenes mathematisches Wissen stützen wollte, sondern alles erneut zu Fuß berechnete und überprüfte. Obwohl deshalb viele spekulieren, Gauß selbst hätte mit einer höheren Arbeitsgeschwindigkeit die Mathematik noch weiter vorantreiben können, vertreten andere die gegensätzliche Meinung, dass eben ohne jene Akribie und misstrauische Vorgehensweise Gauß vermutlich nicht zu seinen Erkenntnissen gelangt wäre. Zu sehr musste er sich immer schon am meisten auf seine eigenen Fähigkeiten verlassen, als dass er auf fremdes Wissen tatsächlich hätte aufbauen wollen. Vermutlich hätte ohne jene absolute Selbstständigkeit Gauß auch nie die Hartnäckigkeit entwickelt, die letztlich entscheidend für viele seiner Erkenntnisse gewesen ist.

Der beschriebene Perfektionismus Gauß' und auch seine Zurückhaltung in Bezug auf seine mathematischen Vermutungen brachten aber ihm selbst des Öfteren Ärger. So kam es, dass 1798 ein weiterer großer Mathematiker aus Paris mit Stolz der Öffentlichkeit als Erster verkündete, er habe einen Zusammenhang zwischen Primzahlen und Logarithmen entdeckt. Dieser hieß – wie oben bereits gesagt – Adrien-Marie Legendre. Ihm gelang schließlich, die Gaußsche *Annäherung an die Anzahl der Primzahlen* zu verbessern, indem er die Näherung *N/logN* durch *N/logN – 1,08366* ersetzte. Als letztlich der Mathematiker der berühmten Pariser *École Polytechnique* 1808 eine Abhandlung über Zahlentheorie, die *Théorie des Nombres*, mit dem Thema der Primzahlenvermutung herausbrachte, entfachte sich ein langer mathematischer Streit zwischen Legendre und Gauß. Heute weiß man, dass jener vermutete Zusammenhang tatsächlich zuerst von dem 15-jährigen Braunschweiger erkannt wurde, obwohl Gauß nicht aktiv um seine Ansprüche gekämpft hatte.

Stattdessen arbeitete er selbst an einer weiteren Verbesserung der Annäherung. Dazu besann sich Gauß auf seine frühen Überlegungen zur Wahrscheinlichkeit des Auftretens einer Primzahl in einem vorgegebenen Bereich. Dafür gab er folgendes Rechenmodell vor: *1/log(2) + 1/log(3) + ... + 1/log(N)*. Diese verbesserte Annäherung an die Anzahl der Primzahlen näherte Gauß nun wiederum mit dem *logarithmischen Integral Li(N)* an. Damit gelang es, Legendres scheinbare Verbesserung noch zu übertrumpfen. Denn diese war nicht nur aufgrund des Terms *1,08366* weniger ästhetisch, sondern letztlich ebenfalls ungenauer. Schließlich stellte sich lange Zeit später heraus, dass Legendres Formel ab *10 000 000* immer schlechter wird, während die Gaußsche Anzahl der Primzahlen bis $N = 10^{16}$ nur um den zehnmillionsten Teil eines Prozents die wirkliche Anzahl verfehlt. Bei der gleichen Zahlengrenze weicht Legendres Anzahl hingegen schon um *1/10* eines Prozents ab. Letztendlich gelang es aber weder Gauß noch Legendre, die Richtigkeit ihrer jeweiligen *Primzahlvermutungen* zu beweisen

Doch die *Primzahlforschung* war nur eine von Gauß' Leidenschaften. Er war nicht nur ein junges Genie, nein, auch eines der vielseitigsten der Kulturgeschichte. Während seines mathematischen und philologischen Studiums in Göttingen zwischen 1795 und 1798 befasste er sich ebenso intensiv mit anderen Fragenkomplexen der *Zahlentheorie* sowie mit der *Ge-*

ometrie. 1796 erkannte Carl Friedrich, welche regulären Vielecke sich allein mit Lineal und Zirkel konstruieren ließen, und beseitigte damit ein mathematisches Problem, das seit 2000 Jahren existiert hatte. Schließlich fand er nach einer Eingebung beim Aufstehen am 30. März 1796 eine allgemeingültige Lösung zur Konstruktion des regulären 17-Ecks beziehungsweise eines n-Ecks. Zu diesem Anlass begann Gauß nicht nur, ein Tagebuch zu führen, das nach seinem Tod noch viel mathematisch wertvolles Wissen geliefert hat, sondern wagte sich zum ersten Mal an eine wissenschaftliche Publikation.

Im selben Jahr fing Gauß an, an seinem bedeutenden Werk *Disquisitiones arithmeticae* zu arbeiten. Unterdessen promovierte er 1799 in Helmstedt mit dem Beweis des *Fundamentalsatzes der klassischen Algebra.* Dieser besagt, dass bei jeder Polynomgleichung die Anzahl der Lösungen immer genau der höchsten in der Gleichung vorkommenden Potenz entspricht.

Mit 21 Jahren hatte Gauß die *Disquisitiones arithmeticae* schließlich druckreif. Die sogenannten *Arithmetischen Abhandlungen* unterscheiden sich von allem, was vorher zur *Zahlentheorie* schriftlich vorlag, und verwandelten diese Disziplin der Mathematik in eine einheitliche und systematische Wissenschaft. Zwar offenbart sich in dem Gaußschen Großwerk ganz besonders seine revolutionäre mathematische Strenge, doch zeigen sich ebenso seine geniale Tiefgründigkeit sowie sein außergewöhnliches strukturelles Denken. Allerdings waren die *Disquisitiones arithmeticae* für die damalige Mathematik-Welt schwer verständlich, so dass sich noch viele Mathematiker den Kopf daran zerbrechen sollten. Eine leidenschaftliche Euphorie hingegen konnte das Gaußsche Meisterwerk vor allem bei Dirichlet, Gauß' späterem Nachfolger für den Lehrstuhl in Göttingen, auslösen. Weil dieser schließlich die Ideen seines Vorgängers verstand, konnte er auch für deren Verbreitung sorgen.

Gauß entwickelte in den *Arithmetischen Abhandlungen* die *Theorie der Teilbarkeit mit Resten.* Außerdem untersuchte er *quadratische Polynome mit zwei Unbekannten* und gab eine allgemeine Theorie zur *Konstruktion von n-Ecken* mittels der Kreisteilungskörper an.

Als jenes Werk nach einem langwierigen Druck 1801 endlich herauskam, erweiterte Gauß sein Spektrum außerhalb der reinen Mathematik und begann, sich auf die Astronomie zu konzentrieren. Anlass war die Entdeckung des Italieners Piazzi, der 40 Tage lang den Planeten *Ceres* beobachten konnte, ihn aber danach wieder aus dem Blick verlor. Nun machte sich Gauß an die Arbeit und berechnete aus den wenigen vorhandenen Daten, die es zu der Planetenbahn damals gab, wo sich die *Ceres* zu einem späteren Zeitpunkt befinden würde. Dafür verwendete er abermals eine innovative Rechenmethode, die er eigenhändig entwickelte. Es handelte sich dabei um die *Methode der kleinsten Quadrate,* die auch heute noch eine große Rolle in der Statistik und der Numerik spielt. Schließlich konnte er damit in der Laufbahn der *Ceres* als Einziger Gesetzmäßigkeiten entdecken. Aufgrund der Gaußschen Berechnung fanden die Astronomen die *Ceres* tatsächlich wieder. Damit konnte sich Gauß endlich in der Wissenschaft etablieren und wurde sogar plötzlich zu einem Star in wissenschaftlichen Kreisen. In diesem Zusammenhang stellte Gauß auch Untersuchungen zu *statistischen Verteilungen* an und fand dabei die nach ihm benannte *Gaußsche Glockenkurve.*

Mit der *Astronomie* hatte Gauß ein Fachgebiet hinzugewonnen, das er ebenso hoch wie die Mathematik schätzte. Daneben verstand Gauß seine mühseligen astronomischen Berechnungen gewissermaßen als Dank an den Staat, dem er endlich Forschungsergebnisse liefern konnte, die auch praktischen Nutzen besaßen. So konnte er guten Gewissens seine zahlentheoretischen Forschungen fortsetzen. Außerdem brachte die Astronomie dem gebürtigen Braunschweiger persönlich den Erfolg einer *Professur in Göttingen.* Diese Stellung nahm Gauß 1807, zwei Jahre nach seiner Hochzeit mit Johanna Osthoff, ein und erfüllte sie bis an sein Lebensende.

Bis dahin allerdings sollte er noch Großes bewirken und vieles erleben, was nicht immer erfreulich war. Nachdem ihm seine Ehefrau 1806 und 1808 einen Sohn und eine Tochter geschenkt hatte, verstarb sie 1809 bei der Geburt des dritten Kindes, welches wenige Wochen danach ebenso starb. Für Gauß brach innerhalb kürzester Zeit sein ganzes privates Glück entzwei, da er seine Frau Johanna innig geliebt hatte. Infolge des Todes war er lange verzweifelt und seelisch gebrochen. Es existieren sogar Briefe von Gauß, in denen er seine ganze Trauer ausdrückte und die dementsprechend von Tränen überflossen waren. Dennoch heiratete Gauß ein Jahr später Wilhelmine Waldeck, die Tochter eines Juraprofessors, da er es nicht verantworten wollte, seine Kinder ohne Mutter aufwachsen zu lassen. Die zweite Gattin gebar drei weitere Kinder, 1811 und 1813 wieder einen Sohn und 1816 die Tochter Therese. Letztere begleitete den berühmten Vater bis ins Alter und pflegte ihn, als er Hilfe benötigte. Seine Söhne erfüllten Gauß keineswegs mit Vaterstolz. Der erste wurde zwar zunächst sein Assistent in der Forschung, wendete sich aber schon bald ab und versuchte sich als Eisenbahningenieur. Die Söhne aus zweiter Ehe wanderten beide nach Nordamerika aus – von allen war Gauß gleichermaßen enttäuscht. Seine erste Tochter enttäuschte wohl weniger, indem sie einen angesehenen Professor für Philologie heiratete, jedoch musste sie bereits 1840, also mit 32 Jahren sterben. Zehn Jahre vorher aber verstarb Wilhelmine Waldeck, womit Gauß auch die zweite Gattin genommen wurde. Zwar war die Ehe mit ihr lange nicht so überglücklich wie die frühere mit Johanna Osthoff, doch bedeutete der Tod der zweiten Frau dennoch eine weitere Wunde in Gauß' Seele. Scheinbar sollte sein Schicksal aus zwei Gegenpolen bestehen – das riesige Talent und der daraus resultierende Erfolg in den Wissenschaften einerseits, das andauernde Unglück im Privatleben anderseits!

Bereits während des lang andauernden Druck-Prozesses der *Disquisitiones arithmeticae* hatte sich Gauß auch dafür interessiert, eine Theorie der *elliptischen Funktionen,* der *Theta-Reihen* und der *Modulfunktionen* aufzubauen. Damit befasste sich Abel zusammen mit Jacobi einige Jahre später als Gauß. Dabei wussten beide allerdings nichts von den früheren Überlegungen des Mathematikers in Göttingen, der wie so oft mal wieder im Verborgenen grübelte ohne jegliche Art der Entäußerung seines Denkens.

Bei einer anderen Leistung war Gauß glücklicherweise nicht so zurückhaltend gegenüber der Öffentlichkeit. Vielleicht hatte das damit zu tun, dass er zum ersten Mal gemeinsam mit einem anderen Wissenschaftler an einem Projekt arbeitete, nämlich dem Physiker Weber. Gauß hatte ihn bei einer von Alexander von Humboldt veranstalteten Naturforscherversammlung 1828 in Berlin kennengelernt und begann schließlich mit ihm am *Erdmagnetismus* zu forschen, als Weber 1831 ebenfalls an die Universität in Göttingen berufen wurde. Obwohl Gauß' Interesse auch dabei hauptsächlich den theoretischen Errungenschaften galt, steckte er viel Mühe in die Verwirklichung einer weltweiten Beobachtung des Erdmagnetismus und entwickelte dafür eine messgenauere Beobachtungsmethode durch die *Erfindung des Magnetometers.*

Die besondere Frucht dieser gemeinsamen Forschungsarbeit mit Weber beeindruckte nun sogar Gauß so sehr, dass er in einem Brief an Schumacher seiner Euphorie über eine Neuentdeckung freien Lauf ließ. Es handelte sich dabei um die Erfindung des *elektromagnetischen Telegraphen.* Sie ging 1833 aus der Team-Forschung mit Weber hervor und ermöglichte die Datenübertragung zwischen dem Physikalischen Institut und der Sternwarte, in der Gauß wohnte. Zwar war es den beiden Wissenschaftlern dadurch nicht möglich, mit Worten zu kommunizieren wie beim heutigen Telefon, aber es tat den Dienst der Nachrichtenübertragung, im weitesten Sinne vergleichbar mit dem jetzigen Internet. In seiner ausgefeilten und hoch entwickelten Form gibt es Letzteres erst seit etwa 1970, doch der Anfang dieses weltweiten Mediums liegt in dem *Gauß-Weberschen elektromagnetischen Telegraphen* von 1833. Auch wenn Gauß noch nicht wissen konnte, wohin genau jene Erfindung führen würde, so ahnte er dennoch ihre große Bedeutung. Schumacher gegenüber äußerte er in besagtem Brief von 1835, dass eine entschiedene Finanzierung der Telegraphie dieselbe »*zu einer Vollkommenheit und zu einem Maßstabe gebracht werden könnte, vor dem die Phantasie fast erschrickt*«.

Doch es gibt immer noch eine weitere Seite des talentierten Gauß, die bisher nicht erwähnt wurde. Hier bleibt zuletzt der komplexe Zusammenhang um die von Gauß entwickelte *Nicht-Euklidische Geometrie.* Auch sie gehört zu jenen Theorien, die Gauß bereits mit 15 Jahren beschäftigten. So setzte er sich zeitlebens damit auseinander, ob es die Möglichkeit einer widerspruchsfreien Geometrie gäbe, die auch ohne das letzte Axiom des Euklid, also ohne das Parallelenaxiom, gültig wäre. In diesen Zusammenhang gehören einige seiner Beschäftigungen über viele Jahre hinweg, die entweder die Frage wieder aufwarfen oder aber einen Schritt weiter zu einer dazugehörigen Antwort führten.

Ein Meilenstein für seine Annahme einer *Nicht-Euklidischen Geometrie* waren auch die *Allgemeinen Untersuchungen über gekrümmte Flächen* von 1827. Dieses Werk entstand aus dem Hintergrund der *trigonometrischen Landvermessung* von Westfalen, für die sich Gauß 1818 verpflichtet hatte. Dabei hatte er den *Heliotropen* entwickelt, um die Beobachtungen zu erleichtern und eine höhere Messgenauigkeit zu gewährleisten. Jene Erfindung ist ein Vermessungsgerät, das unabhängig von der Witterung und auch auf Distanzen über 150 Kilometer funktioniert. Entscheidend dabei ist der Einsatz des Sonnenlichtes für Signale. Nun bewegte sich Gauß mit einer solchen Aufgabe wie der in Westfalen allerdings in einer Größendimension, die ihn nicht sonderlich reizte. Vielmehr interessierte ihn jedoch die weltweite *Vermessung der ganzen Erde*.

Aufgrund dieses Wunsches oder Bestrebens musste sich Gauß zwei wesentlichen Problemen stellen. Zum einen war das die Frage nach den *konformen Abbildungen einer Fläche des Raumes auf eine andere*. Zum anderen war das die *Problematik des Dimensionswechsels* von einer gegebenen Fläche auf den Raum und die daran gebundene Frage, inwieweit aus dem Wissen von den Winkeln und Längen ebenjener gegebenen Fläche Schlüsse für die Gestalt der Fläche im Raum gezogen werden können. Dabei konzentrierte sich Gauß wesentlich auf die sich verändernden Maße von gedehnten Flächen im Raum. Er befasste sich also mit *Krümmungsvarianten von Flächen*. Zum Beispiel untersuchte er ein Dreieck auf einer Kugel hinsichtlich seiner Winkelsumme und kam zu dem Ergebnis, dass die Summe der Winkel nicht wie in der Ebene 180 Grad beträgt. Wie die Winkel verändern sich ebenfalls die Längen der Seiten. Durch die Verbiegung oder Dehnung offenbarte sich Gauß nun also ein gewisses metrisches Potential von Flächen, was er schließlich als deren *innere Geometrie* bezeichnete. Sie wurde schließlich auch zum Hauptthema der genannten Abhandlung *Allgemeine Untersuchungen über gekrümmte Flächen* beziehungsweise der *Disquisitiones generales circa superficies curvas*. Hierin legt Gauß nun Ergebnisse vor, die grundlegend für die nachfolgende Mathematiker-Generation und deren Erkenntnisse gewesen sind. Denn mit genau diesen Gaußschen Beobachtungen arbeitete später eine weitere Größe der Göttinger Mathematik, nämlich Bernhard Riemann, der dann schließlich die *n-dimensionale Differentialgeometrie* begründete. Weil diese Riemannsche Theorie wiederum entscheidende Erkenntnisse für Albert Einsteins revolutionäre Relativitätstheorie lieferte, wird klar, wie weit und bedeutend Carl Friedrich Gauß die nach ihm kommende Wissenschaft prägte.

Doch worin liegt der eigentliche Clou all jener geometrischen Untersuchungen von Gauß? Wieso haben gerade sie einen so großen Einfluss auf die Mathematik? Wenn wir uns an Euklid erinnern und bedenken, dass seine Axiome die Geometrie bis zu Gauß geometrischen Erkenntnissen monopolartig bestimmten, so muss man annehmen, dass Gauß eine besondere mathematische Frechheit in sich trug, wie sie noch keiner besaß. Jahrhundertelang wollte man das fünfte Euklidische Postulat beweisen, indem man nach einer Abhängigkeit von einem der übrigen vier Axiomen suchte. Doch diese Mühe war vergeblich. Als am Ende des 18. Jahrhunderts außerdem Kant mit seiner Position von apriorischen, also unabhängigen Postulaten Euklids die meisten Mathematiker beeindruckte, stagnierte der Zweifel an den Euklidischen Postulaten. Gauß war danach der Erste, der aufgrund der vielen Fehlversuche, die Abhängigkeit des fünften Postulats zu beweisen, die Möglichkeit einer widerspruchsfreien Geometrie ohne jenes Axiom sah. Er entfernte sich also erneut von der allgemeinen Herangehensweise an ein Problem und konzentrierte sich dem entsprechend nur noch darauf, die Widerspruchslosigkeit einer *Nicht-Euklidischen Geometrie* zu beweisen. Das außergewöhnliche Wagnis von Gauß bestand also darin, seine Zeit in eine Annahme zu investieren, mit der sich noch keiner vor ihm beschäftigte. Doch Gauß war beharrlich – er blieb frech.

Schließlich fand er heraus, dass durch einen Punkt außerhalb einer vorgegebenen Geraden mindestens zwei weitere Geraden laufen können, die die gegebene Gerade niemals schneiden. Sein unkonventioneller Weg trug die Früchte eines phänomenalen Streichs: Gauß hatte eine Geometrie entdeckt, die *ohne das fünfte Euklidische Postulat gültig* und frei von Widersprüchen ist! Gauß war genial. Aber er war auch hier derjenige, der er nur allzu oft war, nämlich der Zurückhaltende, der es vermeidet, mit seiner Genialität an die Öffentlichkeit zu gehen. Letztlich wusste Gauß ob seiner Verwegenheit und hatte deshalb zu große Angst, in den Reihen der Mathematik verpönt zu werden. Also legte er seine *Nicht-Euklidische Geometrie* beiseite und bewahrte sie für sich.

Man kann sich bei allem, was wir über Gauß gehört haben, vielleicht ausmalen, wie überfüllt seine Schreibtischschublade von den Anhäufungen unveröffentlichter, ingeniöser Dokumente am Ende seines Lebens im Jahr 1855 gewesen sein muss. Genauso vorstellbar erscheint wohl das Bild eines riesigen Gehirns, das einer Schatzkammer der wertvollsten und verschiedensten Erkenntnisse der Mathematik gleicht. Und tatsächlich hat Letzteres etwas Wahres. Denn das Gehirn von Carl Friedrich Gauß befindet sich gut konserviert an der Universität in Göttingen und zeigt dort immer noch seine einzigartige Pracht. Es besitzt nämlich die meisten Windungen, die je an einem menschlichen Hirn festgestellt werden konnten. Nun bleibt das Rätsel, ob diese Größe als biologischer Niederschlag seines Archivierungsdranges gewertet werden muss oder doch eher als physische Konsequenz seiner geistigen Genialität. Wie dem auch sei – das Gaußsche Hirn wird denkwürdig in Göttingen aufbewahrt, wo ja auch nur wegen Gauß im 19. Jahrhundert eine mathematische Hochburg entstehen konnte.

JANOS BOLYAI
(1802–1860)

NIKOLAI IWANOWITSCH LOBATSCHEWSKY
(1792–1856)

Doch Gauß war im 19. Jahrhundert nicht alleine mit der Entdeckung einer *Nicht-Euklidischen Geometrie*. Irgendwann erhielt Gauß einen Brief vom Ungaren Bolyai, der voller Stolz von den mathematischen Forschungen seines Sohnes **Janos Bolyai** berichtete. Dieser hatte, ohne von den Gedanken Gauß' zu wissen, die Vermutung, dass es eine Geometrie neben der von Euklid geben müsse, schriftlich niedergelegt. Infolge dieser Nachricht wandte sich Gauß sofort an den Sohn persönlich und teilte ihm mit, dass er selbst bereits zu genau jener Erkenntnis gekommen wäre. Dennoch lobte er die Arbeit und

Überlegungen Bolyais sehr, riet ihm aber letztlich ab, mit seinen Vermutungen an die Öffentlichkeit zu gehen. Gauß sah nämlich noch immer die Gefahr, dass kein Mathematiker bereit wäre, einer *Nicht-Euklidischen Geometrie* zu folgen. Der ungarische Bolyai verlor mit diesem Brief aus Göttingen wohl all seine mathematische Euphorie. Mit dem Bewusstsein, nicht der Erste mit jener neuen Erkenntnis gewesen zu sein, gab er letztlich auf und verabschiedete sich von der Mathematik, ohne eigene Erfolge erfahren zu haben.

An der Reaktion von Gauß auf ein offensichtliches Talent seines Interessengebietes zeigt sich abermals, mit welcher Skepsis der Göttinger behaftet war. Außerdem scheint es nicht zu seinen Stärken gehört zu haben, junge Mathematiker für weitere Forschungen motivieren zu können.

Zeitgleich gab es zu Beginn des 19. Jahrhunderts einen Mathematiker aus Russland, der ebenfalls eine Geometrie entdeckte, die nicht nach den Postulaten des Euklid aufgebaut ist. Dieser Mann hieß **Nikolai Iwanowitsch Lobatschewsky** und wurde 1792 im heutigen Gorki als Sohn eines Beamten geboren. Im unmittelbaren Vergleich zu Gauß wird uns Lobatschewsky sehr mutig vorkommen – man wird sich ferner fragen, was Gauß eigentlich hemmte. Denn Lobatschewsky scheute sich keineswegs, mit der Annahme einer *Nicht-Euklidischen Geometrie* an die Öffentlichkeit zu gehen und damit mathematischen Revolutionsgeist zu zeigen. Erstaunlicherweise gingen die Reaktionen innerhalb Lobaschewskys Wirkungskreises trotz des hohen Provokationspotenzials seines Einfalls nahezu gegen null.

Das lag nun aber keineswegs an zu geringem Ansehen, das er an seiner Forschungsstätte in *Kasan*, der dortigen *Universität*, genoss. Vielmehr verdient sein beruflicher Werdegang als Mathematiker sogar die Bezeichnung »*bravourös*«. Zunächst einmal kam Lobatschewsky sehr schnell vom Gymnasium, welches er dank des Einsatzes seiner Mutter besuchen durfte, an die Universität. Dort begann er 1807 sein Studium mittels staatlicher Förderung und beendete es bereits 1811 mit dem akademischen Grad des Magisters. Weil er mit seiner Prüfungsleistung wesentlich herausstach, wurde ihm angeboten, an der *Universität Kasan* zu lehren. Lobatschewsky nahm diese

Chance nicht nur wahr, sondern schaffte es 1816, also im Alter von 24 Jahren, zum *außerordentlichen Professor* ernannt zu werden.

Aus seinem ersten Semester danach ist ein *Vorlesungsmanuskript* erhalten geblieben, welches bereits ganz deutlich aufzeigt, wie Lobatschewsky die Geometrie auch später noch geordnet sah. Er hatte seine Vorlesung so gegliedert, dass zunächst die ersten vier *Euklidischen Postulate* in einem großen Block besprochen wurden. Dabei blieb das *fünfte Postulat Euklids* noch außen vor. In einem Sonderkapitel am Ende wurden dann Aussagen durchgenommen, die nur anhand des *Parallelenpostulats* beweisbar sind. Damit räumte er dem letzten Euklidischen Postulat also inhaltlich eine auffällige *Sonderstellung* ein. Lobatschewsky ahnte darin einen wesentlichen Unterschied zu den übrigen vier Postulaten und wollte damit unbedingt an die Öffentlichkeit. Seine Gutachter jedoch verkannten sowohl die innovativen Ansätze zur *Geometrie* als auch jegliches Potenzial für den Fortschritt der Mathematik. Die Gleichen widersprachen letztlich einer Veröffentlichung der *Lobatschewskyschen Geometrie*, unter anderem auch wegen des im Manuskript ausformulierten Wunsches nach einer *Einführung des Meters als Längenmaß* in Russland.

Neben dieser Ernüchterung und Zurückweisung aus Forschersicht erhielt Lobatschewsky aber immer noch große Anerkennung. Da er sich neben der reinen Wissenschaftstätigkeit sowohl für die Organisation derselben als auch für die qualitative Verbreitung von Wissen bei der Jugend leidenschaftlich einsetzte, wurden ihm zahlreiche ehrenvolle Aufgaben übertragen. 1819 erhielt Lobatschewsky den Auftrag, die Universitätsbibliothek von Kasan zu reorganisieren, was er so vortrefflich meisterte, dass er infolgedessen 1820 als nur 27-Jähriger zum *Dekan der mathematisch-physikalischen Fakultät* gewählt wurde. Nach diesem Aufstieg, aber keinesfalls aus diesem Grund, engagierte er sich für einen weiteren *Ausbau der Universität in Kasan*. Man kann also sagen, Lobatschewsky wusste seine Ämter zu schätzen und zu nutzen – er hatte zum Beispiel im Vergleich zu Gauß einen unglaublichen Drang, seine Umwelt mit neuen Erkenntnissen zu füttern und zu fördern. Deshalb hatte er auch so schnell einen guten Ruf inne. Schließlich wurde er mit diesem nicht nur *Leiter der Universitätsbibliothek,* sondern 1827 sogar *Rektor der Universität*. Für diese Position wurde er bis zu seiner Emeritierung 1846 immer wieder gewählt. Letztendlich weist der russische Mathematiker Lobaschewsky mit alldem eine beachtliche Karriere auf, die alles andere als selbstverständlich erscheint.

Doch seine mathematischen Erkenntnisse, von denen er sehr überzeugt war, also die Neubegründung einer Geometrie ohne das *fünfte Postulat Euklids*, fanden keine Anerkennung. Am 23. Februar 1826 ging Lobatschewsky vollen Mutes mit seiner *Kurzen Darlegung der Grundlagen der Geometrie mit einem strengen Beweis des Parallelentheorems* an die Öffentlichkeit und stieß damit auf keinen Mathematiker, der sich zur Diskussion bereit erklärte oder sich gar für den Druck einsetzte. Das Umwälzerische seiner Abhandlung wurde schlichtweg nicht wahrgenommen.

Dennoch beinhaltete es eben zufällig genau die gleichen Erkenntnisse und ähnliche Thesen, wie Gauß sie bereits niedergeschrieben in seinem Schreibtisch bewahrte. Davon wusste nur niemand. Lobatschewsky behauptete nun aber öffentlich, dass das *fünfte Euklidische Postulat* nicht mathematisch beweisbar sei, es vielmehr wie ein physikalisches Gesetz durch Experimente nachgewiesen werden müsse. Allerdings bestimme es nicht den einzig möglichen Aufbau einer Geometrie, sondern eben einen, der empirisch nachweisbar sei. Die menschliche Imagination lässt aber nach Lobatschewsky weitere Aufbauten zu. Deshalb nannte er die Begründung der *Nicht-Euklidischen Geometrie* nach seinem damaligen Verständnis *imaginäre Geometrie*, später dann *Pangeometrie*, also *allgemeine Geometrie*. Heute wissen wir, dass jene auch außerhalb der abstrakten Vorstellung existiert, denn unter bestimmten Bedingungen entspricht sie den wirklichen Strukturen des Raums. Obwohl Lobatschewsky noch nicht von dieser Tatsache wissen konnte, gelang es ihm mit großem Selbstvertrauen und Beharrlichkeit, einen Verlag zu finden, der bereit war, geometrische Beiträge von ihm zu drucken. So erschienen einige Titel ab 1829 im *Kasaner Boten* und zwischen 1836 und 1838 in den *Kasaner Gelehrten Schriften*.

Deswegen erreichten Lobatschewskys Überlegungen doch endlich die Ohren der mathematischen Welt, vor allem das Gehör des geistigen Bruders Gauß. Er hatte nicht nur den ersten deutschsprachig erschienen Artikel von 1840 gelesen, sondern bereits vorher Russisch gelernt, um die Abhandlungen Lobatschewskys im Original zu lesen. Gauß war begeistert von dem jüngeren Russen und schätzte seine Veröffentlichungen sehr. Davon erfuhr Lobatschewsky allerdings selbst nie direkt. Immerhin wurde er 1842 von Gauß zum *Korrespondierenden Mitglied der Universität Göttingen* vorgeschlagen, aber von der lang ersehnten Anerkennung speziell seines Lebenswerkes spürte er nichts. Glücklicherweise war Lobatschewsky so selbstständig und stark, dass er selbst noch nach einer Erblindung um die Gesamtausgabe seiner Theorien kämpfte. So diktierte er sein zusammenfassendes Werk *Pangeometrie*, das 1855 letztlich erschien. Nicht einmal ein Jahr später starb Lobatschewsky nach einem 30-jährigen Kampf um seine Mathematik ruhmlos, aber guten mathematischen Gewissens.

Augustin-Louis Cauchy
(1789–1857)

Cauchy war der wichtigste Entwickler auf dem Gebiet der *Analysis* im frühen 19. Jahrhundert. In den 1820er-Jahren hat er das gesamte Gebiet der *Reellen Analysis* umgekrempelt, indem er die Begriffe *Grenzwert, Stetigkeit, Ableitung* und *Integral* formalisiert hat. Darüber hinaus hat er sozusagen im Alleingang die *Komplexe Analysis* entwickelt. Deshalb sind heute viele Ergebnisse aus diesem Gebiet mit seinem Namen behaftet. Daneben führte Cauchy die erste sogenannte *Revolution der Strenge* in der Mathematik ein.

Augustin-Louis Cauchy wurde am 21. August 1789 geboren, also mitten in die Französische Revolution hinein. Noch vor dieser war sein Vater ein hoher Beamter. Im Jahr 1794, als die Revolution bereits im Gange war, floh er mit seiner Familie in den kleinen Ort Arcueil und lebte dort abgeschieden. Ganz stark geprägt wurden die Kinder durch das Ausleben einer tiefen Religiösität, die sie auch später noch begleiten sollte. Die Ausbildung von Cauchy übernahm sein Vater, da er selbst klassische Sprachen und Literatur ausgezeichnet beherrschte. Schon hier zeigte sich aber beim Sohn ein ganz anderes besonderes Talent, nämlich das für Mathematik.

Zufällig hatte nun auch Lagrange ein Anwesen in Arcueil, so dass Cauchy sowohl ihm als auch anderen Wissenschaftlern, die bei Lagrange zu Besuch waren, begegnen konnte. Und Lagrange war wirklich beeindruckt von den Fähigkeiten des jungen Mannes und deshalb auch interessiert an seiner Ausbildung. Zwei Jahre später kehrte die Familie nach Paris zurück, wo der Vater seine Karriere unter dem neuen Regime fortsetzen konnte und zum Generalsekretär des Senats, dessen Kanzler wiederum Laplace war, bestimmt wurde. Zuerst besuchte Cauchy eine humanistisch ausgerichtete Schule, bevor er 1805 an der Aufnahmeprüfung zur *École Polytechnique* teilnahm. Dort belegte er den zweiten Platz und nahm mit 16 Jahren das Studium an dieser Schule auf. Nach zwei Jahren Ausbildung mit Schwerpunkt auf Mathematik und Mechanik wechselte er zur *École des Ponts et Chaussées* für weitere zwei Jahre und war 1810 mit nicht ganz 21 Jahren bereits Ingenieur. Dann ging er nach Cherbourg zum Aufbau des dortigen Hafens, der zu dieser Zeit eine große strategische Bedeutung für Militäroperationen gegen Großbritannien hatte. Dort blieb Cauchy fast drei Jahre, unter anderem weil seine Arbeit sehr gelobt wurde. Daneben beschäftigte er sich in seiner knappen Freizeit noch mit mathematischen Forschungen. Um eine Krankheit auszukurieren, ging Cauchy 1812 für einige Zeit nach Paris zurück, wo er schließlich das Manuskript einer Arbeit über *symmetrische Funktionen* vervollständigte, die bereits jene grundlegenden Ideen enthielt, aus der später die *Gruppentheorie* hervorgehen sollte. In dieser Arbeit, die dann 1815 veröffentlicht wurde, benutzte er zum einen Methoden von Gauß, zum anderen aber auch neue Methoden um zahlentheoretische Resultate von Lagrange und Ruffini zu verallgemeinern. Zudem entwickelte er darin die *Theorie der Determinanten.*

Mittlerweile war Cauchys Interesse an der Ingenieurstätigkeit erloschen, und er wollte sich nun ganz der Mathematik widmen; deshalb versuchte er, eine Stelle in Paris zu bekommen, allerdings erfolglos. Unterdessen schrieb Cauchy eine Arbeit, in der er versuchte, die Anzahl der reellen Nullstellen einer algebraischen Gleichung vorherzubestimmen – ein Gebiet, mit dem er sich immer wieder beschäftigen sollte. Hohe Reputation erlangte er dann mit einer Abhandlung zur *Berechnung bestimmter Integrale.* Hier zeigte sich bereits die mathematische Vielseitigkeit von Cauchy, die er im Lauf seines Lebens entwickelte. Schließlich veröffentlichte er sieben Bücher und mehr als 800 wissenschaftliche Arbeiten.

Nachdem mehrere Versuche, in die *Akademie der Wissenschaften* gewählt zu werden, erfolglos geblieben waren, wurde Cauchy, der Royalist war, nach der Machtübernahme der Bourbonen im Jahr 1816 letztlich zum Mitglied der *Akademie* bestimmt, statt gewählt. Dieser Erfolg kostete ihn jedoch die Freundschaft einiger Leute, da im Gegenzug zum Beispiel Monge und Carnot aus der *Akademie* ausgeschlossen wurden. Kurze Zeit später wurde Cauchy zum *Professor* an der *École Polytechnique* für *Analysis* und *Mechanik* ernannt. Bei den Studenten war Cauchy beliebt, er galt als unermüdlich, gutmütig und geduldig erklärend. Allerdings beschwerten sich einige Studenten über seine Zeit-Überziehungen sowie über seine royalistischen Ansichten. Die Art, wie Cauchy an seine Stellung kam, mag umstritten sein. Unumstritten jedoch bleibt, dass er sie verdient hatte. Schließlich war er bereits einer der bedeutendsten Mathematiker seiner Zeit und erfüllte seine Lehrtätigkeit mit hohem Eifer und Gewissenhaftigkeit.

In seinen Vorlesungen entwickelte er ferner einen neuen *Strengebegriff* in der Analysis. Zu dieser Zeit war der *Begriff der Funktion* nämlich noch schwammig, denn es wurde mit unendlichen Summen gerechnet, ohne sich die Frage nach deren Konvergenz zu stellen, was dann einige Paradoxien hervorrief. Außerdem waren die grundlegenden *Begriffe* des *Integrals* und *der Ableitung* noch nicht genau definiert worden. In seinem aus Vorlesungen hervorgegangenem Werk *Analyse algébrique* befasste sich Cauchy mit all diesen grundlegenden Problemen der Analysis. Er lieferte eine exakte *Definition des unendlich Kleinen*, wozu er den *Begriff des Grenzwerts* mit etwa den Worten einführte, wie sie auch heute noch verwendet werden. Damit konnte er dann relativ leicht Folgen definieren und davon ausgehend zur genauen *Definition von Ableitung und Integral* weiter schreiten. Ähnliche Fortschritte hatte zeitgleich der böhmische Mathematiker Bolzano in Prag erzielt.

Weiterhin kann man sagen, dass Cauchy den Begriff der *Konvergenz von unendlichen Summen* einführte, zudem Kriterien fand, mit deren Hilfe man über die Konvergenz von unendlichen Summen Aussagen treffen kann. Dabei entwickelte

Cauchy die Infinitesimalrechnung aus dem Mittelwertsatz, der seit Lagrange bekannt war. Zu der von Cauchy eingeführten mathematischen Strenge erzählt die Überlieferung, dass Laplace, als Cauchy sein Werk während eines wissenschaftlichen Treffens präsentierte, schleunigst nach Hause eilte und sich dort so lange einschloss, bis er alle seine unendlichen Summen, die er in seiner *Himmelsmechanik* verwendet hatte, überprüft hatte. Glücklicherweise hielten tatsächlich alle seiner unendlichen Summen dem *Cauchyschen Konvergenztest* stand.

In seinen wissenschaftlichen Forschungsarbeiten war Cauchy weniger streng. Zum Beispiel hielt er es nie für nötig, für seine von ihm verwendeten Funktionen die *Stetigkeit* nachzuweisen, was immerhin ein Begriff ist, den er selbst streng definiert hatte. Aber anscheinend konnte sich Cauchy so etwas erlauben, da er in diesen Dingen eine sehr gute Intuition und natürlich eine ungeheure Erfahrung hatte.

Interessanterweise hatte Cauchy sogar Pläne, die Lehrinhalte an der *École Polytechnique* zu reformieren. Diese scheiterten jedoch zum großen Teil. Denn es gab Einwände, sie seien zu sehr theoretisch orientiert und überambitioniert. Schließlich wolle man ja Ingenieure ausbilden und nicht Mathematiker.

Diese Zeit, also während der Restauration, war die fruchtbarste Schaffensperiode für Cauchy. Nun fixierte er sich auf vier Themenbereiche. Der erste war die Lehrtätigkeit, mit Schwerpunkt auf *theoretischer Mechanik* und *Analysis*. Daraus gingen die bereits beschriebenen fundamentalen Definitionen hervor. Der zweite war die *mathematische Physik*. Daraus resultierten wiederum zwei große Arbeiten über die *Theorie der Wellenausbreitung* und über die *Elastizitätstheorie*. Und drittens entwickelte Cauchy nahezu im Alleingang das bahnbrechende neue Gebiet der *komplexen Analysis*, das erst langsam an Anerkennung gewann, später aber gewaltige Auswirkungen haben sollte. Außerdem schuf er eine detaillierte Ausarbeitung der *Theorie der Differentialgleichungen*. Dabei erkannte er die Notwendigkeit, Existenzbeweise von Lösungen führen zu müssen.

All das schaffte Cauchy – und deshalb ist es ja umso bemerkenswerter –, bevor er 28 Jahre alt war! Aufgrund seiner hohen Produktivität würde auch eine ausführliche Aufzählung der Errungenschaften Cauchys jeden Rahmen sprengen.

Hier nur einige der Sätze und Begriffe aus der Mathematik, die seinen Namen tragen: *Cauchysche Abschätzungsformel, Cauchysches Anfangswertproblem, Cauchysche Determinante, Cauchysche Grenzwertsätze, Cauchysche Integralformel, Cauchyscher Integralsatz, Existenzsatz von Cauchy, Cauchy-Riemannsche partielle Differentialgleichungen, Cauchysches Quotientenkriterium, Cauchysches Wurzelkriterium, Cauchy-Folge* und so weiter und so weiter!

1818 heiratete Cauchy und pflegte nun auch in seiner eigenen Familie die religiösen Traditionen, die ihm zu Hause mitgegeben worden waren. Lange Zeit später, von 1830 an, änderte sich sein Leben von Grund auf. Nach der Revolution von 1830 ging Cauchy freiwillig ins Exil. Damit gab er seiner Verbundenheit mit dem gestürzten Bourbonenkönig Karl X. Ausdruck. Zuerst siedelte Cauchy in die Schweiz über, arbeitete dann von 1831 bis 1833 in Turin. Danach wurde er von Karl X. für fünf Jahre als Erzieher in des Bourbonen Exil-Ort Prag geholt. Cauchy hielt allerdings während dieser Zeit immer Kontakt zu den französischen Wissenschaftsinstitutionen. Schließlich wurde im Jahr 1835 in Paris die Zeitschrift *Comptes Rendues* der *Akademie der Wissenschaften* ins Leben gerufen, die Cauchy mit vielen ausgedehnten Arbeiten geradezu überflutete. Seinetwegen wurde später sogar ein Seitenlimit von vier Seiten pro Arbeit eingeführt. Manchmal reichte Cauchy auch unvollständige Arbeiten ein, oder gar mehrere unfertige Skizzen zu einer Problematik, teilweise sogar ohne zu einem Ergebnis zu gelangen. Wegen seiner hohen Zahl an Publikationen schließlich würdigte man seine Arbeit in Paris sehr. Aufgrund seiner Selbstbezogenheit aber, seiner Unduldsamkeit gegenüber jüngeren Kollegen und nicht zuletzt aufgrund seiner religiösen und politischen Ansichten war Cauchy als Person nicht nur beliebt. Trotz allem war er in seinen Gutachten der Arbeiten anderer äußerst fair, würdigte deren Verdienste und gab auch eigene Fehler zu. Letztlich war Cauchy unter allen Zeitgenossen wahrscheinlich derjenige, der fremde Arbeiten am korrektesten zitierte.

Schließlich kehrte er 1838 nach Paris zurück. Da Cauchy es ablehnte, einen Treueid auf die neue Regierung abzuleisten, konnte er zunächst keine Anstellung bekommen. Dann wurde er 1839 in das *Bureau des Longitudines*, das bereits erwähnte

Amt für Maße und Gewichte, gewählt. Dort wurde er zwar von der Regierung nicht offiziell bestätigt, aber auch nicht wieder entfernt. Mit der Revolution von 1848 wurde der Treueid dann abgeschafft, so dass paradoxerweise gerade die liberalen Kräfte dem Royalisten Cauchy wieder eine legale Anstellung ermöglichten.

Cauchy griff zwar nie in die Politik ein, jedoch benutzte ihn die Kirche oft als Aushängeschild für ihre Ziele. So sollte er Beispiel für die Verknüpfung von Glauben und Wissenschaft sein, deshalb also eine auf der Vernunft basierende Bestätigung der Richtigkeit der kirchlichen Politik. Während eines Besuchs in Paris sagte Abel in diesem Zusammenhang über Cauchy: »*Cauchy ist extrem katholisch und bigott. Das ist eine sehr seltsame Sache bei einem Mathematiker.*«

Am Ende erkrankte Cauchy 1857, woraufhin ihm der Pariser Kardinal die Letzte Ölung erteilte. Am 23. Mai 1857 starb er.

CARL GUSTAV JACOB JACOBI
(1804–1851)

Carl Gustav Jacobi stammt aus einer wohlhabenden jüdischen Bankiersfamilie aus Berlin. Von seinen drei Geschwistern sollte sein älterer Bruder Moritz Jacobi ein berühmter Physiker werden. In den ersten Jahren wurde Carl Jacobi von einem Onkel mütterlicherseits unterrichtet. Schon bald erkannte man ihn als Wunderkind. Mit zwölf Jahren wurde er dann zur Schule geschickt, wo er aufgrund seiner guten bisherigen Ausbildung und seines Talents sofort in die oberste Klasse kam, was zur Folge hatte, dass er 1817 mit weniger als 13 Jahren die Hochschulreife erworben hat. Die *Berliner Universität* nahm jedoch keine Studenten, die jünger als 16 Jahre alt waren, auf; deshalb musste Jacobi für weitere vier Jahre, also bis 1821, in der gleichen Klasse bleiben. Die Zeit nutzte er aber, indem er bereits fortgeschrittene Mathematik-Literatur, wie etwa Eulers *Introduction in analysin infinitorum* studierte und sich zudem daran versuchte, Gleichungen fünften Grades in Wurzeln aufzulösen.

In den ersten beiden Jahren an der Universität besuchte er Vorlesungen in Philosophie, Klassik und Mathematik, weil er sich noch nicht für eine Richtung entscheiden wollte. Als schließlich die Entscheidung zugunsten der Mathematik fiel, hieß dies noch lange nicht, dass er fortgeschrittene Mathematik-Vorlesungen an der Universität hören konnte. Zur damaligen Zeit war die Mathematik-Ausbildung an den deutschen Universitäten im Rückstand, denn es wurde nur *Elementar*-Mathematik gelehrt. Wie bereits in der Schule musste sich Jacobi folglich selbst um seine Entwicklung kümmern. So las er die Arbeiten von Lagrange und anderer führender Mathematiker. Im Alter von 19 Jahren hatte Jacobi die Ausbildung zum Oberlehrer abgeschlossen und erhielt nun ein Angebot des renommierten *Joachimsthal-Gymnasiums* in Berlin. Da dies trotz seiner damals problematischen jüdischen Abstammung geschah, sind seine Leistungen umso höher einzustufen. Zur gleichen Zeit reichte Jacobi seine *Doktorarbeit* an der *Universität Berlin* ein. Darin *bewies* er ein unbewiesenes Resultat von Lagrange über die *Zerlegung algebraischer Brüche*. Daraufhin bekam Jacobi die Erlaubnis, die Dissertation für seine *Habilitation* weiter zu verwenden. Dieses Angebot nahm er auch an und ging nicht als Lehrer in die Schule. Seine Habilitationsschrift reichte er noch im Jahr 1824 ein, woraufhin er zum *Privatdozenten* ernannt wurde. Dies bedeutete in Deutschland zu jener Zeit, dass er zwar das Recht hatte, an der Universität zu lehren, aber sein Einkommen eigeninitiativ aus Vorlesungsgebühren, welche seine Studenten direkt an ihn leisteten, eintreiben musste.

Prinzipiell sah Jacobi seine Forschungserfolge nicht als Ergebnis seines Talents, sondern als die Früchte harter Arbeit an. So schrieb er 1824 in einem Brief: *»Es ist eine saure Arbeit, die ich getan habe, und eine saure Arbeit, in der ich begriffen bin. Nicht Fleiß und Gedächtnis sind es, die hier zum Ziel führen; sie sind hier die untergeordneten Diener des sich bewegenden reinen Gedankens. Aber hartnäckiges, hirnzersprengendes Nachdenken erheischt mehr Kraft als der ausdauerndste Fleiß. Wenn ich daher durch stete Übung dieses Nachdenkens einige Kraft darin gewonnen habe, so glaube man nicht, es sei mir leicht geworden, durch irgendeine glückliche Naturgabe etwa. Saure, saure Arbeit habe ich zu bestehen, und die Angst des Nachdenkens hat oft mächtig an meiner Gesundheit gerüttelt [...].«*

1825 reichte er eine Arbeit über *iterierte Funktionen* bei der *Berliner Akademie der Wissenschaften* ein. Dort wurde das Papier aber nicht verstanden und ist schließlich verloren gegangen. Erst 1961 erschien es dann! Auch etwa um das Jahr 1825 konvertierte Jacobi zum christlichen Glauben, was ihm schließlich die als Juden verwehrte Professorenlaufbahn ermöglichte. In seinem ersten Jahr als Universitätslehrer hielt er eine Vorlesung über die *Anwendung der Analysis auf die Theorie der Oberflächen und Kurven doppelter Krümmung,* die erste *differentialgeometrische* Vorlesung an einer deutschen Universität. Kummer hat dies später als den Beginn der Neugestaltung des mathematischen Universitätsunterrichts in Deutschland bezeichnet. Im April wurde Jacobi dann eine besoldete Stelle in Königsberg angeboten, die er auch annahm. Zuvor hatte er schon bedeutende Entdeckungen in der *Zahlentheorie* gemacht. In einem Brief teilte Jacobi nun Gauß seine Ergebnisse über *kubische Reste* mit, die von Gauß' Arbeit über *quadratische* und *biquadratische Reste* inspiriert wurde. Gauß war so sehr beeindruckt, dass er an den Königsberger Astronomen Bessel, der bei ihm promoviert hatte, schrieb, um sich über jenen Mathematiker zu erkundigen.

Außerdem erzielte Jacobi bedeutende Ergebnisse über *elliptische Funktionen,* und zwar unabhängig von Abel zur etwa gleichen Zeit wie derselbe. Seine diesbezüglichen Ergebnisse teilte er dem »Vater« der *elliptischen Funktionen,* Legendre, mit. Dieser erkannte sofort die großen Fortschritte, die Jacobi erzielt hatte. Nicht zuletzt aufgrund Legendres positiver Äußerungen wurde der Berliner 1827 zum *außerordentlichen Professor* in *Königsberg* befördert. In den Sommerferien 1829 unternahm Jacobi eine Reise nach Paris, wo er unter anderem Legendre, Poisson und Fourier traf. Unterwegs besuchte er auch Gauß in Göttingen. Seine Ergebnisse über die *Theorie der elliptischen Funktionen* erschienen schließlich in der Arbeit *Fundamenta nova theoria functionum ellipticarum,* ebenfalls im Jahr 1829. Auf diesem Gebiet befand er sich stets in harter Konkurrenz zu Abel, was beide zu höchster Leistung ansporte. Allerdings starb Abel bereits 1829. Später stellte sich, wie in einigen anderen Gebieten auch, heraus, dass Gauß diese Ergebnisse schon Jahre vorher gefunden, jedoch nicht veröffentlicht hatte.

1831 heiratete Jacobi Marie Schwinck. Ein Jahr darauf wurde er, nach einer vierstündigen Verteidigung seiner Arbeit in lateinischer Sprache, zum *ordentlichen Professor* in *Königsberg* ernannt. Zu diesem Zeitpunkt galt er als der zweitbeste deutsche Mathematiker nach dem großen Gauß. Sein Arbeitsstil ähnelte aber eher dem Eulers als dem Gaußschen. Auch weiterhin produzierte Jacobi eine große Anzahl an Arbeiten auf unterschiedlichsten Gebieten.

Nun erlangte er eine Reputation als ausgezeichneter Lehrer, unter anderem weil er die Unterrichtsform des *Seminars* in der Mathematik einführte. 1834 erhielt er einen Brief eines Gymnasiallehrers namens Kummer aus Liegnitz. Jacobi erkannte sofort das große mathematische Talent Kummers, welcher ihm selbst gegenüber Fortschritte bei den Differentialgleichungen dritter Ordnung gemacht hatte. Jacobi arbeitete jedoch weiterhin an *partiellen* Differentialgleichungen und wandte die Ergebnisse auf die *dynamischen* Differentialgleichungen an. Des Weiteren befasste er sich mit Determinanten und studierte schließlich die *Determinante der Jacobi-Matrix*, die heute im Englischen *Jacobian* genannt wird.

Im Juli 1842 unternahm Jacobi zusammen mit seiner Frau und Bessel eine Reise nach Manchester zu einer Tagung. Auf der Rückreise besuchten sie Paris, wo Jacobi Vorlesungen an der *Akademie der Wissenschaften* hielt. Dort begann er sich unwohl zu fühlen, woraufhin dann Diabetes diagnostiziert wurde. Diese Krankheit hatte wohl auch eine Unterbrechung seines Schaffensdrangs herbeigeführt. Zuvor war 1841 das väterliche Unternehmen, das mittlerweile sein jüngerer Bruder führte, zusammengebrochen, was auch die finanzielle Situation Jacobis stark beeinträchtigte. Auf Anraten eines Arztes sollte Jacobi für ein Jahr des milden Klimas wegen nach Rom gehen. Glücklicherweise hatte er guten Kontakt zu Alexander von Humboldt, den Gauß einst geknüpft hatte. Humboldt unterstützte Jacobi nun finanziell, um ihm seinen Rom-Aufenthalt zu ermöglichen. Nach einigen Zwischenstopps gelangte Jacobi dann im November 1843 nach Rom. Dabei wurde er begleitet von Dirichlet und Borchardt, außerdem von Schläfli und Steiner.

Dort erholte er sich tatsächlich wieder und begann sich nun auch für die Geschichte der Mathematik zu interessieren. So arbeitete er die *Arithmetica* von Diophantus durch, die noch heute im Vatikan aufbewahrt wird. Das raue Klima von Königsberg schien Jacobi nun nicht mehr angeraten. Schließlich genehmigte König Friedrich Wilhelm IV. ihm einen Wechsel nach Berlin, der zugleich mit einer Gehaltserhöhung verbunden war.

Ganz eigentümlich für Jacobi waren schon immer seine spitze Zunge sowie sein scharfer Humor. Deswegen hatte er es sich bereits mit vielen Kollegen verdorben. Während der Märzrevolution von 1848, wo er in den Bann der Revolution gezogen wurde, äußerte er sich nun aber in einer Versammlung derartig provokant, dass er sowohl die Monarchisten als auch die Republikaner damit erboste. Infolgedessen wurden ihm alle seine Bezüge gestrichen. Selbst sein hohes internationales Ansehen und seine Ehrungen halfen ihm dabei nicht mehr. Folglich unter finanziellem Druck stehend, brachte Jacobi seine Familie nach Gotha, wo die Lebenshaltungskosten geringer waren. Er selbst quartierte sich in einem Gasthof in Berlin ein, wo er weiter Vorlesungen hielt. Nachdem Jacobi daraufhin ein Angebot aus Wien erhalten hatte, konnte Alexander von Humboldt, der ihn unbedingt in Berlin halten wollte, die Gehaltsforderungen von Jacobi durchsetzen. Nach Gotha zu seiner Familie konnte er leider nur an den Feiertagen reisen. Im Februar 1851 erkrankte er an den Blattern. Als Jacobi daran am 18. Februar 1852 schließlich verstarb, hatte es seine Frau nicht mehr geschafft, noch vor seinem Tod in Berlin einzutreffen.

Zuletzt muss Jacobi nicht nur als einer der ganz Großen innerhalb der Mathematik bezeichnet werden, sondern genauso als einer der wenigen gelten, die damals die verschiedensten wissenschaftlichen Gebiete überblickten.

Niels Henrik Abel
(1802–1829)

Niels Henrik Abel wurde am 5. August 1802 auf der norwegischen Insel Finnöy geboren. Sein Vater war Pastor und hatte eine neunköpfige Familie zu ernähren, und zwar mit geringen Mitteln. Außerdem war zu dieser Zeit die gesamte ökonomische Situation in Norwegen wegen der Zugehörigkeit zu Dänemark katastrophal. Diese Umstände erschwerten die Kindheit und insbesondere die Schulausbildung von Niels Henrik Abel beträchtlich. Nachdem ihn sein Vater lange selbst unterrichtet hatte, ging er erst mit 13 Jahren zur Schule, als sich die finanzielle Lage des Vaters entspannte. Dort zeigte sich zunächst keine außergewöhnliche Begabung Abels. Doch 1817 wurde der bisherige Lehrer, der einen Mitschüler so hart bestraft hatte, dass dieser daraufhin starb, durch den liberal denkenden Holmboe abgelöst, der schon bald Abels mathematisches Talent erkannte und ihn daraufhin förderte. Abel hatte nun den Auftrag, Poisson, Gauß, Newton, d'Alembert, Lagrange und Laplace zu lesen, um mit der wichtigen Mathematik vertraut zu werden. Danach sorgte Holmboe dafür, dass Abel ein Stipendium für die *Universität* von *Christiania*, dem heutigen Oslo, erhielt.

1821, in seinem letzten Schuljahr, reichte er einen noch lückenhaften *Beweis zur Unmöglichkeit der Auflösung allgemeiner Gleichungen fünften Grades mit Wurzeln* zur Publikation ein. Nach diesem Fehlschlag veröffentlichte er 1823, also in seinem zweiten Studienjahr, Arbeiten über *Funktional- und Integralgleichungen*. Schließlich erkannte die Universität in Christiania sein herausragendes Talent und vermittelte ihm deshalb ein bescheidenes, aber ausreichendes Stipendium sowie Reisemittel, um die bedeutendsten Mathematiker Europas zu besuchen.

Nun begann Abel erneut an den Gleichungen fünften Grades zu arbeiten. Letztlich gelang ihm 1824 der *Beweis der Unmöglichkeit der Auflösung einer allgemeinen Gleichung durch Wurzeln*. Diesen Beweis veröffentlichte er auf eigene Kosten in französischer Sprache, um auf seiner Forschungsreise die Früchte seiner Arbeit vorzeigen zu können. Dabei musste Abel den Beweis aus finanziellen Gründen möglichst kurz halten. Das Pamphlet schickte er an verschiedene Mathematiker, unter anderem an Gauß. Dieser jedoch öffnete Abels Brief aus bis heute unbekannten Gründen nie.

1825 begann Abel seine Reise mit einem Aufenthalt in Kopenhagen und ging dann weiter nach Berlin, wo er von Oberbaurat August Crelle aufgenommen wurde. Crelle war ein leidenschaftlicher Förderer der Mathematik, der im Begriff war, das *Journal für die reine und angewandte Mathematik* ins Leben zu rufen. Er ermunterte Abel, seinen Beweis klarer auszuarbeiten, um diesen dann in der ersten Ausgabe des *Journals* 1827 veröffentlichen zu können. Dankbar setzte sich Abel sofort an die gewünschte Verfeinerung seiner Abhandlung.

Nun war geplant, zunächst Gauß in Göttingen aufzusuchen. Da Abel aber gehört hatte, dass dieser uninteressiert sei, änderte er seine Reiseroute und ging über Norditalien nach Paris. Dort kam er 1826 an und überreichte der *Pariser Akademie* eine – wie man heute weiß, sehr bedeutende – Arbeit über *transzendente Funktionen*, in die er selbst große Hoffnungen legte. Diese allerdings wurden jäh enttäuscht. Denn Abel stieß auf die generell große Distanziertheit der Akademiemitglieder. Überdies war Cauchy, den Abel hoch schätzte und der das Manuskript zum Begutachten bekommen hatte, zu sehr mit der eigenen Forschungsarbeit beschäftigt, als dass er sich für jenes Gutachten Zeit genommen hätte. Diese Arbeit wurde erst Jahre später auf politischen Druck vonseiten Norwegens in Abels Heimat zurückgesandt.

Während Abel nahezu mittellos auf eine Antwort der *Akademie* wartete, gelangen ihm erhebliche Fortschritte in der *Theorie der Auflösbarkeit von Gleichungen* und in der *Integraltheorie*. Aber schließlich musste er, ohne die ihm gebührende Anerkennung erhalten zu haben, zudem vollkommen verarmt und gesundheitlich angeschlagen, resigniert die Heimreise antreten. Er verließ Ende des Jahres 1826 Paris und ging zunächst erneut nach Berlin. Dort hatte Abel sich Geld geliehen, um unbesorgt eine weitere Arbeit verfassen zu können. Dabei handelte es sich um eine Abhandlung über *elliptische Integrale*. Crelle wollte nun Abel überreden, in Berlin zu bleiben, jedoch konnte er ihm keine feste Stelle anbieten. Deswegen wollte Abel, der mittlerweile vollkommen verschuldet war, schnellstmöglich in seine Heimat zurück.

Als er schließlich im Mai 1827 in Christiania ankam, fand er Verhältnisse vor, wie er sie sich nicht vorgestellt hatte. Denn er bekam auch dort nicht die erhoffte Anstellung an der Universität, sondern musste sich mit schlecht bezahlten Lehraufträgen und Nachhilfeunterricht über Wasser halten. Außerdem stellte sich heraus, dass er an Lungentuberkulose litt. Doch trotz aller Widrigkeiten gelangen ihm auch weiterhin erstklassige mathematische Resultate. Während sich sein Gesundheitszustand seit Weihnachten 1828 immer weiter verschlechterte, wuchs sein Ansehen unter den europäischen Mathematikern kontinuierlich. Schließlich gelang es Crelle doch noch, Abel eine *Universitätsstelle* in *Berlin* zu verschaffen. Die Zusage wurde am 8. Mai in Berlin weggeschickt, wobei Crelle nicht wissen konnte, dass Abel bereits zwei Tage zuvor, am 6. Mai 1829, an seiner Krankheit gestorben war.

In Norwegen gibt es seit dem Jahr 2000 als Ersatz für den nicht existierenden Mathematik-Nobelpreis den sogenannten *Abel-Preis.*

EVARISTE GALOIS
(1811 bis 1832)

Evariste Galois führte wie Abel nur ein kurzes Leben – das sticht sofort ins Auge. Doch daneben hatte er auch eine herausragende Position in der Mathematik sowie ein ungewöhnlich turbulentes Leben. Für Letzteres ist wohl die Erziehung durch seinen liberal und antiklerikal eingestellten Vater mit verantwortlich, da Evariste natürlich schon als Kind die politische Leidenschaftlichkeit und Überzeugung seines Vaters mitbekam. Derselbe war zugleich Internatsdirektor und später Bürgermeister im Heimatort Bourg-la-Reine. Dieses Amt erfüllte der alte Galois so revolutionär, dass sich ihm heftige Probleme mit der Kirche androhten. Um Intrigen zu umgehen, aber auch um ein Zeichen für die Gewissensfreiheit zu setzen, beging der Vater Selbstmord, als Evariste 18 Jahre war.

Jedenfalls wurde der Sohn von alldem nachhaltig geprägt, so dass er sich aktiv für den republikanischen Gedanken einsetzte. Denn nach Napoleon waren die Klassenunterschiede zu groß geworden – eine Tatsache, die letztlich den Weg zur Julirevolution von 1830 ebnete. Gern hätte Evariste Galois selbst daran teilgenommen, wenn man ihn nicht in seiner Schule, dem staatsfreundlichen *Collège Louis-le-Grand*, hinter verschlossenen Gittern festgehalten hätte. Bereits vorher war er als Initiator einer Schülerrevolte gegen den schulischen Zweck der Staatsdienstausbildung aufgefallen. Nun aber veröffentliche Galois einen Artikel über den Schuldirektor, in welchem er ihm Opportunismus vorwarf. Daraufhin erhielt er den zu erwartenden Verweis von der Schule.

Weil Galois während seiner Schulzeit sehr beeindruckt von der Lektüre der Legendreschen Schrift *Eléments de géométrie* war und dabei sein mathematisches Talent wahrgenommen hatte, versuchte er zweimal an der *Pariser École Polytechnique* aufgenommen zu werden. Doch er scheiterte bei beiden Anläufen. Immerhin hatte er zum Zeitpunkt des zweiten Versuchs bereits seine erste mathematische Abhandlung veröffentlicht. Doch sein mittlerweile angeeignetes tiefes mathematische Wissen führte nur zu dem Umstand, dass er sich wegen der viel zu leichten Prüfungsaufgaben nicht ernst genommen fühlte und deshalb auf provokative Art immer nur knapp antwortete. Die Bitte des Prüfers, mathematische Elementarkenntnisse zu erläutern, fand Galois sogar so albern, dass er gar nicht antwortete. Man sagt außerdem, er habe daraufhin dem Prüfer vor Entsetzen einen nassen Schwamm an den Kopf geworfen, womit er sein Durchfallen endgültig besiegelte.

Schließlich ging er 1829 an die *École Normale Superieure* und dann 1830 zusammen mit anderen Republikanern zur *Nationalgarde*, jedoch nicht aus diesbezüglicher Überzeugung, sondern um die Armee republikanisch zu unterwandern. So unternahm Galois auf einem Festbankett seinen größten politischen Clou, indem er einen Toast auf den Bürgerkönig Louis Phillippe aussprach: er hoffe, der König erfülle die Pflicht seinem Volk gegenüber, ansonsten würde er ihn umbringen! Die Morddrohung hatte die Folgen eines Prozesses sowie einer neunmonatigen Verhaftung. Außerdem sollte er lebenslänglich der Aufmerksamkeit der Geheimpolizei gehören.

Während dieser Haftzeit erhielt Evariste Galois einen Brief von der *Akademie*. Dort hatte er noch vorher ein Manuskript über die *Auflösungstheorie algebraischer Gleichungen* eingereicht. Nun wurde Galois mitgeteilt, dass seine Ausführungen »*nicht genügend klar*« und »*nicht genügend durchgeführt*« seien. Weitere Manuskripte seien gar verloren gegangen. Beide Nachrichten entsetzten den Gefangenen sehr – ja, er sah darin sogar böse Absichten und Missgunst. Trotzdem ging er der Bitte um Neuanfertigung nach und sandte ein zweites Manuskript zur *Akademie*. Eine andere Arbeit wurde 1831 von Poisson begutachtet und ebenso verkannt und nicht verstanden. Mittlerweile reagierte Galois nicht nur wütend, sondern war auch in Sorge um seinen Ruf in der wissenschaftlichen Welt. Er wusste nämlich, wie wichtig sein Beitrag zur Algebra wäre, fühlte sich aber zugleich von den Mathematikern nicht beachtet.

Doch Galois hatte recht mit seinem Selbstvertrauen. Er hatte nach der Lektüre algebraischer Schriften von Lagrange, Gauß und Abel eine *allgemeine Auflösungstheorie algebraischer Gleichungen* entwickelt, die den Forschungsstand seiner Vorgänger weiter führte und somit übertrumpfte. Abel und Gauß hatten es geschafft, Klassen algebraischer Gleichungen zu finden, die sich durch Wurzeln auflösen lassen. Galois wollte sich aber nicht damit zufriedengeben, nur die durch Wurzeln lösbaren Gleichungen zu bestimmen, sondern auch diejenigen, die eindeutig nicht durch Wurzeln lösbar sind. Deshalb suchte er nach den hinreichenden und notwendigen Bedingungen der Auflösbarkeit in Wurzeln für eine beliebige algebraische Gleichung.

Von Abel und Ruffini wurde vorher bewiesen, dass jene Gleichung für die Grade *1, 2, 3, 4* immer lösbar sein muss, für höhere Grade hingegen nie durch Wurzeln aufzulösen ist, solange man dabei keine Voraussetzungen für die Koeffizienten angibt. Galois' bestechende Idee für eine Verbesserung dieser Ergebnisse war es nun, die Strukturen der Lösungen algebraischer Gleichungen zu betrachten und mittels dieser eine *Auflösungstheorie* zu konzipieren. Schließlich ordnete er jeder algebraischen Gleichung eine eindeutig bestimmte Permutationsgruppe zu, die die wesentlichen Eigenschaften der Gleichung verrieten. So zeigte sich, ob die Gleichung in Wurzeln lösbar ist oder nicht.

Damit konnte Evariste Galois letztlich ein jahrhundertealtes Problem der Mathematik umfassend beheben, auch wenn das von der *Akademie* in *Paris* damals nicht erkannt wurde oder erkannt werden wollte. Nur Dank Galois' eigener Vorsorge, den Freund Auguste Chevalier in einem Brief zu bitten, im Fall seines Todes seine Manuskripte an Gauß und Jacobi zu schicken, stieß die Theorie Galois' am Ende doch noch auf offene Ohren. Schließlich gelang es Jacobi, den schwierigen Stil der Galoisschen Abhandlungen zu knacken und deren bahnbrechende Bedeutung der Wissenschaft zu vermitteln. Welches Potenzial

Galois' *Auflösungstheorie algebraischer Gleichungen* tatsächlich enthält, wird sich vor allem in der Mathematik der Moderne herausstellen.

Es gab natürlich einen Grund für Evariste Galois, sein Lebenswerk fremden Mathematikerhänden anvertrauen zu wollen. Den Brief an seinen Freund hat er nämlich nur geschrieben, weil er wusste, dass er am nächsten Tag in Lebensgefahr sein würde. Denn für den 30. Mai 1832, also nur einen Monat nach seiner Gefängnisentlassung, war ein Duell angesetzt, an welchem Evariste teilnehmen sollte. Darin wurde er tatsächlich so stark verwundet, dass er am gleichen Tag starb.

Es gibt Quellen, die behaupten, der Anlass dieses Duells sei ein Ehrenhandel wegen einer Dirne gewesen, in welchen Galois am Tag nach seiner Entlassung unglücklich verwickelt wurde. Ob dies der wirkliche Grund ist, weiß man nicht genau. Andere Spekulationen gehen dahin, dass Evariste durch das Duell, genau wie vorher sein Vater, den Freitod wählte, um ein politisches Zeichen zu setzen beziehungsweise um somit politische Aufmerksamkeit zu erhalten. Neben diesem Martyrium könnten auch persönliche Depressionen eine Rolle gespielt haben, die er im Laufe seiner mathematischen Misserfolgsgeschichte davongetragen hatte. Diese letzten beiden möglichen Gründe passen wohl eher zum Leben des Evariste Galois, weil man ihn verkannte und weil er leidenschaftlicher Republikaner war. Doch es steht immer noch zur Diskussion, wie man die testamentarischen Worte in Bezug auf seinen republikanischen Einsatz interpretieren muss. Es bleibt bisweilen ein offenes Bild!

Sir William Rowan Hamilton
(1805–1865)

Wenn wir von William Rowan Hamilton sprechen, so haben wir es mit einem Mathematiker zu tun, welcher der Meinung einiger Zeitgenossen nach mit seinem Intellekt an die Größe keines geringeren als Isaac Newtons heranreichte. Bedeutend war sein Werk vor allem, um die Gesetze der *Dynamik* und der *Optik* besser zu verstehen. Außerdem entdeckte Hamilton die

Quaternionen und entwickelte die *Graphentheorie*, die er *icosian calculus* nannte.

Seine Eltern waren zwar schottischer Abstammung, lebten aber in Dublin, wo der Vater Rechtsanwalt in Diensten des irischen Nationalisten Archibalt Hamilton Rowan war. Genau von diesem übernahm Hamilton, der nach seiner Geburt im Jahr 1805 nur auf den Namen *William* getauft war, später seinen zweiten Vornamen *Rowan*, wahrscheinlich in der Hoffnung auf eine Förderung durch den Gleichnamigen. Denn die finanziellen Verhältnisse des Vaters wurden mit der Zeit immer schlechter, was vermutlich auch der Grund war, William mit drei Jahren zu seinem Onkel nach Trim, etwa 60 Kilometer von Dublin entfernt, zu geben. Jener war Pfarrer und recht gebildet, so dass er die Ausbildung des kleinen William übernehmen konnte. Dabei entpuppte sich der Junge schnell als regelrechtes Wunderkind. So konnte Hamilton bereits mit fünf Jahren Latein, Griechisch sowie Hebräisch, und mit zehn Jahren hatte er Kenntnisse der gängigen europäischen Sprachen sowie einiger orientalischer Sprachen. Außerdem erwies er sich als außergewöhnlicher Rechenkünstler. Deshalb begann er auch mit 13 Jahren seine Mathematikausbildung, und zwar indem er Clairauts *Algebra* studierte. Zwei Jahre später las er Newton und Laplace, woraufhin er auch einen kleinen Fehler in Laplaces *Himmelsmechanik* aufdecken konnte. Schließlich ging Hamilton mit 18 auf das *Trinity-College* in *Dublin*, wo er im ersten Jahr in Klassik prompt die Note *optime*, die nur etwa alle 20 Jahre vergeben wurde, erhielt.

Im August 1824 passierte etwas Entscheidendes für sein weiteres Leben: Er lernte Catherine Disney kennen und verliebte sich unsterblich in sie. Leider war Hamilton noch nicht in der gesellschaftlichen Position, um sie zu heiraten, weswegen er sich umso mehr um sein Studium bemühte. Darin machte er auch große Fortschritte und reichte noch 1824 seine erste Arbeit *On Caustics* bei der *Royal Irish Academy* ein. Im folgenden Februar wurde er dann informiert, dass die geliebte Catherine einen 15 Jahre älteren, wohlhabenden Pfarrer heiraten werde, was Hamilton drastisch zurückwarf. Erst wurde er krank, dann waren seine Noten nur noch durchschnittlich, und letztlich dachte er sogar an Selbstmord. Das war auch genau die Zeit, in der sich Hamilton hoffnungsvoll der Dichtung zuwandte, was er fortan immer in schlechten Phasen seines Lebens tun sollte, um Krisen zu überwinden. Nach Besserung der Befindlichkeit gelang ihm 1826 sowohl in Naturwissenschaften als auch in Klassik erneut ein »*optime*«, dieses Mal ein Ergebnis, was vorher in dieser Kombination noch nie erreicht worden war. Außerdem publizierte er nun seine *Theory of Systems of Rays*, welches Werk ihn schließlich berühmt machte und darüber hinaus seine Forschungsrichtung für die nächsten Jahre vorgab. Das daraus hervorgegangene Ergebnis hätte ihm auch ermöglicht, die Prüfung zum *Fellow* am *Trinity-College* in *Dublin* abzulegen, was er jedoch nicht tat, wahrscheinlich weil das Gehalt zu niedrig war. Zudem war sie mit Priesterpflichten verbunden, die zumindest theoretisch der Erwartung, im Zölibat zu leben, gleichkam.

Obwohl er noch keinerlei Erfahrung in der astronomischen Beobachtung hatte und immer noch Student war, wurde Hamilton 1827 der *Lehrstuhl für Astronomie* am *Trinity College* in *Dublin* angeboten. Des Weiteren wurde er, immer noch ohne Abschluss, *Königlicher irischer Astronom* und *Direktor des Observatoriums* in *Dunsink*. Diese Posten behielt Hamilton auch bis zum Ende seines Lebens trotz der eigentlichen Erfolglosigkeit als praktischer Astronom. Schließlich gab er schon nach wenigen Jahren die praktische Arbeit ganz zugunsten der Mathematik auf. Dort war auch weiterhin der Erfolg auf seiner Seite. 1832 veröffentlichte er nämlich ein drittes Supplement zu seiner *Theory of Systems of Rays*, an dessen Ende er die charakteristische Funktion auf die *Fresnelschen Wellengleichungen* anwandte und mit seiner Folgerung eine *konische Wellenbrechung* vorhersagen konnte. Zwei Monate später konnte diese Vorhersage, die später einmal als die bemerkenswerteste aller Zeiten bezeichnet werden sollte, auch experimentell nachgewiesen werden.

Als wichtigste mathematische Arbeit Hamiltons gilt jedoch gewissermaßen eine Weiterentwicklung der *Theory of Systems of Rays*, die *General Method in Dynamics*, die 1834 zur Publikation bei der *Royal Society of London* eingereicht wurde. Darin ist das sogenannte *Hamiltonsche Prinzip* enthalten, welches auf einer Methode von Lagrange basiert und diese fortentwickelt. Hier demonstrierte Hamilton ganz besonders sein beachtliches Vermögen, in kürzester Zeit einen ungeheuren Körper an Theorie – unerreicht in Allgemeinheit und Abstraktion – zu entwickeln. Dementsprechend schnell wurde das *Hamiltonsche Prinzip* von den Mathematikern auf dem Kontinent, insbesondere von Jacobi, aufgegriffen und verbreitet. Mit dem Aufkommen der *Quantentheorie* im 20. Jahrhundert gewann das *Hamiltonsche Prinzip* weiter an Popularität, da es genau die Form der *klassischen Mechanik* besaß, die beinahe direkt auf die *Quantenmechanik* übertragen werden konnte.

Nachdem Hamilton 1835 aufgrund seiner wissenschaftlichen Verdienste zum *Ritter* geschlagen wurde, heiratete er Helen Maria Bayly. Sie war eine Frau aus niederem Stand, schüchtern, ängstlich, beschrieben als weder besonders hübsch noch intelligent, also in keiner Weise vergleichbar mit seiner großen Liebe Catherine Disney. Zwar hatten die beiden zwei Kinder zusammen, doch war ihre Ehe nicht besonders glücklich. Durch Helens Einfluss zog sich Hamilton, der eigentlich gesellig und heiter war, von der Gesellschaft zurück, wurde introvertierter, defensiv und trauerte seiner Vergangenheit nach. Infolge seiner seelischen Verfassung begann er immer mehr zu trinken und wurde zum Alkoholiker.

In seiner 1835 erschienenen Arbeit *Theory of Algebraic Couples* sind Hamiltons erste Gedanken zur Algebra enthalten. Er war fasziniert von der geometrischen Darstellung der komplexen Zahlen als Punkte der Ebene und wollte deshalb auch eine Verallgemeinerung für den dreidimensionalen Raum entwickeln. Komplexe Zahlen können, wie reelle Zahlen, addiert und multipliziert werden. Dabei ist die Addition zweier Punkte in der Ebene das Aneinanderhängen der beiden Vektoren, die Multiplikation eine Drehung und gleichzeitige Streckung. Nun arbeitete Hamilton in den folgenden Jahren wie besessen an der *Verallgemeinerung der komplexen Zahlen auf den dreidimensionalen Raum*, wobei die Verallgemeinerung der Addition leicht war, während die Multiplikation Schwierigkeiten bereitete. Am Ende fragten ihn sogar seine Kinder jeden Morgen: »*Well, Papa can you multiply triplets?*« Dann, gerade mit seiner Frau auf dem Fußweg entlang des Royal Canals in Dublin zu einem Treffen des Councils der *Royal Irish Academy*, kam ihm wie ein Blitzschlag plötzlich die entscheidende Idee: Um die Multiplikation realisieren zu können, musste er in die vierte Dimension gehen. Das entscheidende Gesetz $i^2 = j^2 = k^2 = ijk = -1$ ritzte er in einen

Stein der Brougham Bridge. Dabei ist die Multiplikation zwar
assoziativ, aber nicht kommutativ, also abhängig von der Reihenfolge der Faktoren. Die Zahlen nannte Hamilton schließlich,
wie oben erwähnt, *Quaternionen*. Wegen ihrer großen Bedeutung ist an der besagten Brücke heute eine Plakette zu Erinnerung an Hamilton angebracht. Auch Hamilton selbst war von
der Wichtigkeit seiner Entdeckung überzeugt. Er dachte, dass
sie die *mathematische Physik* revolutionieren würde, weswegen
er sie in zahllosen Vorträgen verbreitete. Kurze Zeit später wurde die Verallgemeinerung in den achtdimensionalen Raum von
Hamiltons Freund aus Collegezeiten John Graves gefunden,
die sogenannten *Oktonionen*. Aber für eine ganze Weile waren
Quaternionen, dank der unermüdlichen Predigten Hamiltons,
sehr modern, außerdem ein verpflichtendes Prüfungsfach am
Trinity College in *Dublin* und an einigen amerikanischen Universitäten das einzige Gebiet der höheren Mathematik, das gelehrt
wurde.

Schließlich 1853 veröffentlichte Hamilton seine *Lectures on
Quaternions*. Mit der Verbesserung dieser Theorie und der Suche nach Anwendungen verbrachte er letztlich den Rest seines
Lebens. Da Hamilton mit seinen *Lectures on Quaternions* nicht
zufrieden war, schrieb er sein ursprünglich auf 400 Seiten und
zwei Jahre angesetztes Werk *Elements of Quaternions*, wofür er
dann tatsächlich 800 Seiten und sieben Jahre Arbeit benötigte.
Und erst posthum sollte dieses letzte Werk erscheinen. Das
einzige andere Gebiet, auf dem Hamilton noch forschte, war
der *Icosian Calculus*, was man heute als *Graphentheorie* bezeichnen würde. Hierin gibt es den Begriff der *Hamiltonschen Pfade*,
die bei der heutigen Routenplanung eine Rolle spielen.

Hamilton hielt sich selbst für einen guten Vortragenden
für Anfänger und bei der populärwissenschaftlichen Darstellung der Mathematik. Tatsächlich scheint er ein gewisses Flair
gehabt zu haben, allerdings nicht um elementare Kenntnisse
der Mathematik zu vermitteln. Zu Beginn langweilte er seine
Zuhörer mit offensichtlichen Aussagen und wechselte dann
immer ganz plötzlich zu völlig unverständlichen Sachverhal-
ten. Auch seine Schriftwerke sind nicht gut lesbar, weil er die
Gewohnheit hatte abzuschweifen.

Zuletzt hatte Hamilton die Ehre, *Präsident der Royal Irish
Academy* zu sein, wurde kurz vor seinem Tod Mitglied der

National Academy of Sciences of Washington und war außerdem *korrespondierendes Mitglied der Akademien* in *Paris* und *Berlin*. Privat aber schwelgte Hamilton im letzten Teil seines Lebens in romantischen Phantasien zur Liebe seines Lebens Catherine Disney. Sie wurde zum Inhalt vieler seiner Gedichte, und er pflegte eine lang anhaltende geheime Korrespondenz mit ihr. Seine Familie hatte zudem größte Mühe, ihn von andauernden Sorgen über seine Arbeit und sein Geld abzuhalten – sein Konto war ständig überzogen. Im Sommer 1865 wurde er ernsthaft krank, nachdem er bereits an gelegentlichen Gichtanfällen gelitten hatte. Schließlich verstarb Sir William Rowan Hamilton am 2. September des gleichen Jahres ohne je private Erfüllung empfunden zu haben. Sein Arzt bemühte sich nun zu versichern, dass, obwohl die Todesursache ungeklärt war, der Tod nicht durch Alkohol ausgelöst wurde. Sicherlich war dies jedoch ein ernsthaftes Problem in seinen letzten Lebensjahren.

JOHANN PETER GUSTAV LEJEUNE DIRICHLET
(1805–1859)

Von Lejeune Dirichlet wird gesagt, dass er Problemlösungen mit einem Minimum an blindem Rechenaufwand und einem Maximum an Erkenntnis anging. Unter seiner Führung hat sich die Berliner Universität allmählich einen Namen in der Mathematik verschafft. Da er ebenfalls einen bedeutenden Teil seiner Karriere in Paris verbracht hat, ist Dirichlet ein wichtiges Bindeglied zwischen den goldenen Jahren der französischen Mathematik und den anbrechenden glänzenden Zeiten für die Mathematik in Deutschland. Dirichlet war in vieler Hinsicht das genaue Gegenteil seines lebenslangen Freundes Jacobi.

Dirichlets Familie stammt aus der belgischen Stadt Richelet, wovon sich auch sein Name ableitet. *»Le jeune de Richelet«* bedeutet nämlich so viel wie *»Junger Mann aus Richelet«*. Doch geboren wurde er in der Stadt Düren, die zwischen Aachen und Köln liegt und zu dieser Zeit zu Frankreich gehörte. Noch bevor er mit 12 Jahren auf das Gymnasium ging, hatte er eine

Leidenschaft für die Mathematik entwickelt und sein Taschengeld für Mathematikbücher ausgegeben. Im Gymnasium blieb er als ungewöhnlich aufmerksamer und gut erzogener Junge in Erinnerung, der sich neben der Mathematik besonders für Geschichte interessierte.

Nach zwei Gymnasialjahren schickten ihn seine Eltern auf das Jesuiten-Kolleg nach Köln. Dort hatte er das Glück, dass einer seiner Lehrer Ohm war. Mit 16 Jahren hatte er dann seine Schulausbildung beendet und konnte die Universität besuchen. Allerdings war zu dieser Zeit der Universitätsstandard in Deutschland nicht sehr hoch, so dass er es vorzog, zum Studieren nach Paris zu gehen. Jedoch bereits einige Jahre später war das Universitätsniveau in Deutschland reformiert und schließlich weltweit führend, wofür Dirichlet mit verantwortlich war.

Also reiste Dirichlet nach Paris, im Gepäck die *Disquistiones arithmeticae* von Gauß. Dieses Werk schätzte er so sehr, dass er es ständig mit sich trug, so wie andere vielleicht die Bibel. Im Mai 1822 in Paris angekommen, erkrankte er bald an den Blattern. Dies hielt in jedoch nur kurz auf. Schon bald besuchte er die Vorlesungen und konnte von so großen Leuten wie Fourier, Laplace, Lacroix, Legendre und Poisson lernen.

Im Sommer 1823 wurde er von General Maximilian Sébastien Foy als Hauslehrer seiner Kinder angestellt und auch gut bezahlt. Jener war vor allem eine wichtige Figur der Kriege unter Napoleon und wurde infolge der Niederlage von Waterloo pensioniert. Im Haus des Generals kam Dirichlet nun mit vielen prominenten Intellektuellen in Kontakt. Unter anderem lernte er Fourier kennen, dessen Ideen ihn in seinen späteren Arbeiten über *trigonometrische Reihen* und *mathematische Physik* beeinflussen sollten.

Zunächst beschäftigte sich Dirichlet jedoch mit Zahlentheorie. Seine erste Arbeit sollte ihm zugleich Ruhm einbringen, denn sie betraf die berühmte Fermatsche Vermutung, die besagte, dass es für *eine ganze Zahl n>2 keine ganzen Zahlen x, y, z gibt, so dass* $x^n + y^n = z^n$, außer man nimmt für alle drei Zahlen die Null. Die Fälle $n = 3$ und $n = 4$ waren von Euler und Fermat bereits gezeigt worden. Für $n = 5$ können *zwei Fälle* unterschieden werden. Dirichlet zeigte einen Fall und reichte dieses Ergebnis 1825 bei der *Pariser Akademie der Wissenschaften* ein.

Legendre, der einer der Gutachter hierfür war, konnte dann den anderen Fall beweisen.

Nach dem Tod des Generals Foy im November 1825 kehrte Dirichlet nach Deutschland zurück. Dazu wurde er von Alexander von Humboldt ermutigt, der Empfehlungen für ihn aussprach. Allerdings gab es ein Problem: Um an einer deutschen Universität lehren zu können, benötigte Dirichlet die Habilitation. Dabei wäre es für ihn ein Leichtes gewesen, eine entsprechende Arbeit einzureichen. Aber für die Zulassung zur Habilitation benötigte man einen Doktortitel und musste Latein sprechen können. Das Problem wurde letztlich gelöst, indem ihm die *Universität Köln* einen *Ehrendoktortitel* verlieh und er anschließend eine *Habilitationsschrift* über *Polynome*, deren Primteiler gewissen arithmetischen Folgen angehören, an der *Universität Breslau* einreichte. Dies verursachte jedoch kontroverse Diskussionen unter deutschen Professoren. Trotzdem lehrte Dirichlet von 1827 an der Universität Breslau, wo er allerdings mit dem herrschenden Niveau überhaupt nicht zufrieden war. Schließlich ging er mit von Humboldts Hilfe nach Berlin an die dortige Militär-Akademie. Das war an sich zwar noch keine Verbesserung, doch Dirichlet hatte die Vereinbarung herausgehandelt, auch an der dortigen Universität lehren zu dürfen. 1828 wurde er dann an der *Universität zum Professor* ernannt, wo er bis 1855 lehrte. Gleichzeitig hielt er seinen Lehrauftrag an der Militärakademie aufrecht. 1831 wurde er in die *Berliner Akademie der Wissenschaften* berufen. Die damit verbundene Gehaltsverbesserung ermöglichte es ihm schließlich zu heiraten. Bei der Braut handelte es sich um Rebecca Mendelssohn, eine von zwei Schwestern des Komponisten Felix Mendelssohn.

Als sein Freund Jacobi 1843 an Diabetes erkrankte, organisierten Dirichlet und Alexander von Humboldt eine finanzielle Unterstützung, um Jacobi einen Genesungsaufenthalt in Rom zu ermöglichen. Gleichzeitig beantragte Dirichlet für sich selbst eine 18-monatige Freistellung von der Universität und begleitete seinen Freund nach Rom.

Zurückgekehrt nach Berlin, nahm er seine Lehrtätigkeit wieder auf, klagte aber über die hohe Belastung. Zeitweise hatte er, neben anderen Verpflichtungen, 13 Vorlesungen in der Woche zu halten. Nach dem Tod von Gauß, 1855, wurde ihm dessen Lehrstuhl in Göttingen zur Nachfolge angeboten. Zuerst wollte Dirichlet dieses Angebot zum Aushandeln besserer Bedingungen in Berlin nützen, ging aber dann doch nach Göttingen.

Das ruhige Göttinger Leben schien Dirichlet zu behagen. Er hatte mehr Zeit zur Forschung und dazu einige hervorragende Studenten. Leider konnte er das Glück nicht mehr lange genießen. Im Sommer 1858 hielt er einen Vortrag auf einer Konferenz in Montreux in der Schweiz. Während dieses Aufenthalts erlitt er einen Herzinfarkt. Unter größten Schwierigkeiten kehrte er nach Göttingen zurück, um dort zu erfahren, dass seine Frau an einem Schlaganfall gestorben war. Lejeune Dirichlet folgte ihr am 5. Mai 1859 im Alter von 54 Jahren.

Betrachten wir nun die bedeutendsten Leistungen von Lejeune Dirichlet im Überblick:

Etwa zur Zeit seiner Forschungen an der Fermatschen Vermutung veröffentlichte er eine Arbeit zu *biquadratischen Resten*, inspiriert durch die Schriften von Gauß. Später, 1837, konnte er den berühmten Satz beweisen, dass *in jeder arithmetischen Progression* – ein Beispiel ist die Zahlenfolge 5, $5 + 8$, $5 + 16$, $5 + 24$, $5 + 32$, $5 + 40$, ..., also 5, 13, 21, 29, 37, 45 ... – *unendlich viele Primzahlen* vorkommen. Ausnahmen sind die Fälle, in denen es offensichtlich nicht klappen kann, wie etwa bei 2, $2 + 4$, $2 + 6$, $2 + 8$, $2 + 10$, ... Dies war vorher bereits von Gauß vermutet worden. Die Bedeutung des Beweises durch Dirichlet wird umso deutlicher, wenn man sich vor Augen führt, dass dieses Resultat als die *Eröffnung des Gebietes der Analytischen Zahlentheorie* gilt. Kurz danach veröffentlichte er zwei weitere Arbeiten zur Analytischen Zahlentheorie. Darin führte er die *Dirichletschen Reihen* ein und gab die Formel für die Klassenzahl quadratischer Formen an.

In *Vorlesungen über Zahlentheorie*, veröffentlicht 1863, beschäftigt er sich mit Einheiten und Idealen. Außerdem schlug er 1837 die moderne Definition einer Funktion vor. Ganz woanders, in der Mechanik nämlich, erforschte er das *Gleichgewicht in Systemen* sowie die *Potentialtheorie*. Er beschäftigte sich, wie Laplace vor ihm, mit der Stabilität des Sonnensystems. Diese Arbeit wiederum führte ihn zum sogenannten *Dirichlet-Problem*, das harmonische Funktionen mit Randwertbedingungen betrifft. Ebenfalls von großer Bedeutung ist sein Beitrag zum

Problem einer Kugel, die sich in einer inkompressierbaren Flüssigkeit befindet. Dabei war er der Erste, dem es gelang, die Gleichungen der Hydrodynamik zu integrieren.

Dirichlet ist zudem bekannt für seine Arbeiten an *Konvergenzbedingungen für trigonometrische Reihen*. Diese Probleme wurden zuerst von Fourier studiert, dann von Cauchy verbessert. Aber auch Cauchys Arbeit enthielt noch einen Fehler, den Dirichlet schließlich korrigieren konnte. Daneben gilt Dirichlet als Begründer der Theorie der Fourier-Reihen, über die sein Student Riemann die Habilitationsschrift verfasste.

Auch als Hochschullehrer muss er sehr begabt gewesen sein, denn er verwendete niemals Aufzeichnungen und konnte die Probleme sowie deren Lösung klar entwickeln. Zuletzt muss jedoch unbedingt festgehalten werden, dass Dirichlet das goldene Zeitalter der Mathematik in Deutschland einläutete. Über seine Arbeiten wurde einmal ganz treffend gesagt: *»Seine Beweise starten üblicherweise mit überraschend einfachen Beobachtungen, gefolgt von einer äußerst scharfsinnigen Analyse des verbleibenden Problems.«*

HERMANN GÜNTER GRASSMANN
(1809–1877)

Hermann Graßmann wurde 1809 in Stettin in Preußen als Sohn des Gymnasiallehrers für Mathematik und Physik Justus Günter Graßmann geboren. Der Vater war ein gebildeter Akademiker, der mehrere mathematische und physikalische Schulbücher schrieb. Hermann Graßmann ging als Schüler auf das Gymnasium seines Vaters, wobei er sich im Gegensatz zu vielen anderen bedeutenden Mathematikern als Schüler nicht hervorgetan zu haben schien. Deshalb wünschte sich der Vater für ihn einen Beruf als Gärtner oder Handwerker. Mit der Zeit verbesserten sich Graßmanns Leistungen jedoch, so dass er sogar als Zweitbester der Schule abschloss. Nun entschied er selbst sich dazu, Theologie zu studieren, ging 1827 nach Berlin und hörte dort Vorlesungen in Theologie, in klassischen Sprachen, Philosophie und Literatur, anscheinend aber nicht in Mathematik.

Sein Vater scheint Graßmann erst bei seiner Rückkehr nach Stettin 1830 an die Mathematik herangeführt zu haben. Daraufhin beschloss er, Lehrer zu werden, begann aber auch eigene mathematische Forschungen anzustellen. Nach einem Jahr Vorbereitung auf das Lehrerexamen, ging er 1831 nach Berlin, um sich prüfen zu lassen. Doch Graßmann war wohl nicht besonders gut, da ihm nur die Befähigung, in unteren Klassenstufen zu lehren, zugesprochen wurde.

Im Frühjahr 1832 wurde er zum Hilfslehrer am *Gymnasium in Stettin* ernannt. Zu der Zeit hat Graßmann seine bedeutenden Entdeckungen der *Vektor-Methode* gemacht, die er später voll entwickeln sollte. 1834 ging er als Nachfolger seines früheren Lehrers Steiner an die *Gewerbeschule Berlin*, wechselte aber kurz darauf auf das in Stettin neu gegründete Otto-Gymnasium, wo er dann Mathematik, Physik, Deutsch, Latein und Religion unterrichtete.

Obwohl Graßmann in den nächsten vier Jahren seine Lehrertätigkeit sehr ernst nahm, fand er doch Zeit, sich der Mathematik zu widmen sowie sich auf eine Wiederholung des Examens vorzubereiten. Im Jahr 1840 hatte er bei der Prüfung größeren Erfolg, weshalb er von nun an Mathematik, Physik, Chemie und Mineralogie in allen Klassenstufen unterrichten durfte. Für die Prüfung hatte er eine Arbeit über den Tidenhub zu schreiben. Darin übernahm Graßmann die Grundlagen aus der *Laplaceschen Himmelsmechanik* und aus *Lagranges Analytischer Mechanik*, erkannte aber, dass er mit seiner *Vektor-Methode* eine eigene, einfachere Beschreibung liefern konnte. Am Ende war dann seine 200 Seiten lange Abhandlung *Theorie der Ebbe und Flut* die erste Arbeit, die auf Vektorrechnung basierte.

Nebenbei schrieb Graßmann zwei Schulbücher für Deutsch und Latein, danach begann er aber mit seinem Hauptwerk, *Die lineale Ausdehnungslehre, ein neuer Zweig der Mathematik*. Dieses Werk, vollendet 1843, gilt als Meisterwerk an Originalität. Graßmann führte darin nicht nur die Grundlagen der *Linearen Algebra* ein, wie die *Linearkombination* oder die *lineare Unabhängigkeit*, sondern definierte und verwendete die auch heute noch gültigen Begriffe wie *Unterraum, Dimension, Spann* und *Basiswechsel*. Zudem beweist er schon den Austauschsatz von Steinitz aus dem Jahr 1913 sowie die Formel $dim(U + W) = dim\ U + dim\ W - dim\ (U \cap W)$.

Darüber hinaus erkannte Graßmann selbst bereits, dass seine Theorie nicht nur auf den dreidimensionalen Raum eingeschränkt bleibt, sondern für beliebige Dimensionen gültig ist. Ferner entdeckte er das, was man heute als *äußere Algebra* bezeichnet. Außerdem fand Clifford 1878 die Verbindung zu den *Quaternionen* von Hamilton. Heute spielen *Clifford-Algebren* bei der Theorie der *quadratischen Formen* und bei der *relativistischen Quantenmechanik* eine Rolle.

Bei den zeitgenössischen Mathematikern fand Graßmann allerdings keine Anerkennung, da er gewissermaßen seiner Zeit zu weit voraus war. Nachdem Möbius sich weigerte, eine Rezension zu schreiben, wurde jenes wichtige Werk weitestgehend ignoriert. Eine andere Arbeit zur *koordinatenfreien Geometrie* erntete hingegen mehr Anerkennung, und zwar immerhin in Form eines Preises. Doch Graßmann war etwas verbittert, dass er immer noch als Lehrer arbeiten musste, obwohl er erstklassige Mathematik produzierte. Er bemühte sich daher um eine Universitätsanstellung. Kummer schrieb jedoch ein vernichtendes Gutachten zu seiner geometrischen Arbeit, womit dann die Universitätslaufbahn für Graßmann ein für alle Mal erledigt war.

Da seine Mathematik nicht anerkannt wurde, wandte er sich später dem Studium von Sanskrit und Gotik zu. In der Tat wurde er berühmt, indem er zeigen konnte, dass Germanisch älter als Sanskrit ist. Nach Ausflügen in die Physik entschied Graßmann sich dazu, eine verbesserte Version seiner Ausdehnungslehre zu schreiben. Aber auch die zweite Version, die 1862 erschien, war schwer zu lesen und fand nicht mehr Anerkennung. Verbittert konzentrierte er sich wieder ganz auf die Linguistik, wo er wesentlich mehr Beachtung und zahlreiche Auszeichnungen erhielt. So wurde er beispielsweise in die *American Oriental Society* gewählt.

1877 starb Graßmann nach allmählich nachlassender Gesundheit an Herzproblemen. Danach verbreitete sich seine *Ausdehnungslehre* zwar langsam, aber beständig. Letztlich wurden Graßmanns Leistungen also doch noch gewürdigt, wie das folgende Zitat zeigt: »*Alle Mathematiker stehen, wie Newton von sich sagte, auf den Schultern von Giganten, aber nur wenigen gelang es mehr als Hermann Graßmann, alleine ein neues Gebiet zu erschaffen.*«

ERNST KUMMER
(1810–1893)

In der zweiten Hälfte des 19. Jahrhunderts wurde Berlin zur führenden Universität der mathematischen Welt. Neben Dirichlet waren es vor allem Kummer, Weierstraß und Kronecker, die dies bewirkten.

Ernst Kummer wurde am 29. Januar 1810 in Sorau, dem heutigen Zary in Polen, geboren. Sein Vater, ein Arzt, verstarb, als Ernst Kummer gerade drei Jahre alt war. Die Mutter musste unter großen Schwierigkeiten die Familie versorgen. Nach Abschluss des Gymnasiums 1828 schrieb sich Kummer an der *Universität Halle* ein, mit der Absicht, protestantische Theologie zu studieren. Doch er wechselte das Fach und studierte Mathematik. Im Jahr 1831 wurde Kummer ein *Preis der Universität* verliehen, und zwar für die Lösung eines Problems, das von seinem Lehrer Scherk gestellt worden war. Scherk wiederum war ein Schüler des Astronomen Bessel. Noch im selben Jahr absolvierte Kummer das Examen zum Oberlehrer. Aufgrund des erhaltenen Preises wurde ihm gleichzeitig der *Doktortitel* verliehen. Nach einem Jahr Referendariat in seiner alten *Schule* in *Sorau* bekam er schließlich eine Stelle am *Gymnasium* in *Liegnitz*, dem heutigen Legnica in Polen. Dort blieb er für zehn Jahre. Inzwischen veröffentlichte er 1836 eine Arbeit über *Hypergeometrische Reihen* in *Crelles Journal* und schickte eine Kopie davon an Jacobi, der sehr beeindruckt war. Dies führte zu einer steten Korrespondenz zwischen Kummer und Jacobi, später mit Dirichlet. Beide hatten Kummers immenses mathematisches Potenzial erkannt. Auf Betreiben Dirichlets hin wurde er schließlich 1839, obwohl er ja noch Lehrer an der Schule war, zum *korrespondierenden Mitglied der Berliner Akademie der Wissenschaften* ernannt. Jacobi bemühte sich außerdem, für Kummer eine Stelle an einer Universität zu finden.

1840 heiratete Kummer Ottolie Mendelssohn, eine Cousine von Dirichlets Frau. Die Ehe dauerte aber leider nur acht Jahre, da seine Frau im Jahr 1848 verstarb. Genau in diese Zeit jedoch fielen all die großen Errungenschaften Kummers. Auf Veranlassung Jacobis und Dirichlets hin wurde Kummer 1842 zum

Professor an der *Universität Breslau* ernannt. Dort entwickelte er sich schnell zu einem herausragenden Mathematik-Universitätslehrer. Gleichzeitig begann er seine Forschungen auf dem Gebiet der *Zahlentheorie*. Relativ rasch nach dem Tod seiner Frau heiratete er ein zweites Mal.

Als Dirichlet 1855 die Nachfolge von Gauß in Göttingen antrat, empfahl er der Berliner Universität, Kummer zu seinem Nachfolger zu ernennen, was auch tatsächlich geschah. Letztlich wurde Kummer zum *vollen Mitglied* an der *Akademie der Wissenschaften* und sowohl zum *Professor* an der *Militär-Akademie* als auch an der *Universität*. Jetzt begann sich das Besetzungskarussell zu drehen. Dabei vollzog Kummer einen geschickten hochschulpolitischen Schachzug: Er wollte Weierstraß als Kollegen nach Berlin holen, während dieser zugleich Spitzenkandidat für Kummers Nachfolge in Breslau war. Also empfahl er seinen früheren Studenten Joachimsthal in Breslau. Und in der Tat ging sein Plan auf: Weierstraß wurde 1856 nach Berlin berufen, während sein anderer Wunschkollege Kronecker bereits 1855 einen Ruf nach Berlin erhalten hatte. Somit war Berlin durch Kummers Strategie eines der mathematischen Zentren der Welt geworden.

Zusammen etablierten Kummer und Weierstraß 1861 *Deutschlands erstes Seminar* für *Reine Mathematik* in Berlin. Seminare waren damals vergleichbar mit eigenständigen Forschungsbereichen, die über einen eigenen Etat verfügten. Von Kummer wird gesagt, dass seine Vorlesungen immer sehr sorgfältig vorbereitet waren, seine Vorträge immer klar und lebhaft. Zudem war er charmant und hatte Sinn für Humor, außerdem aber großes Verständnis für seine Studenten, gegenüber denen er stets hilfsbereit war. Deshalb war seine Beliebtheit bei den Studenten nahezu enthusiastisch. So hatte er teilweise bis zu 250 Hörer. Kummer legte in seinen Vorlesungen meistens nur die mathematischen Grundlagen, während Kronecker und Weierstraß oft eigene Forschungen vortrugen. Dies sparte sich Kummer für das Seminar auf. Wegen seiner überragenden Lehrtätigkeit überrascht die Tatsache, dass Kummer kein einziges Lehrbuch verfasst hat, ganz besonders. Er veröffentlichte ausschließlich Vorlesungsskripte und natürlich Forschungsartikel. Neben seiner Lehrtätigkeit engagierte er sich auch in der Hochschulpolitik. Von 1863 bis 1878 war er

Sekretär der Mathematik und Physik in der *Akademie der Wissen-schaften*, zweimal *Dekan* der Universität und von 1868 bis 1869 sogar *Rektor* der Universität. In seiner Berliner Zeit hatte er am Ende 51 Doktoranden, unter ihnen so bekannte Mathematiker-Namen wie Bachmann, Cantor, du Bois-Reymond, Frobenius, Fuchs, Graßmann, Kneser, Runge, Schönflies, Schur, Schwarz und Stickelberger. Man kann ohne Zweifel sagen, dass die Kummersche Schule einen enormen Einfluss auf die Mathematik in Deutschland bis heute hat.

Im Alter von 73 Jahren beschloss Kummer plötzlich, in den Ruhestand zu gehen. Zur Begründung behauptete er, sein Gedächtnis ließe nach, was allerdings bis dahin niemandem aufgefallen war. Doch auf diese Weise konnte Kummer seine letzten Jahre entspannt verbringen, bis er am 14. Mai 1893 im Alter von 83 Jahren starb.

Mathematisch war Kummer vor allem von Gauß und Dirichlet beeinflusst. Sein eigenes Wirken kann in drei Schaffens-perioden eingeteilt werden. In der ersten Phase beschäftigte er sich mit *Funktionentheorie*, erweiterte die Gaußsche Theorie der *Hypergeometrischen Reihen* und war letztlich der Erste, der die *Monodromie-Gruppe* berechnete.

In seiner zweiten Schaffensperiode wandte er sich der *Arithmetik* zu. Beim Versuch, die *Fermatsche Vermutung* zu be-weisen, erkannte er, dass sich die Ansätze von Fermat und Euler nicht verallgemeinern ließen, weil die eindeutige Zerle-gung in Primfaktoren, die bei den natürlichen Zahlen gilt, in den dafür notwendigen erweiterten Zahlbereichen nicht mehr gültig ist. So lässt sich zum Beispiel 6 eindeutig in $2 \cdot 3$ zerle-gen. Erweitert man die Menge der Zahlen aber, dann gilt auch $6 = (\sqrt{7} + 1)(\sqrt{7} - 1)$. Kummer konnte dieses Problem lösen, indem er sogenannte *ideale Zahlen* einführte. Die daraus ent-standene *Theorie der Ideale* hatte nicht nur Auswirkungen auf die *Fermatsche Vermutung*, sondern auch auf die gesamte wei-tere Entwicklung der *abstrakten Algebra*.

1857 verlieh die *Pariser Akademie der Wissenschaften* einen Preis an Kummer, der für den *Beweis der Fermatschen Vermu-tung* ausgesetzt worden war. Kummer hatte die Vermutung zwar nicht beweisen können, nicht einmal eine Arbeit darüber bei der Akademie eingereicht, jedoch waren seine Verdienste der Akademie trotzdem diesen Preis wert. Kurze Zeit später wurde Kummer sowohl zum externen *Mitglied der Akademie der Wissenschaften in Paris* ernannt als auch zum Mitglied der *Royal Society von London*. Darüber hinaus erhielt er im Laufe seines Lebens zahlreiche andere Ehrungen.

In seiner dritten Schaffensperiode widmete sich Kummer der *Geometrie*. Hierbei beschäftigte er sich mit Hamiltons *systems of rays*, behandelte sie aber mit algebraischen Methoden. Des Weiteren fand er eine besondere Fläche vierten Grades, die heute seinen Namen trägt – die *Kummersche Fläche*.

Interessanterweise waren die drei großen Persönlichkeiten Kummer, Kronecker und Weierstraß lange sehr gute Freunde. Um 1875 zerbrach allerdings die Freundschaft zwischen Weierstraß und Kronecker, während Kummer und Kronecker jedoch befreundet blieben. Letzteres wiederum belastete die Freundschaft zwischen Kummer und Weierstraß. Vielleicht ist das aber bei derartig großen Persönlichkeiten keine Überraschung, besonders wenn man weiß, dass Kronecker jeden heftig persönlich angriff, mit dem er mathematische Differenzen hatte.

James Joseph Sylvester
(1814–1897)

Arthur Cayley
(1821–1895)

Arthur Cayley und J. J. Sylvester gelten als Begründer der *Invariantentheorie*, die unter anderem für Einsteins *Relativitätstheorie* große Bedeutung hatte, aber auch auf modernen Gebieten wie der *Nachrichtenübertragung* eine Rolle spielt. Sylvester war genauso wie Cayley unglaublich produktiv. Sylvesters Leben wurde vielleicht wegen seiner Empfindlichkeit von starker Wechselhaftigkeit geprägt, während Cayleys Leben aufgrund seiner Disziplin sowie seiner weit gefächerten Interessen immer abwechslungsreich blieb.

James Joseph Sylvester wurde am 3. September 1814 in London als Sohn einer jüdischen Familie geboren. Sein Vater handelte mit Wein und Spirituosen. Nach dem Besuch der jüdischen Schule in London, wo sein großes mathematisches Talent schon erkannt wurde, ging er mit 14 Jahren auf das *University College* in *London*, wo er unter anderem von Auguste de Morgan unterrichtet wurde. Schon nach ein paar Monaten wechselte er erneut, diesmal auf eine Schule in Liverpool, wo er den anderen Schülern derart überlegen war, dass er allein in einer eigenen Klasse unterrichtet wurde. Sylvester war ein nerviger Schüler, immer versucht, mit schwierigen Fragen den Lehrer bloßzustellen. In dieser Zeit gewann er einen Preis in Höhe von beachtlichen 500 Dollar, indem er ein schwieriges praktisches Problem aus der *Kombinatorik* für die *Contractors of Lotteries* in den USA löste. Diese hingegen hatten mehrere Jahre vergeblich an der Lösung gearbeitet.

Nach zwei Jahren in Liverpool bereitete er sich auf die Aufnahmeprüfung für das *St. John's College* in Cambridge vor und wurde 1831 zugelassen. Sein Studium wurde jedoch immer wieder durch Krankheitsphasen unterbrochen, und es dauerte sechs Jahre, bis er die *Tripos-Prüfung* als *Junior Wrangler* absolvierte. Aufgrund seines jüdischen Glaubens konnte er zur damaligen Zeit noch nicht als *Fellow* an das College aufgenommen werden, außer er hätte den 39 Glaubensregeln, die von der anglikanischen Kirche als Minimum an Glauben für einen vernünftigen Geist vorgeschrieben waren, zugestimmt. Später jedoch sollte er seinen Abschluss *honoris causa* von Cambridge nachgereicht bekommen. Damals aber ging Sylvester als Dozent an das *University College*. Allerdings schienen seine Lehrqualitäten in den zwei bis drei Jahren am College nicht sehr gut gewesen zu sein, was sich in späteren Jahren deutlich ändern sollte. Ganz im Gegensatz dazu waren seine Leistungen in der Forschung exzellent, so dass er zum Mitglied der *Royal Society of London* gewählt wurde. Zwar war diese ehrwürdige Gesellschaft zu diesem Zeitpunkt nicht mehr als ein besserer Herren-Club, aber da gerade reformiert wurde, wurde es allmählich wieder eine Ehre, dort Mitglied zu sein. Währenddessen erlangte Sylvester doch noch einen Universitätsabschluss, nämlich vom *Trinity College* in *Dublin*, wo seine Leistungen aus Cambridge anerkannt wurden.

1841 ging Sylvester nach Amerika, um eine Stelle als *Professor* an der *University of Virginia* anzutreten. Anscheinend war er sogar der erste jüdische Professor in den Vereinigten Staaten. Aber schon nach ein paar Monaten kam es zu einem Vorfall, der historisch nicht ganz geklärt ist. Wahrscheinlich wurde Sylvester von einem Studenten beleidigt, woraufhin aber die Universitätsleitung von einer Bestrafung des Studenten absah. Also ging Sylvester nach New York, ohne eine Anstellung. Der Vorfall in Virginia scheint so aufgebauscht, verfälscht und ihm angelastet worden zu sein, dass Sylvester sich zwei Jahre vergeblich um eine weitere Universitätsanstellung bemühte. Vermutlich ist er bei in New York lebenden Verwandten untergekommen und vorübergehend arbeiten gegangen. Von alldem frustriert, kehrte er 1843 nach England zurück und wurde dort *Aktuar* (Versicherungsmathematiker) bei einer Lebensversicherung – eine Arbeit, die er erfolgreich und mit Energie ausführte. Nun begründete er unter anderem das *Aktuarsinstitut* in *London*, war dort für fünf Jahre Vizepräsident, später Ehrenmitglied. Um seine juristische Qualifikation zu verbessern, begann Sylvester Jura zu studieren. Schließlich machte er 1846 seinen Abschluss und wurde vier Jahre später als Anwalt zugelassen. In seinem Jurastudium schloss er Freundschaft mit Arthur Cayley, die viele Jahre halten sollte und für die Mathematik große Bedeutung hatte.

Das darauffolgende Jahrzehnt von 1850 bis 1860 sollte Sylvesters Weltruhm als Mathematiker begründen. Dabei betrieb er zunächst die Forschung und Aktuarstätigkeit parallel. So behauptete er zum Beispiel, die *Theorie der binären Formen ungeraden Grades* in einer einzigen Nacht im Nebenraum einer Gaststätte bei einer Flasche Portwein entwickelt zu haben. 1854 erhielt er eine Anstellung als Professor an der *Royal Military Academy in Woolwich*. Neben seinem nicht besonders üppigen Gehalt erhielt er ein Haus zum Wohnen und andere Vergünstigungen. Weil Sylvesters Lehrverpflichtung nicht besonders hoch war, blieb Zeit, in stetem Austausch mit Cayley zu bleiben. Außerdem gab er zusätzlich Privatunterricht, wo eine seiner Schülerinnen die sechs Jahre jüngere Florence Nightingale war, die später durch ihre Reform der Militärlazarette berühmt wurde. Speziell in der Hinsicht der vorbehaltlosen Unterrichtung von Frauen war Sylvester seinem Zeitgeist weit voraus.

Allmählich erreichten ihn auch Ehrungen ausländischer Akademien, und er erhielt zudem die *Royal Medal* der *Royal*

Society. Ferner war Sylvester eines der ersten Mitglieder der *London Mathematical Society* und wurde sogar ihr *zweiter Präsident.*

Im Zuge einer Reform wurde das allgemeine Pensionsalter von 55 Jahren eingeführt, so dass auch Sylvester in Woolwich in den Ruhestand geschickt wurde. Zuerst wollte man ihm hinterlistig die Pension verweigern, doch hatte man die Rechnung ohne Sylvester gemacht. Energisch erstritt er sich die ihm zustehende Pension. Immer schon begeistert vom Singen, nahm er nun Gesangsunterricht bei dem Komponisten Charles Gounod. Man sagt, dass Sylvester mehr Stolz empfand, das hohe C erreicht zu haben, als für seine *Invariantentheorie.* Daneben sprach er bei Treffen der Arbeiterschaft. Und wie Hamilton und andere gebildete Männer seiner Zeit war auch Sylvester sehr bewandt in der klassischen Literatur. So fügte er zahlreiche Zitate sowie literarische Anspielungen in seine mathematischen Abhandlungen ein – eine Besonderheit, die wir in der Mathematikgeschichte ähnlich wiederfinden werden. Ferner widmete er sich einmal ganz der Dichtkunst und gab ein Werk mit dem Titel *The Laws of Verse* heraus.

Man sollte meinen, dass durch den Ruhestand Sylvesters mathematisches Schaffen dem Ende zuging. Doch im Jahr 1876 erhielt er einen Ruf an die neu gegründete *John Hopkins University* in Baltimore, Vereinigte Staaten. Denn dem dortigen Gründungspräsidenten war empfohlen worden, zuallererst einen guten Experten für Griechisch und einen hervorragenden Mathematiker zu engagieren, und zwar mit folgendem Argument: »*Die können sowohl in einer Hütte als auch in einem Palast unterrichten, die weiteren Professoren werden dann noch kommen.*«

Also überquerte er zum zweiten Mal den Atlantik in Richtung Amerika, dieses Mal mit größerem Erfolg. In Baltimore fand Sylvester ideale Bedingungen vor: Er hatte fähige Assistenten und talentierte Schüler – ja, sein mathematischer Schaffensdrang erlebte einen zweiten Frühling! So gründete er ein mathematisches Seminar – das überhaupt erste in Amerika – und führte dadurch die mathematische Forschung in Amerika ein. Daraufhin sollten seine Schüler diesen Forschergeist im Land verbreiten. Zudem gründete er die Zeitschrift *American Journal of Mathematics,* die immer noch existiert. Sylvester fühlte sich sehr wohl in Baltimore, wurde mit Ehrungen aus In-

und Ausland überhäuft, doch das Heimweh zog ihn zurück nach England.

Schließlich bot sich im Jahr 1883 die Gelegenheit dazu, als der Zahlentheoretiker Henry Smith plötzlich gestorben war. Nach einigem Zögern wurde Sylvester als sein Nachfolger auf den renommierten Lehrstuhl des *Savilian Professor of Geometry* in *Oxford* berufen, und zwar im Alter von beinahe 70 Jahren!

Die nächsten zehn Jahre blieb seine mathematische Schaffenskraft auch nahezu ungebrochen; erst als Sylvester fast 80 Jahre alt war, ließen sein Augenlicht und seine Gesundheit nach, woraufhin er seine Stellung in Oxford aufgab. So verließ er seine Wohnung in Oxford und lebte die letzte Zeit hauptsächlich in London. Zuerst war er deprimiert und gab Mathematik auf. Dann jedoch, 1886, scheint ihn wieder ein Schaffensdrang durchflossen zu haben, und er beschäftigte sich jetzt unter anderem mit der *Goldbach-Vermutung*, die besagt, dass jede ungerade Zahl als Summe zweier Primzahlen ausgedrückt werden kann. Ein paar Monate später entfiel ihm der Stift beim Schreiben. Als er ihn dann aufheben wollte, erlitt er einen Schlaganfall, aufgrund dessen er nicht mehr sprechen konnte. Sylvesters Gesundheitszustand verschlechterte sich daraufhin schnell, und er starb am 15. März 1897 im Alter von 82 Jahren.

Sylvester wurde immer als äußerst sensibel beschrieben, ständig »*im Kampf gegen die Welt*«, wie er selbst von sich sagte. Nachdem er zu Beginn seiner Karriere Schwierigkeiten im Vortrag hatte, war er in späteren Perioden ein glänzender *Redner*, der seine Vorträge mit vielen intelligenten Zitaten anreicherte. Seine gesammelten Werke wurden in vier großen Bänden mit insgesamt beinahe 3000 Seiten herausgegeben – das Resultat einer bemerkenswert langen Schaffenszeit von etwa 60 Jahren. Dabei war sein Hauptarbeitsgebiet die *Algebra*. Zusammen mit *Cayley* entwickelte er die *Theorie der Determinanten* und deren Anwendungen sowie die *Invariantentheorie*. Die dort verwendeten Begriffe gehen letztlich auf Sylvester zurück. Außerdem arbeitete er intensiv in der *Zahlentheorie*, besonders an *Partitionen*; hinzu kommt die *Geometrie aus einer analytischen Sicht*. Und auch in der *Kombinatorik* leistete er wichtige Beiträge.

Aus Sylvesters Zeit in Baltimore gibt es folgende Anekdote zu seiner Dichtkunst: Er kündigte den Vortrag seines Rosalind-Gedichts an, das aus vierhundert Zeilen bestand, die sich alle auf Rosalind reimten. Der Vortragssaal war voll, das Publikum gespannt. Sylvester hatte es für nötig gefunden, erklärende Fußnoten zu seinem Gedicht hinzuzufügen, die er zur Erläuterung zu Beginn verlesen wollte. Dabei verfing er sich jedoch immer mehr in Details. Als er schließlich auf die Uhr blickte, waren bereits eineinhalb Stunden mit Erklärungen vergangen. Doch das Publikum war amüsiert und kam endlich in den Genuss des Gedichts.

Eine andere Anekdote berichtet von seiner Energie: Er pflegte während der Baltimorephase den Sommerurlaub in England zu verbringen. Einmal bemerkte er auf der Überfahrt, dass er einige Arbeiten, die ihn gerade interessierten, in Baltimore vergessen hatte. In Liverpool angekommen, sprang er in das nächste Schiff, das ihn wieder zurück nach New York brachte, und fuhr zurück nach Baltimore, um jene Arbeiten zu holen.

Arthur Cayley wurde am 16. August 1821 bei einem temporären Aufenthalt seiner Eltern in Richmond-on-Thames bei London als Sohn eines britischen Kaufmanns, der in St. Petersburg arbeitete, geboren. Die Wurzeln der Familie können bis in die Zeit der normannischen Eroberer und sogar noch weiter zurück bis in die Normandie verfolgt werden. Unter den Cayleys gab es im Lauf der Zeit viele Talente, ähnlich wie in der Darwin-Familie.

Als Arthur Cayley acht Jahre alt war, kehrte die Familie nach England zurück und lebte in der Nähe von Greenwich. Mit 14 Jahren kam er auf das *King's College* in *London*, zwei Jahre eher als üblich. Hier zeigte sich schon früh Cayleys mathematisches Genie, insbesondere seine erstaunlichen Fertigkeiten in der Ausführung langer numerischer Berechnungen, die er gewöhnlich zum Zeitvertreib ausübte. Den College-Mitschülern immer weit überlegen, ging Arthur Cayley im Oktober 1838 zum Studieren an das *Trinity College* in *Cambrige*, wo er sofort ein Stipendium erlangte. Dort wurde er von Hopkins betreut, der ihn dazu anhielt, die Arbeiten der führenden Mathematiker des kontinentalen Europas zu lesen. Damals erfolgte ein Großteil des Unterrichts in Cambridge und Oxford durch diese Betreuer, meistens College-Fellows. In der *Tripos-Prüfung* belegte Cayley 1842 den ersten Platz, wurde daher *Se-*

nior Wrangler und gewann außerdem den prestigeträchtigen *Smith-Preis*. Obwohl Cayley zu Collegezeiten den Ruf hatte, ausschließlich Mathematik zu betreiben, war er einerseits sehr belesen. Dabei hatten es ihm besonders die englischen Novellen angetan. Andererseits beherrschte Cayley auch flüssiges Französisch, konnte Griechisch lesen und verstand Italienisch und Deutsch. Ferner unternahm er viele Klettertouren in den Alpen und war einer der ersten Mitglieder des britischen *Alpine-Clubs*. Auf seinen Reisen durch Europa, des Öfteren sogar als Tramper, lernte er die Architektur und Malerei nicht nur schätzen und kennen, sondern begann auch selbst Aquarelle zu malen. Alldem zufolge war Cayley also alles andere als ein verbohrter Mathematiker!

Aufgrund seiner Erfolge wurde er in Cambridge zum *jüngsten Fellow des gesamten 19. Jahrhunderts* ernannt. Dieser Posten war mit sehr geringen Lehrverpflichtungen verbunden, so dass er nach Herzenslust studieren und forschen konnte, was für Cayleys Produktivität genau richtig war. Wie viele andere große Mathematiker widmete er sich zunächst den Originalwerken der Meister des Faches und publizierte dann 1845 innerhalb nur eines Jahres auf verschiedenen mathematischen Gebieten insgesamt 13 Arbeiten. Schon hier schuf Cayley die Fundamente seiner späteren Arbeit: Er bearbeitete die *Invariantentheorie*, die *Geometrie beliebig-dimensionaler Räume* und *elliptische Funktionen*. Nach drei Jahren Fellowship schließlich hätte dieses leicht verlängert werden können, wenn Cayley sich nicht geweigert hätte, sich zum Priester weihen zu lassen.

Vielmehr jedoch fühlte er sich nun zur Juristerei hingezogen und plante, eine Zulassung als Anwalt vor Gericht zu erlangen; deshalb ging Cayley schließlich zu *Lincoln's Inn*. Dort wurde er mit seinen hohen akademischen Auszeichnungen gerne aufgenommen, wo er dann auch bereits nach drei Jahren seine *Gerichtszulassung* erhielt.

Währenddessen fand er, wie gesagt, in J. J. Sylvester einen guten Freund des gleichen Faches. An dieser Freundschaft, die aus zwei völlig gegensätzlichen Typen bestand, lässt sich tatsächlich am besten ablesen, welche Eigenheiten sowohl Cayley, wie auch Sylvester hatten. Ersterer war sehr ruhig, geduldig und immer überlegt, Letzterer hingegen aufbrausend und impulsiv. Während Cayley seine mathematischen Arbeiten immer mit der gleichen Sorgfalt wie juristische Dokumente verfasste, fügte Sylvester häufig grundsätzliche Änderungen und Verbesserungen im Nachhinein ein. Der Sorgfalt entsprechend, war Cayley mathematisch auch umfassend belesen, Sylvester dagegen las nur, was ihn momentan interessierte. Die *Invariantentheorie*, die heute beider Namen untrennbar zusammenführt, lernte Cayley allerdings von einem weiteren Freund dieser Zeit kennen, nämlich von Boole. Mit besagter Theorie will man erkennen, was bei einer *linearen Umformung* einer Gleichung unverändert, also *invariant* bleibt. Schließlich sollte sie später bei Einsteins *Relativitätstheorie* eine große Rolle spielen. Obwohl die *Invariantentheorie* von Cayley und Sylvester gemeinsam entwickelt worden war, gab es nie eine dazugehörige Arbeit dieser beiden Autoren.

Als Cayley dann nach seiner Berufung zum Anwalt in einem Büro in *Lincoln's Inn* anfing, wo er wieder mehr Zeit fand, Mathematik zu betreiben, sollte die produktivste Phase seines mathematischen Schaffens folgen. Trotz noch 14 Jahre andauernder Treue zur Juristerei, gelangen ihm zwischen 200 und 300 mathematische Publikationen, die allein während der Zeit seiner Feierabende entstanden waren. Beiden Gebieten nahm sich Cayley mit gleicher Disziplin an, denn als Anwalt war er exzellent, und viele seiner mathematischen Veröffentlichungen wurden später zu Klassikern. Eine davon brachte ihm schließlich die Mitgliedschaft der *Royal Society of London*.

Als 1850 Cayleys Vater starb, hatte er die zusätzliche Verantwortung, seine Mutter und zwei Schwestern zu versorgen. Im September 1863 erhielt er schließlich eine neu geschaffene *Professorenstelle* in *Cambridge*, die er bis zu seinem Tod innehaben sollte. Im gleichen Jahr, mit 42 Jahren, heiratete er Susan Moline, mit der er zwei Kinder hatte. Obwohl er als Professor weniger Geld verdiente als vorher, bereute Cayley seine Entscheidung nicht, da er jetzt seine ganze Zeit der Mathematik und der inneruniversitären Verwaltung widmen konnte. Bei Letzterer scheint er aufgrund seiner juristischen Erfahrung unschätzbar gut gewesen zu sein. Niemals laut, hörte doch jeder auf seine Meinung. Jungen Nachwuchstalenten bot er immer großzügige Unterstützung, Rat und Ermutigung. Nicht zuletzt erwirkte Cayleys Einfluss auch, dass Frauen zum Studium in Cambridge zugelassen wurden.

Als er an die Universität kam, hatte er natürlich keine Erfahrung in der Lehre. Da er nur wenig Hörer hatte, verzichtete er auf Tafel und Kreide. Stattdessen brachte er die Vorlesung auf Papier geschrieben mit und machte Anmerkungen dazu. Die Studenten, die am gleichen Tisch vorne gegenübersaßen, sahen den Text also nur auf dem Kopf stehend. Cayley gestaltete die Vorlesungen mittels seiner neuen Forschungsergebnisse, was ihn aber noch lange nicht zum guten Dozenten machte. Er habe auch nicht immer die beste Methode genommen, um ein Problem zu lösen, sondern eben einfach die nächstbeste. Das führte zu riesigen analytischen Ausdrücken, deren Lösung hoffnungslos erschien. Cayley arbeitete sich jedoch beständig voran und löste in wenigen Zeilen die formlose Masse von Symbolen in schöne, symmetrische Ausdrücke auf. Allmählich ließ aber sein Gesundheitszustand nach, womit seine Laufbahn ein Ende finden sollte. Cayley starb schließlich noch vor seinem Freund Sylvester am 26. Januar 1895 im Alter von 73 Jahren.

Das Gesamtwerk Cayleys besteht in einer Publikationsliste von mehr als 800 Veröffentlichungen. Unter den 13-bändigen gesammelten Werken befinden sich nicht nur immer wieder ellenlange Rechnungen zur *Invariantentheorie*, sondern auch einige mathematische Rohdiamanten, die erst von Nachfolgern fein geschliffen werden sollten. Zum Beispiel hat er den *Begriff einer Gruppe* über die Menge der Permutationen hinaus verallgemeinert und hat an *Dynamik* und *Himmelsmechanik* gearbeitet. Cayleys Werk wurde vor allem in Deutschland hoch geschätzt, aber auch der Engländer Hardy hatte einst nur ein Strahlen im Gesicht, als man ihn nach der Bedeutung jenes Vorgängers fragte. Dementsprechend erhielt er eine Reihe von Ehrungen.

Drei Errungenschaften Cayleys sind am besten in Erinnerung geblieben: Seine Ideen zur *Geometrie* und *Gruppentheorie*, die später von Felix Klein zu einem neuen Verständnis der *Nicht-Euklidischen Geometrie* erweitert wurden, die *Geometrie in n-dimensionalen Räumen* und die Theorie der *Matrizen*. Erst durch Cayley wurde überhaupt eine einheitliche Theorie für *Euklidische* und *Nicht-Euklidische Geometrie* ermöglicht. Und die Matrizenrechnung sollte 1925 für Heisenberg das benötigte Werkzeug sein, um seine revolutionäre Arbeit zur *Quan-*

tenmechanik durchzuführen. Ferner ist die Matrizenrechnung, damals nahezu als nutzlos abgetan, heute ein unverzichtbares Werkzeug in vielen Gebieten der Mathematik. Darüber hinaus bekommt jeder Studienanfänger in einem technischen, naturwissenschaftlichen Gebiet die Grundzüge dieser Theorie vermittelt.

KARL THEODOR WILHELM WEIERSTRASS
(1815–1897)

Karl Weierstraß wurde am 31. Oktober 1815 in Ostenfelde, Kreis Warendorf in Westfalen, als ältestes von fünf Kindern geboren. Sein Vater Wilhelm war gebildet in Kunst und Wissenschaften und zu der Zeit von Karls Geburt Sekretär des Bürgermeisters von Ostenfelde, ein Posten, der seinen Qualifikationen sicherlich nicht angemessen war. Dies mag ein Grund gewesen sein, warum auch die Karriere Weierstraß' am Anfang in Positionen verlaufen ist, die seinen außergewöhnlichen Fähigkeiten nicht entsprachen. Als Karl acht Jahre alt war, arbeitete der Vater als Steuerprüfer, was zur Folge hatte, dass er häufig mitsamt seiner Familie gezwungenermaßen umzog. Deshalb musste Karl Weierstraß immer wieder die Schule wechseln. 1829 bekam der Vater dann eine Stelle am Finanzamt Paderborn. Also besuchte Karl Weierstraß nun das dortige *Katholische Gymnasium*. Dabei war er ein ausgezeichneter Schüler, obwohl er nebenbei Geld als Buchhalter verdienen musste. Inzwischen war seine Mutter gestorben, als er gerade zwölf Jahre alt war, und sein Vater hatte wieder geheiratet.

In seiner Gymnasialzeit erreichte Weierstraß bereits ein mathematisches Niveau, das weit über das Schulniveau hinausging. So las er regelmäßig *Crelles Journal* und gab einem seiner Brüder Nachhilfeunterricht. Allerdings wünschte sich sein Vater, dass er Finanzwesen studierte, damit er später eine Stelle in der preußischen Verwaltung bekommen würde. Deshalb ging Weierstraß 1834 nach dem Abitur nach Bonn, um dort *Kameralistik*, was eine Kombination aus Jura, Verwaltungswesen und Ökonomie war, zu studieren. Jedoch litt er während des Studiums immer unter dem Zwiespalt, einerseits dem Wunsch des Vaters nachkommen zu wollen, andererseits seine große Liebe Mathematik zu verfolgen. Das Ergebnis war, dass er weder das eine noch das andere ordentlich anging. Stattdessen entwickelte er aus einem gewissen Trotz heraus ein permanentes Desinteresse am Studium und verbrachte vier Jahre nur mit Fechten und Trinken. Nebenbei betrieb er Mathematik im Eigenstudium, las die *Himmelsmechanik* von Laplace und dann eine Arbeit von Jacobi über *elliptische Funktionen*. Die dazu notwendigen Grundlagen eignete er sich durch eine Abschrift der Vorlesung von Gudermann aus Münster an. In einem Brief an Sophus Lie schrieb er 50 Jahre später, wie er doch noch zur Mathematik fand. Er konnte ein Problem, das Abel vorher in einem Schreiben an Legendre geschildert hatte, durch die Herleitung der Darstellung einer elliptischen Funktion aus ihrer definierenden Differentialgleichung lösen. Von da an – gerade erst im siebten Semester – widmete er sich vollständig der Mathematik. Zwar studierte er immer noch Kameralistik und blieb deshalb noch ein Semester in Bonn, verließ jedoch dann die Universität ohne Abschluss. Sein Vater war äußerst enttäuscht, wurde aber durch einen Freund überzeugt, Karl an der *Akademie* in *Münster* weiterstudieren zu lassen. Dort nämlich hatte er die Möglichkeit, in relativ kurzer Zeit ohne Promotion Gymnasiallehrer zu werden.

Im Mai 1839 schrieb er sich in Münster ein. Hier wurde Weierstraß von Gudermann, der ein weiterer Grund für seine Entscheidung, nach Münster zu gehen, gewesen war, zu vertieften mathematischen Studien ermutigt. Schon ein halbes Jahr später konnte er mit seinen Examensprüfungen beginnen. Im Frühjahr 1840 hatte er seine Abschlussprüfungen zu absolvieren. Auf seine Anfrage hin wurde ihm ein äußerst schweres Thema zu elliptischen Funktionen gegeben. Als Antwort reichte er dann seine eigenen Studien ein. In seinem Gutachten lobte Gudermann diese Ergebnisse in höchsten Tönen.

Nach Abschluss der Prüfungen begann er sein Probejahr in Münster, während dessen er drei kurze Abhandlungen schrieb, welche er aber erst 54 Jahre später veröffentlichte. Lange danach sollte Weierstraß sagen, dass er, wenn er Gudermanns Gutachten gekannt hätte, seine Arbeit bereits damals zur Publikation eingereicht hätte. Jene Arbeiten enthielten nämlich bereits die grundlegenden Konzepte, mit denen er später erfolgreich sein sollte.

1842 bekam Weierstraß zunächst eine Anstellung am *Progymnasium* in *Deutsch-Krone* in Westpreußen, von wo er dann 1848 an das Gymnasium *Collegium Hoseanum* in Braunsberg, Ostpreußen, versetzt wurde. Dort unterrichtete Weierstraß die Fächer Mathematik und Physik, aber auch Deutsch, Botanik, Geographie, Geschichte, Turnen und Schönschreiben. Teilweise gab er bis zu 30 Stunden Unterricht pro Woche. Mathematisch war Weierstraß an diesem Ort vollkommen isoliert, so dass er selbst einmal schrieb: »*Das war eine schlimme Zeit, deren unendliche Öde und Langeweile unerträglich gewesen wäre ohne harte Arbeit.*« Er hatte weder eine mathematische Bibliothek zur Verfügung, noch konnte er sich einen wissenschaftlichen Briefwechsel erlauben. Trotz allem arbeitete Weierstraß mit großem Energieeinsatz an seinen Forschungen. Dazu ist auch die Anekdote überliefert, dass er eines Tages nicht in seiner Klasse erschien, woraufhin ihn der Direktor in seinem Zimmer bei zugezogenen Vorhängen und heruntergebrannter Kerze fand, während er völlig vertieft in seinen Formeln war. Er hatte einfach jegliches Zeitgefühl verloren und den Tagesanbruch nicht bemerkt. Diese ständige Überlastung, neben der eigentlichen Arbeit noch zu forschen, führte nun schon zu körperlichen Schäden. Oft hatte er stundenlange Schwindelanfälle, in denen keine Arbeit mehr möglich war.

In diesen Jahren publizierte er einige Arbeiten in den *Braunsberger Schulberichten*. Hier blieben die Ergebnisse natürlich von der Fachwelt völlig unbemerkt. Jedoch veröffentlichte er 1854 die Arbeit *Zur Theorie der Abelschen Funktionen* dann in *Crelles Journal*, wo er die Lösung des Jacobischen Umkehrproblems ankündigte. Hierbei wurde noch keine vollständige Lösung angegeben, sondern mehr die Methode zur Lösung beschrieben. Ein Teil war die Darstellung der *Abelschen Funktionen* durch *gleichmäßig konvergente Potenzreihen*. Jene Arbeit machte Weierstraß mit einem Schlag weltberühmt in mathematischen Kreisen. Auch Hilbert bezeichnete diesen Artikel noch 50 Jahre nach seinem Erscheinen als eine der größten Errungenschaften der Analysis. Umso mehr Bewunderung erregte die Tatsache, dass ein Schullehrer in aller Abgeschiedenheit eine derartige Leistung vollbracht hatte.

Die *Universität Königsberg* verlieh ihm dafür die Ehrendoktorwürde. 1855 bewarb sich Weierstraß um die Nachfolge Kummers in Breslau. Wie bei Kummer beschrieben, sorgte dieser durch geschickte Schachzüge dafür, dass Weierstraß nicht genommen wurde, stattdessen nach Berlin kam. Zuerst wurde ihm jedoch ein Jahr Absenz genehmigt, in dem er nach Berlin ging, schon mit der Absicht, nicht nach Braunsberg zurückzukehren.

1856 veröffentlichte er die *volle Lösung des Jacobischen Umkehrproblems* in *Crelles Journal*. Kurz darauf wurde er zum *Professor* am *Gewerbeinstitut* in *Berlin* ernannt. Etwas später wurde er *außerordentlicher Professor* an der *Universität Berlin* und Mitglied der *Akademie der Wissenschaften*. Diese ersten Jahre in Berlin waren für Weierstraß sehr produktiv.

Mit seinen Vorlesungen zog er schließlich Studenten aus aller Welt an. Da er aber sowohl an der Universität als auch am Gewerbeinstitut Vorlesungen hielt, hatte er eine relativ hohe Belastung. Dadurch kam es erneut zu gesundheitlichen Problemen. In einer Vorlesung im Jahr 1861 brach er vollständig zusammen. Danach dauerte es ungefähr ein Jahr, bis er wieder arbeitsfähig war. Von dieser Zeit an hielt Weierstraß seine Vorlesungen im Sitzen, während ein Student für ihn die Tafelanschrift erledigte. Nachdem 1864 für ihn ein eigener *Lehrstuhl* eingerichtet wurde, blieb er bis zu seinem Tod in Berlin.

Obwohl er ohne Unterlass arbeitete, hat Weierstraß in der Folgezeit relativ wenig publiziert. Er entwickelte seine Theorien nun in den Vorlesungen. Mit der Zeit ergab sich ein Vorlesungszyklus, der aus folgenden Teilen bestand: *Einführung in die Theorie der analytischen Funktionen, Elliptische Funktionen, Abelsche Funktionen, Variationsrechnung oder Anwendungen elliptischer Funktionen.*

Darin baute er das gesamte Gebäude der *Analysis* lückenlos auf. Dieser Aufbau ist auch heute noch aktuell. Ferner entwickelte er die reellen Zahlen aus den rationalen Zahlen, gab den *klaren Begriff* einer *Funktion*, darüber hinaus wurden *Stetigkeit* und *Differenzierbarkeit* exakt definiert sowie die Beweisführung mit der *Epsilon-Delta-Symbolik* eingeführt. Erstaunlicherweise gab er eine stetige Funktion an, die nirgendwo differenzierbar ist. Außerdem verwendete Weierstraß als Erster den Begriff der *gleichmäßigen Konvergenz*. Daraufhin wurde die Weierstraßsche Beweisstrenge zum allgemeinen und immer noch gültigen Maßstab. Damit gelang ihm schließlich auch der *axiomatische Aufbau der Infinitesimalrechnung*, den Leibniz und Newton noch nicht durchgeführt hatten.

In seinem Seminar legte er nicht nur ausgearbeitete Ideen vor, sondern gestaltete sie als Werkstatt, in der Ideen entwickelt, aber auch wieder verworfen wurden. Damit bezweckte Weierstraß, den Studenten »*einen tieferen Einblick in den Gang seiner eigenen Forschungen*« zu ermöglichen – eine Absicht, mit der er sich sicherlich zum Beispiel von Gauß unterschied.

Zahlreiche Studenten profitierten sehr von seinen Vorlesungen, insbesondere vom eigenständigen Ausschlachten der Weierstraßschen Ideen. Zu den Zuhörern gehörten unter anderem Bachmann, Cantor, Engel, Frobenius, Hensel, Hölder, Hurwitz, Killing, Klein, Kneser, Königsberger, Lie, Mertens, Minkowski, Mittag-Leffler, Schottky, Schwarz, Stolz und, besonders zu erwähnen, Sonja Kowalewskaya. Sie kam 1870 nach Berlin, durfte aber als Frau die Universität nicht besuchen. Weierstraß gab ihr deshalb Privatunterricht, woraus sehr bald eine enge Freundschaft und wissenschaftliche Zusammenarbeit hervorging. Schließlich sorgte er dafür, dass sie die Ehrendoktorwürde der Göttinger Fakultät verliehen bekam. Danach korrespondierten sie 20 Jahre lang, von 1870 bis 1890. So entstanden mehr als 160 Briefe, die Weierstraß nach dem frühen Tod Sonja Kowalewskayas im Jahr 1891 verbrannte. Als ihr später vorgeworfen wurde, lediglich die Ergebnisse von Weierstraß ausgearbeitet zu haben, war Weierstraß geradezu entsetzt, wenn nicht gar verbittert.

Nachdem sein Schüler Cantor die *Mengenlehre* entwickelt hatte und den Begriff der *Unendlichkeit* untersuchte, kam es zum Bruch mit seinem Freund Kronecker, der ebenfalls in Berlin lehrte. Letzterer lehnte nämlich den Zugang Cantors strikt ab, was Weierstraß auch um seine eigene Anerkennung fürchten ließ. Für kurze Zeit erwog er sogar, ein Angebot aus der Schweiz anzunehmen, lehnte es aber dann ab, um den Ideen Kroneckers in Berlin nicht zu leichtes Spiel zu machen.

Daneben hatte Weierstraß großen Einfluss auf die mathematische Entwicklung im In- und Ausland, insbesondere auf viele Lehrstuhlbesetzungen. Außerdem wurde er *Dekan* an der *philosophischen Fakultät* und 1873/74 *Rektor der Univer-*

sität. Doch leider nahmen seine gesundheitlichen Probleme immer mehr zu, so dass er oft die Vorlesungen unterbrechen und teilweise vorzeitig beenden musste. Zudem verbrachte er die letzten Jahre seines Lebens ganz und gar im Rollstuhl. Dennoch fand Weierstraß 1888, also im Alter von 73 Jahren, die vollständige Lösung zu allen Fragen der *Abelschen Funktionen* und brachte dieses Gebiet endgültig zum Abschluss, und zwar mit einer Einfachheit, die er vorher nicht für möglich gehalten hätte.

Weierstraß publizierte im Laufe seines Lebens vergleichbar wenig von sich selbst, editierte allerdings die gesammelten Werke von Steiner und von Jacobi. Im Alter entschied er sich schließlich doch noch, seine eigenen *gesammelten Werke* herauszugeben. Denn er erkannte, dass es ohne seine Mitwirkung unmöglich sein würde, die vielen unveröffentlichten Resultate aus seinen Vorlesungen zusammenzutragen. So erschienen die ersten beiden Bände 1894 und 1895, noch vor seinem Tod im Jahre 1897. Die verbleibenden Bände erschienen jedoch sehr schleppend: 1903 *Band 3*, *Band 4* 1902, *Band 5* und *6* 1915, *Band 7* 1927. Auch heute noch erscheinen weitere Arbeiten, speziell Vorlesungsmitschriften von Zuhörern. Das gesamte Ausmaß der Entdeckungen von Weierstraß wird aber wahrscheinlich nie vollständig erfasst werden können.

Neben seinen Arbeiten zu *Jacobischen* und *Abelschen Funktionen*, behandelte er Fragen der *Variationsrechnung, analytische Funktionen mehrerer komplexer Veränderlicher*, und auf ihn geht der *Begriff des Elementarteilers* in der linearen Algebra zurück. In der Differentialgeometrie beschäftigte er sich mit *Minimalflächen*. Bei diesen will man die auftretenden Spannungskräfte möglichst gering halten, wie zum Beispiel bei den Dachflächen des Münchner Olympiastadions.

George Boole
(1815–1864)

George Boole wurde am 2. November 1815 in Lincoln, Lincolnshire in England, als Sohn eines armen Händlers geboren. Die Familie zog bald nach London, wo Boole neben der normalen, nicht sehr guten Schulbildung von seinem Vater in Mathematik unterrichtet wurde. In der Schule hingegen richtete er sein Interesse auf Sprachen. Latein lernte er von einem befreundeten Buchhändler, und Griechisch brachte er sich selbst bei. Mit 14 Jahren übersetzte Boole ein Gedicht des griechischen Dichters Meleagros von Gadara, worüber sein Vater so stolz war, dass er es veröffentlichte. Anschließend gab es deswegen prompt einen öffentlichen Disput, weil ein örtlicher Lehrer nicht glauben konnte, dass ein 14-Jähriger ein Werk dieser Tiefe hervorbringen könne. In der Freizeit brachte sich Boole dann auch noch Französisch und Deutsch bei.

Schon mit 16 wurde Boole *Hilfslehrer* in *Doncaster*, weil das Geschäft seines Vaters ruiniert war und er seine Familie finanziell unterstützen musste. Eigentlich wollte er jetzt Pfarrer werden, gab diese Pläne jedoch auf und beschäftigte sich stattdessen ernsthaft mit Mathematik. Dabei benötigte er fünf Jahre, um sich alleine durch *Lacroixs' Differential- und Integralrechnung* zu arbeiten. Nach einigen Wechseln der Schulen eröffnete er 1834 im Alter von nur 19 Jahren seine *eigene Schule* in *Lincoln*. 1838 übernahm er eine andere *Schule* in *Waddington*, wohin er mit seiner ganzen Familie zog. Zu dieser Zeit studierte er die Werke von Lagrange und Laplace. Schließlich fand Boole Unterstützung bei dem Mathematiker Duncan Gregory, der in Cambridge das *Mathematical Journal* gegründet hatte. Dort begann er regelmäßig zu publizieren und beschäftigte sich nun hauptsächlich mit *Algebra*. Zwischenzeitlich hatte er ein *Internat* in Lincoln gegründet, wohin er dann letztlich mit der gesamten Familie zurückzog.

Ab 1842 tauschte sich Boole mit de Morgan aus. Nachdem er seine Arbeit *On a general method of analysis* geschrieben hatte, in der er algebraische Methoden zur Lösung von Differentialgleichungen verwendete, sandte er sie schließlich de Morgan zu. Für diese Arbeit erhielt Boole nicht nur 1844 die *Royal Medal* der *Royal Society*, sondern erntete auch großen Ruhm.

Nach überschwänglichen Gutachten für eine Stelle am *Queens College* in *Cork*, Irland, erhielt er schließlich 1849 einen *Lehrstuhl für Mathematik*. Dort wurde Boole 1851 zum *Dekan* gewählt, ein Posten, den er mit großer Sorgfalt ausfüllte. Zu dieser Zeit hatte er bereits Mary Everest kennengelernt, eine Nichte von Sir George Everest, nach dem unter anderem der

Mount Everest benannt ist. Sie war 17 Jahre jünger als Boole, was beide aber nicht hinderte, 1855 zu heiraten und miteinander fünf Töchter zu bekommen.

Sein Hauptwerk, *An investigation into the Laws of Thought, on which are founded the Mathematical Theories of Logic and Probabilities*, veröffentlichte Boole schließlich 1854. Damit schuf er einen *neuen Zugang zur Logik*, indem er diese auf eine ganz einfache Algebra, heute bekannt als *Boolesche Algebra*, zurückführte. Aufgrund dieser Arbeit wurde die *Logik* auch erst zum *Bestandteil der Mathematik*. Bis dahin wurden logische Argumente nämlich nur verbal ausgedrückt, nun aber konnten mit algebraischen Manipulationen, sozusagen durch Rechnen, neue Aussagen gefunden werden. Damit sollte Boole den Grundstein für den Versuch der axiomatischen Entwicklung der Mathematik zu Beginn des 20. Jahrhunderts legen. Heute sind Computer und elektronische Kommunikation ohne die *Boolesche Algebra* gar nicht denkbar.

Während Boole selbst sich der Bedeutung seiner Entdeckung wohl bewusst war, erhielt er neben zahlreichen Ehrungen auch negatives Feedback. Denn unter den Kritikern galt seine Logik noch als nutzlos. Einer davon war Cantor, der allerdings später erkennen musste, dass die Paradoxa in seiner Mengenlehre ironischerweise durch jene kritisierte *Boolesche Algebra* aufgedeckt wurden.

Boole starb schon früh, nämlich 1864 im Alter von 49 Jahren. Auf dem Weg zum College von einem Regenschauer überrascht, war er bis auf die Haut durchnässt worden. Seine anschließende Vorlesung hielt er aber trotzdem und holte sich somit eine Lungenentzündung, an der er bald verstarb.

PAFNUTI LWOWITSCH TSCHEBYSCHEW (CHEBYCHEV)
(1821–1894)

Durch das Wirken Eulers in St. Petersburg erlebte das dortige mathematische Schaffen eine Blütezeit im 18. Jahrhundert, verfiel jedoch im beginnenden 19. Jahrhundert. Es war hauptsächlich Tschebyschew, der die Mathematik in St. Petersburg revitalisierte und zu der bis ins 20. Jahrhundert dominierenden russischen Schule schlechthin machen sollte.

Pafnuti Lwowitsch Tschebyschew wurde am 14. Mai 1821 in dem kleinen Dorf Borowsk in der Region Kaluga südlich von Moskau geboren. Durch einen verkrüppelten Fuß etwas behindert, entwickelte er später außerdem eine Sprechstörung. Lesen und Schreiben lernte er von seiner Mutter, Arithmetik und Französisch wurde ihm von einer jungen Verwandten beigebracht, die als Gouvernante bei der Familie war. Der Vater war ein pensionierter Armeeoffizier, der in den Napoleonischen Kriegen aktiv war. Sein Bruder sollte in St. Petersburg Professor für Artillerie werden.

Als Tschebyschew elf Jahre alt war, zog die Familie nach Moskau, um die Ausbildung der Kinder zu gewährleisten. Am Ende seines ersten Jahres an der Universität gewann er den zweiten Preis in einem Mathematik-Wettbewerb, für den er eine Arbeit zur *praktischen Berechnung der Lösung von Gleichungen höheren Grades* geschrieben hatte. Hier schon präsentierte er seine eigene Idee von *sukzessiver Approximation* einer Lösung, was später noch häufig Thema seiner Forschungen sein würde. 1840 wurde Russland von einer Hungersnot heimgesucht, wovon Tschebyschews Familie finanziell stark betroffen war, so dass er nur mit Schwierigkeiten sein Studium vollenden konnte, was ihm aber 1841 gelang. Danach wandte er sich der *Stochastik* zu. Seine Doktorarbeit *Versuch einer elementaren Darstellung der Wahrscheinlichkeitstheorie* im Jahr 1846 enthält eine strenge Herleitung der Grundlagen eben der Wahrscheinlichkeitstheorie. Typischerweise suchte er immer die einfachsten Methoden, und wenn eine exakte Lösung nicht möglich war, versuchte er approximative Lösungen zu finden, wobei er immer vorsichtig den entstehenden Fehler abschätzte.

Nach seiner Promotion konnte Tschebyschew zwar keine Stelle in Moskau erlangen, fand aber 1847 eine Dozentenstelle in St. Petersburg. Um hier die Lehrbefähigung zu bekommen, schrieb er eine Arbeit über die *Integration mit Hilfe von Logarithmen*, die aber erst 1853 publiziert wurde. Dort sollte er die nächsten 35 Jahre bleiben. 1849 reichte Tschebyschew seine Doktorarbeit (die heutige Habilitationsschrift) über die *Theorie der Kongruenzen* ein und wurde *Professor* an der Universität. Ursprünglich lehrte er ausschließlich *Höhere Algebra* und *Zah-*

lentheorie, wobei sich später sein Spektrum enorm erweitern sollte.

Das Archiv Eulers in St. Petersburg enthielt eine riesige Menge an Material, das teilweise noch unveröffentlicht war. Eine neue, umfassendere Ausgabe der Arbeiten Eulers zur Zahlentheorie wurde von Bunjakowski mit der Assistenz Tschebyschews erstellt. Dieses Projekt lenkte das Interesse von Tschebyschew auf die *Zahlentheorie*, in der er neben seiner Doktorarbeit zwei klassische Arbeiten abliefern sollte. In einer davon gibt er eine enge Abschätzung, wie gut die von Gauß und Legendre gefundene Formel für die *Anzahl der Primzahlen* unterhalb einer gegebenen Größe ist. Er zeigte nämlich, dass die Anzahl der Primzahlen $< x$ zwischen $2/3 \cdot x/log(x)$ und $2 \cdot x/log(x)$ liegt. Für den Beweis genügten ihm elementare Methoden.

Auch Riemann kannte die Arbeiten Tschebyschews und wollte ihm seine eigenen Verbesserungen in einem Brief mitteilen. Unter seinem Nachlass finden sich Entwürfe, in denen er die Schreibweise des russischen Namens ausprobierte. Allerdings ist nicht bekannt, ob er den Brief jemals abgeschickt hat. In der zweiten klassischen Arbeit zur Zahlentheorie beweist Tschebyschew streng den *Satz von Bergmann*, der besagt, dass für Zahlen größer als 3 im Intervall n und $2n$ immer mindestens eine Primzahl enthalten ist.

Danach wandte sich Tschebyschew anderen Gebieten zu. Seit dem finanziellen Zusammenbruch seiner Eltern war Tschebyschew es gewohnt, einen einfachen Lebensstil zu führen. Diesen behielt er auch bei, nachdem sich die eigene Finanzsituation gebessert hatte. Das gesparte Geld verwendete er dann immer, um ausgiebig zu reisen. So verbrachte er einige Zeit bei Dirichlet und Kronecker in Berlin, besuchte Cayley und Sylvester in London, in Paris Liouville und Hermite. Tschebyschew sprach und schrieb fließend Französisch – ja, er behauptete von sich sogar, seine Mathematik auf Französisch zu denken und zu entwickeln und sie erst dann ins Russische zu übersetzen. Im Zuge dieser Leidenschaft fürs Französische kehrte er häufig nach Paris zurück und reiste fast jeden Sommer nach Westeuropa.

Nun wandte Tschebyschew seine Aufmerksamkeit der *Wahrscheinlichkeitstheorie* zu. Diese war im 18. Jahrhundert aus

Überlegungen zum Glücksspiel entstanden. Laplace hatte Anfang des 19. Jahrhunderts zuerst eine zusammenfassende Darstellung gegeben, und Tschebyschew behandelte sie als Erster als rein mathematisches Gebiet, dessen Behauptungen strenge Beweise benötigten. Bei zentralen Problemen der Theorie machte er große Fortschritte, wie beispielsweise bei dem *Gesetz der großen Zahlen* sowie dem *zentralen Grenzwertsatz*. Ferner erwiesen sich seine Untersuchung des Begriffs einer *Zufallsgröße* und der mathematischen Erwartung einer Zufallsgröße für die weitere Entwicklung des Gebiets als sehr wichtig.

In der Folgezeit beschäftigte er sich mit der Theorie der *Kettenbrüche*, mit der Theorie der *orthogonalen Polynome* und fand schließlich seine *Tschebyschew-Polynome*. Doch auch zu der Frage der *Integration elliptischer Funktionen* lieferte er Beiträge. Zur gleichen Zeit erwuchs sein Interesse an *Maschinenbau*, und er gab Vorlesungen in *angewandter Mechanik*. Besonders interessierte ihn die Umwandlung einer kreisförmigen Bewegung in eine geradlinige Bewegung, und er fand schließlich die *Tschebyschew-Parallelbewegung*. Sieben seiner mechanischen Erfindungen wurden bei der Weltausstellung in Chicago vorgeführt, unter anderem ein Fahrrad speziell für Frauen. Auf dem Gebiet der Mechanik konnte er nun seine früheren Approximationsverfahren gewinnbringend einsetzen. Obwohl er nun hauptsächlich an Anwendungen arbeitete, fielen doch »nebenbei« wichtige theoretische Resultate ab.

Tschebyschew wurde zunehmend von der Regierung und vom Militär um wissenschaftlichen Rat gefragt. Das Erziehungsministerium beriet er in Fragen der Lehrerausbildung in Mathematik, Physik und Astronomie. Unter anderem waren seine gründlichen Gutachten für die Autoren von Schulbüchern sehr wichtig. Daher kann Tschebyschew zu den Wegbereitern des hervorragenden russischen Schulsystems für Mathematik gezählt werden.

Für das Militär löste er einige Probleme der Ballistik, wodurch er neue Beiträge zur *Theorie der Interpolation* lieferte. Zusätzlich arbeitete er an Fragen der *Kartographie*. Des Weiteren erfand Tschebyschew einige Maschinen, so zum Beispiel eine *Rechenmaschine*, die er auf eigene, nicht unerhebliche Kosten bauen ließ. Exemplare sind noch in Museen in Moskau und Paris zu sehen.

Es wird von einer pedantischen Genauigkeit berichtet, was Tschebyschews Tätigkeit als Dozent betrifft. So schreiben seine Schüler Markow und Sonine: *»Er war niemals nur eine Minute zu spät, niemals überzog er auch nur eine Minute, hörte manchmal mitten im Satz auf. Vor jeder Rechnung, die auch nur die geringste Schwierigkeit aufwies, erklärte er deren Zweck und gab die Hauptschritte an. Seine Rechnungen führte er still, sehr schnell und ausführlich durch. In seinen Vorlesungen schweifte er oft ab, gab seine Meinung über die Wichtigkeit gewisser Fragen ab und berichtete auch von Diskussionen mit anderen Mathematikern. Dies machte die Vorlesung sehr lebendig und stimulierte das Interesse an dem Gebiet.«* Und wie Ljapunow schreibt, bevorzugte Tschebyschew in seinen Vorlesungen auch Qualität vor Quantität und versuchte in diesem Sinn immer das Wesentliche auf einem Gebiet herauszuarbeiten.

Im Sommer 1882 ging Tschebyschew in den Ruhestand, stand aber jungen Mathematikern einmal in der Woche in seinem Haus für Ratschläge und Hilfe zur Verfügung. Am 26. November 1894 starb er nach einem Herzinfarkt im Alter von 83 Jahren.

Wesentliches Verdienst Tschebyschews war letztlich auch, als erster Russe internationales Ansehen in der Mathematik zu erlangen. Deshalb zeichnen ihn eben nicht nur die eigenen Forschungsergebnisse aus, sondern auch der *Aufbau seiner Mathematikschule* in *St. Petersburg*, die erst im 20. Jahrhundert durch Kolmogorow und Aleksandrow von Moskau überflügelt wurde. So zählt die Schule eine Reihe von später berühmten Schülern, unter anderem Korkin, Solotarew, Markow, Ljapunow, Iwanow und Wassiljew. Erwähnenswert bleibt außerdem, dass Tschebyschews mathematisches Verständnis und seine Herangehensweise in vielerlei Hinsicht in der Tradition Eulers stand. Vor allem waren für ihn Theorie und Praxis untrennbar verbunden, da er bei seiner Arbeit immer wieder erfuhr, wie praktische Probleme neue theoretische Resultate provozierten.

Tschebyschew heiratete nie und lebte allein in einem Haus mit 10 Zimmern. Obwohl er reich war, lebte er einfach. Sein Geld verwendete er einerseits zum Landkauf und außerdem, um eine uneheliche Tochter zu unterstützen, die er aber nie offiziell anerkannte.

CHARLES HERMITE
(1822–1901)

Der Vater von Charles Hermite, Ferdinand Hermite, war ausgebildeter Ingenieur, wurde allerdings nach seiner Heirat mit Madeleine Lallemand Tuchhändler. Er fühlte sich jedoch immer als Künstler, überließ daher seiner Frau die Arbeit als Tuchhändler und wurde Künstler. Charles war das sechste von sieben Kindern. Als er sieben Jahre alt war, zog seine Familie von Dieuse nach Nancy.

Seine Eltern maßen der Erziehung nicht die allerhöchste Priorität bei, jedoch erhielt Charles eine gute Schulausbildung. In gewisser Weise war er ein Sorgenkind für seine Eltern, denn er hatte genauso wie Tschebyschew einen verkrüppelten rechten Fuß und konnte sich deshalb nur mit Schwierigkeiten fortbewegen. Obwohl damit seine Karriere behindert war, hatte er immer eine positive Lebenseinstellung.

Zuerst besuchte Charles Hermite das *Collège de Nancy*, danach das *Collège Henri* in *Paris*. Von 1840 bis 1841 studierte er am *Collège Louis-le-Grand*, an dem 15 Jahre vorher noch Galois studiert hatte. Dort wurde Mathematik von Richard gelehrt, der ebenfalls bereits Galois unterrichtet hatte. Mit jenem hatte Hermite sowieso eine Gemeinsamkeit, nämlich die Neigung, lieber die Originalarbeiten von Euler, Gauß und Lagrange zu lesen, als sich auf ein formales Examen vorzubereiten.

Während der Studienzeit zeigte er bereits mit zwei Arbeiten seine großen Anlagen als Forscher. Darin befasste er sich mit dem *Beweis der Unlösbarkeit der allgemeinen Gleichungen fünften Grades*, wie Galois vor ihm. Zu diesem Zeitpunkt waren die Resultate von Galois noch gar nicht bekannt, doch auch die Arbeiten von Ruffini und Abel auf diesem Gebiet kannte Hermite anscheinend noch nicht.

Weil Hermite, ebenfalls wie zuvor Galois, ein Studium an der *École Polytechnique* anstrebte, bereitete er sich ein Jahr auf die Aufnahmeprüfungen vor. Zwar schaffte er die Prüfungen, allerdings nur auf dem 68. Rang. Nach einem Jahr an der *École Polytech*nique wurde ihm dann das weitere Studium aufgrund seiner Behinderung verwehrt. Diese Entscheidung wurde aber, nachdem sich einige namhafte Leute für ihn eingesetzt hatten, wieder zurückgenommen. Doch nachhaltig gekränkt, beschloss Hermite, an dieser Institution keinen Abschluss zu machen.

Nun fand er Kontakt zu einigen wichtigen Mathematikern, unter anderem zu Bertrand. So lernte er auch dessen Schwester kennen, die später seine Ehefrau werden sollte. Mathematisch interessanter ist allerdings Hermites Korrespondenz mit Jacobi, in der er sich, trotz seiner nicht erstklassigen formalen Ausbildung, als Mathematiker von Weltrang zeigte. Schließlich war Jacobi tief beeindruckt von Hermite. Denn aus jenen Briefen ist zu entnehmen, dass er Differentialgleichungen entdeckt hatte, die gewisse *Theta-Funktionen* als Lösungen besitzen, wobei er *Fourier-Reihen* verwendete, um sie zu studieren. Damit konnte er die allgemeinen Lösungen dieser Gleichungen als Terme von Theta-Funktionen ausdrücken. Obwohl Hermite zu der Zeit dieser Entdeckung noch in den ersten Studienjahren war, ist es wahrscheinlich, dass genau diese Ideen es Liouville ermöglichten, 1844 sein berühmtes Resultat, heute als *Satz von Liouville* bekannt, zu zeigen.

Nach fünf Jahren schloss Hermite dann 1847 sein Studium ab und wurde sinnigerweise *Dozent* an der *École Polytechnique*, zunächst als Repetitor und Aufnahmeprüfer. In den nächsten zehn Jahren sollte er seine größten Entdeckungen machen, während er an Problemen aus der Zahlentheorie, an Algebra, orthogonalen Polynomen und elliptischen Funktionen arbeitete. 1848 bewies er dann, dass *doppelt periodische Funktionen als Quotient von periodischen ganzen Funktionen dargestellt werden können*.

Ein weiteres Gebiet Hermites waren die quadratischen Formen, was ihn zur *Invariantentheorie* führte und ihn ein *Reziprozitätsgesetz* in Verbindung zu binären Formen finden ließ. Sowohl die quadratischen Formen, als auch die Invariantentheorie führten ihn dazu, 1855 die *Theorie der Transformationen* zu schaffen. Diese wiederum verbindet Zahlentheorie, Theta-Funktionen und die Transformation von Abelschen Funktionen.

Schließlich wurde Hermite 1856 zum Mitglied der *Akademie der Wissenschaften* gewählt. In diesem Jahr erkrankte er allerdings auch an den Blattern, und da war es Cauchy, der ihn mit seiner starken Religiosität aus seiner Krise holte. Daraufhin konvertierte Hermite zum katholischen Glauben. Unter dem Einfluss von Cauchy wurde Hermite dann ebenso zum überzeugten Royalisten.

Sein nächstes großes Resultat gelang Hermite 1858, als er zeigen konnte, dass Gleichungen fünften Grades zwar nicht im Allgemeinen durch Wurzeln lösbar sind, wie Ruffini, Abel und Galois gezeigt hatten, sie jedoch durch elliptische Funktionen aufgelöst werden können. Dieses Ergebnis konnte er dann in der Zahlentheorie anwenden und dadurch die *Verbindung zwischen Klassenzahl und quadratischen Formen* herstellen.

1862 wurde er zum *Maître de conférence* an der *École Polytechnique* ernannt, 1863 zum Prüfer. Ein Jahr darauf wurde er schließlich *Professor*, sowohl an der *École Polytechnique* als auch an der *Sorbonne*. Den Lehrstuhl an der *École Polytechnique* gab er allerdings 1876 auf, an der *Sorbonne* blieb er bis zu seinem Ruhestand 1897.

In den 1870er-Jahren interessierten ihn Probleme der *Approximation* und *Interpolation*. So veröffentlichte er 1873 als Erster den Beweis, dass e eine transzendente Zahl ist. Lindemann nützte Hermites Idee, um 1882 zu zeigen, dass π eine transzendente Zahl ist. Damit konnte schließlich die jahrhundertealte Frage, ob die Quadratur des Kreises möglich sei, verneint werden. Umso mehr hat Hermite es anschließend bedauert, dass es ihm verwehrt geblieben war, die Transzendenz von π zu zeigen. Und dies ist tatsächlich nur einer von vielen Fällen, in denen andere die Ideen Hermites ausgearbeitet haben. So ist Hermite heute vor allem bekannt durch *Hermitesche Polynome, Hermitesche Differentialgleichungen,* die *Hermitesche Interpolationsformel* und *Hermitesche Matrizen.*

Überhaupt nicht interessierte er sich für *Geometrie* – seine Liebe galt einzig der Analysis. Deshalb war Hermite ein großer Bewunderer von Weierstraß. Sein berühmtester Student ist sicherlich Poincaré, der einmal von ihm schrieb, dass dieser seine Ideen auf keinen Fall logisch entwickelte: »*In seinem Kopf scheinen sich die Methoden immer auf mysteriöse Weise zu entwickeln.*« Hadamard, der wie Poincaré zu erkennen versuchte, wie Mathematik im menschlichen Gehirn entsteht, schrieb: »*Hermite bemerkte oft, dass die Biologie ein nützliches Studienobjekt auch für Mathematiker sein könnte, da sich verborgene und irgendwann ein-*

mal nützliche Analogien im Prozess des Studiums beider Disziplinen ergeben könnten.« Hadamard bewunderte außerdem Hermites Fähigkeiten als Dozent. Denn Hermite verströmte in seinen Vorlesungen einen Enthusiasmus für die Wissenschaft, was sich vor allem in seiner Stimme widerspiegelte. Damit konnte er den Studenten die Schönheit der Wissenschaft vermitteln, die er so tief verinnerlicht hatte. Émile Borel hat angeblich einmal behauptet, niemand könne den Leuten eine so tiefe Liebe zur Mathematik nahebringen, wie Hermite es tat.

Privat lebte Hermite zurückgezogen mit seiner Frau und seinen Kindern, seine Arbeitszeit war ganz der Mathematik in Forschung und Lehre gewidmet. Grundsätzlich vertrat Hermite die platonische Sicht, dass der Mathematiker eine äußere Welt, in seinem Fall eine Welt von Ideen *entdeckt*. Daher mochte er auch Cantors Mathematik nicht, mit der dieser eine neue Welt *geschaffen* hatte.

Nach dem Tod von Cauchy galt Hermite als der führende Mathematiker Frankreichs. Viele der tonangebenden Mathematiker im ausgehenden 19. Jahrhundert waren Studenten von Hermite, unter ihnen Borel, Darboux, Hadamard, Jordan, Painlevé, Picard und Poincaré.

LEOPOLD KRONECKER
(1823–1891)

Leopold Kronecker wurde 1823 als Sohn wohlhabender Eltern geboren. Sein Vater nämlich war ein erfolgreicher Geschäftsmann, und seine Mutter stammte aus einer reichen Familie. Beide waren Juden und erzogen ihren Sohn auch gemäß dieser Religion. Deshalb blieb Kronecker auch sein Leben lang jüdisch, bis er ein Jahr vor seinem Tod zum Christentum konvertierte. Für die Schulbildung Leopolds engagierten die Eltern zunächst Privatlehrer, die eine sehr gründliche Basis für die spätere Erziehung schufen. Im Anschluss daran schickten sie ihn auf das *Gymnasium* in *Liegnitz*. Einer seiner dortigen Lehrer war Kummer, durch welchen Kronecker zur Mathematik hingezogen wurde. Weil dieser sofort Kroneckers mathematisches Talent erkannte, förderte er ihn weit über das

Niveau hinaus, mit welchem normalerweise an der Schule unterrichtet wurde. Obwohl er Jude war, besuchte Kronecker den evangelischen Religionsunterricht – ein Zeichen für die Offenheit seiner Eltern.

Mit 18 Jahren schrieb sich Kronecker an der *Berliner Universität* ein und studierte unter Dirichlet und Steiner. Dabei schränkte er sich nicht auf die Mathematik ein, sondern belegte auch die Fächer Astronomie, Meteorologie und Chemie. Besonders interessierten ihn die philosophischen Arbeiten von Descartes, Leibniz, Kant, Spinoza und Hegel. Nach einem Sommer, den er 1843 an der *Universität Bonn* verbrachte und in dem er sich mehr der Astronomie widmete, ging er im Winter 1843 bis 1844 nach Breslau, um dort bei seinem früheren Gymnasiallehrer Kummer zu studieren. Dort blieb er ein Jahr, bevor er wieder nach Berlin zurückkehrte und seine Doktorarbeit unter der Betreuung Dirichlets schrieb. Diese Arbeit *Über komplexe Einheitswurzeln* reichte er dann im Juli 1845 ein und absolvierte kurz danach die mündliche Prüfung.

Inzwischen verließ Jacobi wegen gesundheitlicher Probleme Königsberg und kehrte nach Berlin zurück. Auch Eisenstein, ebenfalls gesundheitlich angeschlagen, lehrte zu dieser Zeit in Berlin, so dass Kronecker beide kennenlernte. Ferner wurde seine spätere Arbeitsrichtung stark von diesen Persönlichkeiten geprägt. Doch gerade als die akademische Karriere zu beginnen schien, musste Kronecker Berlin aus familiären Gründen verlassen. Denn sein Onkel mütterlicherseits war gestorben. Dieser war Bankeigentümer und betrieb umfangreiche Ländereien, so dass nach seinem Tod ein Verwalter seines Besitzes vonnöten war. Die Aufgabe wurde schließlich in Kroneckers Hände gelegt, der sie auch erfolgreich meisterte. So vergingen acht Jahre, in denen er sich nur nebenbei mit mathematischer Forschung beschäftigen konnte. Doch auch weiterhin korrespondierte Kronecker mit Kummer und hielt somit den Kontakt zum Universitätsleben.

1848 heiratete er die Tochter seines Onkels Fanny Prausnitzer. Da die Kroneckers reich waren, konnten sie immer viel reisen und bisweilen in der Berliner Gesellschaft verkehren. Irgendwann war dann Leopold Kroneckers verwandtschaftliche Hilfe nicht mehr nötig, und so kehrte er schließlich 1855 mit seiner Familie nach Berlin zurück. Aufgrund seiner Vermögensverhältnisse war er natürlich nicht auf eine Anstellung angewiesen. Sein Ziel war also lediglich, Teil des mathematischen Lebens in Berlin zu sein und forschen zu können.

Da er keine Anstellung an der Universität hatte, hielt er auch keine Vorlesungen, produzierte aber eine große Anzahl von Publikationen in nur kurzer Zeit. Er schrieb Arbeiten über *Zahlentheorie, elliptische Funktionen* und *Algebra*, wobei es ihm auch gelang, Querverbindungen dieser Gebiete zu finden.

Auf Vorschlag Kummers wurde Kronecker 1861 zum Mitglied der *Akademie der Wissenschaften* gewählt, wodurch er das Recht erlangte, an der Universität Berlin zu lehren. In seiner ersten Vorlesung behandelte er *Zahlentheorie, Gleichungen, Determinantentheorie* und *Integraltheorie*. Dabei versuchte er die Theorie zu vereinfachen und aus einer neuen Sichtweise zu präsentieren. Selbst für die sehr guten Studenten waren seine Vorträge anstrengend, aber inspirierend. Bei durchschnittlichen Studenten hingegen war seine Beliebtheit nicht besonders groß. Nur ein paar seiner Zuhörer konnten seinen Gedankenflügen folgen, und nur wenige hielten bis zum Ende des Semesters durch. Kronecker selbst gefiel es in Berlin aber so gut, dass er 1868 sogar einen Ruf nach Göttingen als Nachfolger Riemanns ausschlug. Im gleichen Jahr wurde er in die *Akademie der Wissenschaften* in *Paris* gewählt. Trotzdem hielt er für viele Jahre die gute Beziehung zu seinen Kollegen in Berlin aufrecht. Insbesondere war das Dreigestirn Kronecker, Kummer und Weierstraß gut befreundet. Doch in den 1870er-Jahren zerbrach diese Freundschaft aus Gründen, die an seiner mathematischen Arbeit hingen.

Wie bereits erwähnt, lag sein Arbeitsgebiet bei der *Theorie der Gleichungen* und der *höheren Algebra*, unter anderem den elliptischen Funktionen, und der algebraischen Zahlentheorie. Allerdings waren die Gebiete, die er erforschte, begrenzt. Denn er war der Meinung, dass die mathematische Argumentation auf ganze Zahlen und eine endliche Zahl an Beweisschritten eingeschränkt werden sollte. Berühmt ist sein diesbezüglicher Ausspruch: »*Gott erschuf die ganzen Zahlen, alles Weitere ist das Werk der Menschen.*« Er glaubte also, Mathematik sollte sich nur mit endlichen Zahlen und mit einer endlichen Zahl an Operationen befassen. Kronecker war der Erste, der die Bedeutung von *nicht-konstruktiven Existenzbeweisen* anzweifelte. Anscheinend war er ab 1870 dagegen, irrationale Zahlen (also zum Beispiel die $\sqrt{2}$), obere und untere Grenzwerte oder den *Satz von Bolzano-Weierstraß* zu verwenden, eben wegen ihrer *nicht-konstruktiven* Art. Eine weitere Konsequenz seiner Ansicht war es, dass transzendente Zahlen wie π oder e nicht existieren konnten.

Zum Beispiel veröffentlichte Heine 1870 eine Arbeit *Über trigonometrische Reihen* in *Crelles Journal*, woraufhin ihn Kronecker zu überzeugen versuchte, die Arbeit zurückzuziehen. Einige Jahre später, 1877, versuchte er die Veröffentlichung von Cantors Arbeiten in *Crelles Journal* zu verhindern. Dies geschah nicht wegen einer Animosität Cantor gegenüber, sondern vielmehr weil aus seiner Sicht die Arbeit von Cantor keine Bedeutung hatte, da sie sich mit mathematischen Objekten beschäftigte, die es Kroneckers Überzeugung nach gar nicht gab. Als Mitherausgeber von *Crelles Journal* hatte Kronecker einen gewissen Einfluss, was publiziert wurde und was nicht. Nach Borchardts Tod wurde er sogar alleiniger Herausgeber des *Journals*, womit er zur einzigen Einfluss-Instanz wurde. Eine sehr positive Konsequenz seiner Autorität hingegen ist die Tatsache, dass er die *Berliner Akademie der Wissenschaften* internationalisierte und so dafür sorgte, dass Leute wie Smith, Sylvester, Beltrami, Betti, Cremona in die Akademie aufgenommen wurden.

In seiner Arbeit *Über den Zahlbegriff* legte Kronecker seine Ansichten offen dar. Nun war es typisch für ihn, dass er es persönlich nahm, wenn er mit jemandem mathematische Differenzen hatte. Umso schlimmer also für alle Beteiligten, dass er mit seinen Ansichten auf Widerstände stieß. Er hatte natürlich eine vollkommen konträre Position zu Cantor, der die Ideen der *Mengentheorie* und des *Unendlichen* entwickelte. Und neben Dedekind, Heine und Cantor fühlte sich allmählich auch Weierstraß bedroht. Letzterer fürchtete sogar, dass Kronecker die nachfolgende Generation an Mathematikern von seinen Vorstellungen überzeugen würde und somit sein eigenes Werk nutzlos würde. 1888, als Kummer schon im Ruhestand war, wollte Weierstraß Kronecker aus dem Weg gehen und deshalb in der Schweiz weiterarbeiten. Er blieb dann aber doch, weil er seinem Konkurrenten das Feld nicht alleine überlassen wollte.

Schließlich wurde 1890 die *Deutsche Mathematiker Vereinigung* gegründet. Ihr erstes Treffen wurde dann 1891 in Halle organisiert. Trotz aller Animositäten wollte Cantor den Verdiensten Kroneckers Respekt zollen und lud ihn zu einem Vortrag ein. Dazu kam es dann nicht mehr, weil Kroneckers Frau sich bei einem Unfall schwer verletzt hatte und noch im Sommer 1891 starb. Er selbst folgte ihr wenige Monate später im Dezember 1891.

Doch Kroneckers Ideen waren nicht nur exzentrisch. Immerhin wurde sein *Konstruktivismus* später von Poincaré und Brouwer weiterentwickelt. Es war eher das Verhalten, keine andere Ansicht als die seine gelten zu lassen und durch seinen Einfluss unterdrücken zu wollen, was ein schlechtes Licht auf Kronecker wirft. Mathematisch aber gehörte er zu den großen Persönlichkeiten des 19. Jahrhunderts. Zum Beispiel bewies er, dass die *Unterkörper der Kreisteilungskörper alle Abelschen Erweiterungskörper der rationalen Zahlen* umfassen. Darüber hinaus formulierte er in einem Brief an Dedekind einen besonderen Jugendtraum. Demnach wollte Kronecker zeigen, dass die elliptischen Funktionen, die eine komplexe Multiplikation besitzen, genau diejenige Eigenschaft für imaginäre komplexe Zahlkörper besitzen, wie die Kreisteilungskörper für die rationalen Zahlen. Allerdings konnte er diese Vermutung nicht mehr zeigen. An seiner Stelle tat das der japanische Mathematiker Tagaki in der Zeit des Ersten Weltkriegs.

Georg Friedrich Bernhard Riemann
(1826–1866)

Unter den herausragenden Mathematikern des 19. Jahrhunderts nimmt Bernhard Riemann eine besondere Stelle ein. In nur 15 Jahren produktiven Schaffens lieferte er bedeutende Beiträge in nahezu allen Bereichen der Mathematik.

Bernhard Riemann war das zweite von sechs Geschwistern und wurde von seinem Vater, Friedrich Bernhard Riemann, der lutherischer Pfarrer war, unterrichtet bis zu seinem zehnten Lebensjahr. Danach unterstützte ihn ein Lehrer der örtlichen Schule beim Unterricht. 1840 kam Bernhard in das *Lyzeum* nach *Hannover,* und zwar gleich in die dritte Klasse. Während dessen lebte er bei seiner Großmutter, bis diese starb. Dann wechselte Riemann auf das *Johanneum-Gymnasium* in *Lüneburg,* wo er glücklicher war, da er näher bei seiner Familie sein konnte, die mittlerweile in Quickborn lebte. Grundsätzlich war er ein guter, aber nicht herausragender Schüler, der besonderes Interesse für Mathematik zeigte; deswegen erlaubte ihm der Direktor, mathematische Texte aus seiner privaten Bibliothek zu studieren. Dabei lieh er sich Legendres 900-seitiges Buch über *Zahlentheorie* aus, das er in nur sechs Tagen las.

Im Frühjahr 1846 schrieb sich Riemann an der Universität in Göttingen ein. Weil sein Vater wollte, dass er Theologie studierte, ging er in die theologische Fakultät. Nachdem er jedoch einige Mathematik-Vorlesungen besucht hatte, bat er um Erlaubnis, zur philosophischen Fakultät wechseln zu dürfen, um Mathematik zu studieren. Riemann war sehr familiengebunden und hätte nie ohne die Zustimmung seines Vaters gewechselt. Doch dieser stimmte glücklicherweise zu, und schließlich hörte Riemann Vorlesungen bei Moritz Stern und Carl Friedrich Gauß. Allerdings war Göttingen zu jener Zeit noch nicht die erste Wahl für ein Mathematikstudium. So hörte Riemann zwar Gauß, welcher aber noch nicht Riemanns Genialität sah. Außerdem gab Gauß zu der Zeit auch nur Kurse in *Elementarmathematik,* was Riemann nicht weiterbrachte. Also wechselte er im Frühjahr 1847 an die *Universität Berlin,* um bei Steiner, Jacobi, Dirichlet und Eisenstein zu studieren. Dort lernte er viel von Eisenstein und diskutierte die Verwendung von komplexen Variablen in *elliptischer Funktionentheorie.* Der größte Einfluss jedoch kam von Dirichlet, von dem er die genaue, logische Analyse von fundamentalen Fragen übernahm, lange Rechnungen, wenn möglich, vermeidend. Das Besondere an Riemanns Vorgehensweise war nun, immer eher mit intuitiven Schlussfolgerungen zu arbeiten, die nicht ganz die Strenge hatten, um die Beweise wasserdicht zu machen. Dadurch kamen aber die essentiellen Ideen besser zum Vorschein, ohne in ellenlangen Rechnungen verborgen zu bleiben. In jener Zeit in Berlin arbeitete Riemann schließlich die *Funktionentheorie der komplexen Variablen* heraus, die die Grundlage der meisten seiner wichtigen Leistungen bildete.

Trotz Erfolgs in Berlin kehrte er 1849 nach Göttingen zurück und reichte seine *Doktorarbeit* unter der Obhut von Gauß 1851 ein. Durch die mittlerweile nach Göttingen gekommenen Weber und Listing erhielt Riemann eine gründliche Ausbildung in Theoretischer Physik, und speziell von Listing entscheidende Ideen in Topologie, die dann seine bahnbrechenden Ergebnisse beeinflussen sollten. Seine Doktorarbeit behandelte die *Theorie der komplexen Variablen* und insbesondere das, was heute als *Riemannsche Flächen* bekannt ist, und sie führte topologische Argumente in die Theorie der komplexen Variablen ein. Es ist eine bemerkenswerte Arbeit, die wie kaum eine andere Doktorarbeit originale Forschungsergebnisse enthält. In ihr manifestieren sich die Anfänge der *Theorie der holomorphen Funktionen*, ferner revolutioniert sie die *Algebraische Geometrie* und ebnete den Weg für Riemanns Zugang zur *Differentialgeometrie*. Als Riemann schließlich am 16. Dezember 1851 seine Arbeit verteidigte, reagierte Gauß, der normalerweise sehr zurückhaltend mit Lob war, nahezu enthusiastisch auf jene herausragende Leistung.

Deshalb hatte der Doktorvater sofort in die Wege geleitet, dass Riemann eine Anstellung an der *Universität Göttingen* erhielt, um an seiner *Habilitation* zu arbeiten. Die Arbeit hatte die Darstellung von *Funktionen durch trigonometrische Reihen* zum Inhalt und dauerte ganze 30 Monate. Darin führte er zunächst die heute sogenannte *Riemann-Integrierbarkeit* ein. Im zweiten Teil ging es darum, Aussagen über eine Funktion zu treffen, wenn sie durch Fourier-Reihen darstellbar ist. Um seine Habilitation abzuschließen, musste Riemann eine Probevorlesung halten. Dafür hatte Gauß aus drei Vorschlägen Riemanns ein Thema auszuwählen und wählte schließlich entgegen den Erwartungen Riemanns eine Vorlesung zur Geometrie. Und genau diese Riemannsche Vorlesung *Über die Hypothesen welche der Geometrie zu Grunde liegen* vom 10. Juni 1854 wurde dann zum Klassiker der Mathematik. Ihr Hauptgegenstand war die *Definition des Krümmungstensors*, darüber hinaus stellte Riemann tiefgehende Fragen zum Verhältnis zwischen der Geometrie und unserer realen Welt. Da der Vortrag seiner Zeit viel zu weit vorauseilte, hat von den Zuhörern vermutlich lediglich Gauß dessen Tiefe zu würdigen gewusst. Die Vorlesung hatte Gauß' Erwartungen mehr als erfüllt, so dass er im anschließenden Fakultätstreffen mit größtem Überschwang zu Weber über die Tragweite der Gedanken von Riemann sprach. Doch jene wurden erst 60 Jahre später in vollem Umfang verstanden: Erst die *allgemeine Relativitätstheorie* rechtfertigte Riemanns ingeniöse Arbeit. Denn in dem mathematischen Apparat, den Riemann entwickelt hatte, fand Einstein den Rahmen, in den seine physikalischen Ideen passten. Danach durfte auch Riemann Vorlesungen halten. In der ersten, die *partielle Differentialgleichungen* behandelte, hatte er nur acht Hörer. Allmählich überwand Riemann zwar seine Schüchternheit, allerdings blieben laut Dedekind seine Vorlesungen immer schwer verständlich. Unterdessen hatte Riemann 1855 aus privater Sicht ein schweres Jahr, weil erst sein Vater starb und nur kurz danach eine seiner Schwestern. Die drei verbleibenden Schwestern zogen nach Bremen, so dass er in Quickborn kein Zuhause mehr hatte. Diese Umstände sowie nervöse Erschöpfung durch zu viel Arbeit führten zu Depressionen.

1857 wurde er zum *außerordentlichen Professor* in *Göttingen* ernannt, und noch im gleichen Jahr wurde ein weiteres seiner Meisterwerke veröffentlicht, nämlich die *Theorie der Abelschen Funktionen*, welches die Forschungsergebnisse mehrerer Jahre enthielt. Diese lehrte Riemann auch in einer Vorlesung, die er von 1855 bis 1856 vor drei Hörern gehalten hatte. Darunter befand sich Dedekind, der die Schönheit der Riemannschen Vorträge in einer Mitschrift festhielt und nach seinem frühen Tod veröffentlichte. In jenem Meisterwerk selbst führte Riemann fort, was er in seiner Doktorarbeit begonnen hatte. Er fasste mehrwertige Funktionen wie beispielsweise die jeweils zwei Lösungen besitzende Wurzelfunktion (etwa hat die $\sqrt{4}$ die Lösungen 2 und −2) als einwertige Funktionen über der sogenannten *Riemannschen Fläche* auf und löste damit ein allgemeines Umkehrproblem, das für elliptische Funktionen von Abel und Jacobi gelöst worden war. Zur gleichen Zeit beschäftigte Weierstraß das gleiche Problem. Als dieser aber eine Arbeit von Riemann sah, die 1857 publiziert wurde, entdeckte er so viele unerwartete neue Konzepte, dass er eine eigene Abhandlung zu jenem Thema zurückzog.

In derselben Arbeit verwendete Riemann wie bereits in seiner Doktorarbeit das *Dirichlet-Prinzip*. Weierstraß entdeckte jedoch eine Lücke in der Riemannschen Argumentationskette.

Riemann sah zwar die Richtigkeit der Weierstraßschen Kritik ein, blieb aber bei seiner Auffassung, dass seine *Existenzsätze* trotz des unzureichenden Beweises korrekt seien. Wenige Jahre später gelang es Hermann Schwarz, einem Studenten von Weierstraß, den Beweis ohne das *Dirichlet-Prinzip* zu führen. 1901 gelang schließlich Hilbert der Beweis mit dem Riemannschen Zugang unter Verwendung der korrekten Form des Dirichletschen Prinzips. Unterdessen hatte allein die Suche nach dem Beweis viele andere algebraische Ideen hervorbringen können.

Als 1859 Dirichlet starb, erhielt Riemann den *Mathematiklehrstuhl* in *Göttingen,* und wenige Tage später wurde er zum Mitglied der *Berliner Akademie der Wissenschaften* ernannt. Dort neu gewählt, war es seine Pflicht, einen Bericht über seine aktuellsten Forschungsergebnisse abzugeben. So reichte Riemann eine Arbeit mit dem Titel *Über die Anzahl der Primzahlen unter einer gegebenen Größe* ein, die nicht nur ein erneutes Meisterstück war, sondern auch den weiteren Weg der Mathematik stark beeinflussen sollte. Darin untersuchte Riemann die *Zeta-Funktion,* die schon vorher von Euler studiert worden war:

$$zeta(s) = \sum_{i=1}^{\infty} \frac{1}{n^s} = \prod_{p \text{ Primzahl}} \frac{1}{1 - p^{-s}}$$

Im Gegensatz zu Euler betrachtete Riemann diese Funktion jedoch über den komplexen Zahlen und nicht nur über den reellen Zahlen. Bis auf wenige leicht einzusehende Ausnahmen liegen alle Zahlen, für die diese Funktion den Wert *0* annimmt, zwischen den senkrechten Geraden bei *0* und bei *1*. Nun behauptete Riemann in jener Arbeit, dass es *unendlich viele Nullstellen* gibt, die sich alle auf der senkrechten Geraden bei ½ befinden.

Bei dieser Behauptung handelt es sich um die berühmte *Riemannsche Vermutung,* die bis heute als eines der wichtigsten ungelösten Probleme der Mathematik gilt. Riemann verwendete die *Zeta-Funktion,* um eine Formel zu entwickeln, mit der die *Anzahl der Primzahlen* unter einer gegebenen Schranke abgeschätzt werden kann. Diese Formel wurde dann später von Hadamard und de la Vallée Poussin bewiesen.

Jener zehnseitige Bericht über die Primzahlenanzahl ist die einzige Arbeit, die Riemann jemals zur *Zahlentheorie* veröffentlicht hatte, jedoch zugleich der Inbegriff einer Veränderung der mathematischen Welt. Formal war die Abhandlung dicht gepackt mit Ergebnissen, die nur teilweise bewiesen wurden. Doch mehr als 70 Jahre später sollte sich dieses Bild von Riemann ändern: Carl Ludwig Siegel gelangte an dessen Notizen, welche Riemanns Ehefrau noch gerettet hatte, bevor eine übereifrige Haushälterin alles verbrannte. Der Nachlass offenbarte, dass Riemann doch nicht nur von Intuition lebte, sondern seine Konzepte durch harte Mathematik unterlegen konnte. Siegel stieß auf umfangreiche, seitenlange Rechnungen, mit denen es Riemann gelang, seine Vermutungen aufzustellen. Aus Sparsamkeit waren alle Blätter randvoll gekritzelt. Zudem entdeckte Siegel, dass Riemann eine *außergewöhnliche Formel zur Berechnung der Nullstellen der Zeta-Funktion* verwendete, die bis dahin unbekannt gewesen war. Nun war klar, wie Riemann auf seine geheimnisvolle Vermutung gekommen war. Nicht nur durch Intuition, sondern mit harter Arbeit. Riemann, der einen starken Hang zum Perfektionismus hatte, hatte die bereits geschilderte Gaußsche Maxime ganz und gar übernommen: *Eine mathematische Arbeit ist wie ein Gebäude, bei dem nach der Errichtung das Gerüst wieder entfernt wird.*

1862 heiratete Riemann die Freundin seiner Schwester Elise Koch und hatte mit ihr eine Tochter. Doch im Herbst desselben Jahres fing sich Riemann eine schwere Erkältung ein, die sich zur Tuberkulose verschlimmerte. Weil er wie seine jung verstorbene Mutter mit Bruder und drei Schwestern immer leicht kränklich war, war Riemann vorsichtig und versuchte, sich im wärmeren Klima von Italien zu erholen. So verbrachte er den Winter 1862/63 auf Sizilien, reiste dann durch Italien und besuchte Betti und andere Mathematiker. Im Juni 1863 kehrte er nach Göttingen zurück, wo sich sein Gesundheitszustand erneut verschlechterte, weshalb er wieder nach Italien reiste. Von August 1864 bis Oktober 1865 blieb Riemann in Norditalien, verbrachte den Winter 1865 bis 1866 in Göttingen und erreichte dann am 16. Juni 1866 den Lago Maggiore. Dort verlor er schnell seine übrige Kraft und spürte den nahen Tod. Aber selbst am Tag vor seinem Tod saß er noch am Seeufer unter einem Feigenbaum, erfreute sich am Ausblick und arbeitete an mathematischen Problemen.

Aus heutiger Sicht kann man von Riemann als dem *ersten modernen Mathematiker* sprechen. Dabei wurden viele seiner

Resultate erst posthum bekannt. Ferner schrieb er durchaus bedeutende physikalische Arbeiten wie etwa zur *Theorie der Gase*, zur *Hitze*, zum *Licht*, zum *Magnetismus* oder zur *Akustik*. Laut Felix Klein waren es sogar jene *Studien der Elektrizität*, die Riemann für seine Ideen zu *komplexen Funktionen* inspiriert hatten.

Julius Wilhelm Richard Dedekind
(1831–1916)

Richard Dedekinds Vater war als Professor am *Collegium Carolinum* in Braunschweig tätig, wo ebenfalls sein Großvater mütterlicherseits arbeitete. Als jüngstes von vier Geschwistern wuchs er also in einer Intellektuellen-Familie auf, von der er nie abließ. Denn mit einer seiner Schwestern sollte er sogar die meiste Zeit seines Erwachsenenlebens verbringen, die, genauso wie Dedekind selbst, zeitlebens unverheiratet blieb. Im Alter von sieben Jahren besuchte er die *Schule* in *Braunschweig*, wobei sein Hauptinteresse anfangs nicht der Mathematik galt. Zuerst beschäftigte er sich intensiv mit Naturwissenschaften, speziell mit Physik und Chemie. Doch der logische Aufbau der Physik war ihm dann zu unbefriedigend, und er wandte sich so mehr und mehr der Mathematik zu.

Schließlich begann 1848 Richard Dedekind mit 16 Jahren sein Studium am *Collegium Carolinum*, welches vom Niveau her zwischen Gymnasium und Universität anzusiedeln ist. Dort erwarb er eine solide Kenntnis der elementaren Mathematik, insbesondere in der *Differential- und Integralrechnung*, der *Analytischen Geometrie* und den Grundlagen der *Analysis*. Mit diesem ordentlichen Grundwissen wechselte er dann 1850 zur *Universität Göttingen*.

Zu dieser Zeit war Göttingen noch lange nicht auf dem Niveau, das es zu Beginn des 20. Jahrhunderts erreichen sollte. Gauß hielt zwar Vorlesungen, allerdings nur zu elementaren Themen. Jedoch startete dann die physikalische Abteilung unter Listing und Wilhelm Weber gemeinsam mit der mathematischen Abteilung ein Seminar, an dem Dedekind teilnahm. Dort lernte er *Zahlentheorie* als einziges fortgeschrittenes Gebiet. In den anderen Bereichen konnte ihm Göttingen nicht mehr bieten, als er bereits in Braunschweig gelernt hatte. Vielmehr begeisterte Dedekind zu dieser Zeit die *Experimentalphysik* unter Wilhelm Weber.

Im Herbst 1850 besuchte er die erste Veranstaltung bei Gauß, eine *Vorlesung über die Methode der kleinsten Quadrate*. Noch 50 Jahre später erinnerte sich Dedekind an diese Vorlesung als die schönste, die er jemals gehört hatte. Nicht zuletzt deswegen folgte er Gauß mit wachsendem Interesse und konnte diese Erfahrung niemals vergessen. Konsequenterweise schrieb Dedekind seine Doktorarbeit auch unter der Betreuung von Gauß, und zwar über die *Theorie der Eulerschen Integrale*. Nach nur vier Semestern erhielt er im Jahr 1852 seinen *Doktortitel* in Göttingen als letzter Schüler von Gauß. Allerdings war Dedekind klar, dass die Göttinger Ausbildung in Mathematik wissenschaftliche Defizite hatte, weshalb er die nächsten zwei Jahre damit verbrachte, ebenjene zu beheben. Darüber hinaus arbeitete er an seiner *Habilitation*. Zu dieser Zeit war auch Riemann in Göttingen, dem ebenfalls bewusst war, dass die Ausbildung auf Gymnasiallehrer ausgerichtet war und nicht auf Spitzenleute, die Forschung betreiben sollten. Beide, sowohl Riemann als auch Dedekind, erlangten 1854 ihre Habilitation. Dedekind begann daraufhin an der Universität Göttingen *Wahrscheinlichkeitstheorie* und *Geometrie* zu lehren.

Nachdem 1855 Gauß verstarb, wurde Dirichlet als Nachfolger auf seinen Lehrstuhl in Göttingen berufen. Dies war sehr wichtig für Dedekind, der nun begierig von Dirichlet lernen konnte. In Dirichlets Vorlesungen sog er alles Wissen in *Zahlentheorie, Potentialtheorie*, über *bestimmte Integrale* und *partielle Differentialgleichungen* auf. Schließlich entstand zwischen den beiden auch eine Freundschaft, wobei Dedekind der durchaus Aktivere war, insofern er Dirichlet regelrecht für sich in Beschlag nahm. Gerade zu dieser Zeit beschäftigte er sich außerdem sehr intensiv mit der Arbeit von Galois und war dann der Erste, der eine Vorlesung über die *Galoissche Theorie* hielt.

Nun erhielt Dedekind, unter anderem auf Empfehlung von Dirichlet hin, 1858 einen Lehrstuhl am *Polytechnikum* (Technische Hochschule) in *Zürich*. Während er dort über seine Vorlesung in *Differential- und Integralrechnung* nachdachte, kam ihm die Idee der sogenannten *Dedekindschen Schnitte*. Seine Idee war, dass jede reelle Zahl die rationalen Zahlen in zwei Teilmengen unterteilt, und zwar in die, die größer sind, und in die, die kleiner sind. Dabei war sein brillanter Einfall, die reellen Zahlen nun durch diese Aufteilungen der rationalen Zahlen darzustellen.

Später, 1860, wurde sein altes *Collegium Carolinum* zur *Technischen Hochschule Braunschweigs* aufgewertet. Dort wurde letztlich Dedekind 1862 zum *Professor* ernannt und blieb schließlich bis zum Ende seines Lebens. Dieses verbrachte er in seinem ruhigen familiären Umfeld ohne große Aufregungen und konzentrierte sich auf seine Lehre und seine Forschungen.

Dedekind leistete einige bedeutende Beiträge zur Entwicklung der Mathematik, da seine Arbeit den mathematischen *Stil* im Wesentlichen zu dem umwandeln sollte, mit dem wir heute vertraut sind. Wichtig war vor allem – wie bereits erwähnt – die Idee des *Dedekindschen Schnitts*. Daneben sind seine Arbeit über die *Natur der Zahl*, über *mathematische Induktion*, die *Definition von endlichen und unendlichen Mengen* und seine Leistung in der *Algebraischen Zahlentheorie* von großer Bedeutung. In einem von Dedekinds Urlauben, die er immer gerne in der Schweiz, in Tirol oder im Schwarzwald verbrachte, traf er 1874 in Interlaken Georg Cantor, mit dem er dort begann, über die *Theorie der Mengen* zu diskutieren. So sollte Dedekind in den folgenden Kontroversen zwischen Cantor und Kronecker ein Unterstützer von Cantor werden.

Des Weiteren editierte Dedekind die gesammelten Werke von Dirichlet, Gauß und Riemann. Die Auseinandersetzung mit den Werken Dirichlets führte ihn schließlich zum Studium der *Algebraischen Zahlentheorie* sowie zur Einführung von *Idealen*, die von grundlegender Bedeutung in der *Theorie der Ringe* sind, wobei die Bezeichnung »*Ring*« erst später von Hilbert eingeführt werden sollte. Er editierte die Vorlesungen von Dirichlet über Zahlentheorie und veröffentlichte sie 1863 als *Vorlesungen über Zahlentheorie*. Allerdings hatte er dabei alles selbst verfasst, teilweise sogar mit eigenen Beiträgen. Zudem veröffentlichte er 1882 zusammen mit Heinrich Weber die *Anwendung seiner Idealtheorie* auf die Theorie der Riemannschen Flächen. Dies ergab einen rein algebraischen Beweis des *Satzes von Riemann-Roch*.

Bemerkenswert ist, dass Dedekinds Ideen immer rasche Verbreitung fanden, nicht zuletzt wegen der Klarheit, mit der er sie darlegte. Sein *Begriff* eines *Ideals* wurde von Hilbert und später von Emmy Nöther aufgegriffen und weiterentwickelt. Auch das 1879 veröffentlichte Buch Dedekinds *Über die Theorie der ganzen algebraischen Zahlen* sollte abermals großen Einfluss auf die Grundlagen der Mathematik haben, der über den reinen Inhalt hinausging. »*Sein Vermächtnis besteht nicht nur aus wichtigen Sätzen, Beispielen und Konzepten, sondern aus seinem gesamten mathematischen Stil, der für alle nachfolgenden Generationen Inspiration sein sollte.*«

Nicht verwunderlich also, dass Dedekind zahlreiche Ehrungen für seine herausragende Arbeit erhielt, wobei er selbst immer außergewöhnlich bescheiden blieb. Unter anderem wurde er in die *Akademien* von *Göttingen, Berlin, Rom* und *Paris* gewählt und mit mehreren *Ehrendoktortiteln* ausgezeichnet. Dabei blieb Dedekind bis ins hohe Alter immer sehr gesund und starb erst 1916 in Braunschweig.

Sophus Lie
(1842–1899)

Ohne das Konzept der auf Sophus Lie zurückgehenden *Lie-Gruppe* wäre die moderne Mathematik kaum vorstellbar. Dieses Konzept wurde schon bald, nachdem der Begriff der Gruppe gefunden war, entwickelt, und zwar nicht in einem der führenden Länder der Mathematik wie Frankreich oder Deutschland, sondern in Norwegen.

Johann Herman Lie war ein Pastor in Nordfjorleid in West-Norwegen, seine Frau kam ursprünglich aus einer bekannten Trondheimer Familie. Ihr Sohn, Marius Sophus Lie, wurde am 17. Dezember 1842 geboren. Kurz danach zog die Familie nach Moss in der Nähe von Christiania, dem heutigen Oslo, wo Sophus aufwuchs. Obwohl er von Anfang an ein guter Schüler war, musste sein Mathematiklehrer Peter Ludwig Mejdell Sylow, der selbst die *Gruppentheorie* maßgeblich mitentwickelte, einst gestehen, dass er zu jenem Zeitpunkt das mathematische Talent des jungen Sophus noch nicht erkannt hatte. Lie selbst empfand den Weg zur Mathematik als lang und schwer.

Sophus Lies körperliche Erscheinung war groß und kräftig, mit einem offenen Gesicht und einem lauten Lachen. Aufgrund seines sportlichen Äußeren erwog Lie zuerst, eine militärische Karriere einzuschlagen. Doch er wurde wegen seiner Kurzsichtigkeit abgewiesen. Deswegen begann Sophus Lie 1859, Sprachen zu studieren. Da er nun aber in Griechisch durchfiel, wechselte er kurzerhand zu den Naturwissenschaften. An der *Universität* hielt mittlerweile sein ehemaliger Lehrer Sylow Vorlesungen über *Gruppentheorie* – ein Gebiet, das zu diesem Zeitpunkt noch kaum gelehrt wurde. Bei diesem Studium war Lie nun sehr aktiv und enthusiastisch, hatte allerdings genauso Phasen der Depression, in denen er am Ende sogar Selbstmordgedanken hegte.

Aus dieser Zeit kursieren auch einige Anekdoten über Sophus Lie. So soll er einmal am Wochenende die sechzig Kilometer von Christiania nach Moss gewandert sein, um seine Eltern zu besuchen. Nachdem er herausfand, dass sie nicht zu Hause waren, drehte er einfach um und ging den ganzen Weg wieder zurück. Eine andere Geschichte erzählt von einem Sommerbesuch bei seiner Schwester und deren Familie. Dort beschloss er spontan, seinem Neffen und dessen Freunden Schwimmunterricht zu geben. Also ruderten sie hinaus auf den Fjord, wobei Lie im Bug des Bootes saß, um jedes der Kinder, das den Ruder-Rhythmus durchbrach, zur Strafe mit kaltem Wasser abzuduschen. Unter Schwimmunterricht verstand Lie dann konkret, dem Neffen einfach einen Schwimmreifen überzustülpen und ihn über Bord zu werfen. Allerdings wehte eine heftige Brise, so dass der kleine Bursche zwischen den Wellen verschwand. Glücklicherweise wurde das Treiben Sophus Lies von einigen Leuten beobachtet, die daraufhin schnell in ein Boot sprangen und den Jungen wieder aus dem Wasser zogen. Als Lie zu ihnen aufgeschlossen hatte, verlangte er den Jungen von ihnen zurück, doch diese forderten stattdessen Lie auf, die Kleider des Jungen herauszugeben. Schließlich wurde Lie zornig und bedrohte sie. Da sie dennoch beharrlich blieben, gab Lie am Ende klein bei. Zu dieser Anekdote existiert auch das Gerücht, dass in jenem Dorf die Mütter ihren Kindern noch lange drohten: »*Wenn du nicht gleich folgst, kommt Sophus Lie!*«

Nach dem Abschluss der Universität 1865 hatte Lie zunächst Schwierigkeiten, sich zurechtzufinden. Zuerst versuchte er sich als *Lehrer*, dann als *Assistent in einer Sternwarte*. Doch 1868, als Lie die Arbeiten von Plücker und Poncelet über *moderne Geometrie* zu Gesicht bekam, kündigte sich ein Wendepunkt für seine Karriere an. Denn danach fühlte er, dass er sich ganz der Mathematik zuwenden sollte.

So erschien schon ein Jahr später, 1869 also, seine erste Arbeit, in der er eine neue *Darstellung der komplexen Ebene* vorstellte. Daraufhin erhielt er Geld, um im Ausland seine Studien fortzusetzen. Zuerst ging er nach Berlin, wo er Felix Klein traf. Obwohl Lie und Klein recht verschiedene Charaktere waren, schlossen sie schnell Freundschaft, die letztlich dann die Basis für ihre starke gegenseitige Beeinflussung während der folgenden Jahre sein sollte.

Von Berlin aus zog Lie weiter über Göttingen nach Paris. Dort begann er mit seiner Forschung an *Transformationsgruppen*, was schließlich zu seinem Hauptgebiet wurde. Nach dem Ausbruch des Deutsch-Französischen Krieges im Jahr 1870 musste Klein, der mittlerweile auch in Paris arbeitete, nach Deutschland zurückkehren. Kurz darauf musste Lie ebenfalls Frankreich verlassen. So beschloss er, zu Fuß durch ganz Frankreich über die Alpen nach Mailand in Italien zu wandern. Als Lie gerade mal Fountainebleau erreicht hatte, wurde er verhaftet, weil er plötzlich unter dem Verdacht stand, ein deutscher Spion zu sein. Anscheinend hatte ihn die Eigenart, seine Kleider bei Regen auszuziehen und in den Rucksack zu stecken, irgendwie verdächtig gemacht. Dazu beigetragen hat sicherlich auch, dass er norwegische Lieder sang, die für die Franzosen deutsch klangen, und ferner, dass sein Notizbuch Eintragungen über Linien und Kreise enthielt, die als militärische Information interpretiert wurden. Infolgedessen blieb er einen Monat lang in Haft, wurde dann auf Vermittlung von Darboux wieder freigelassen. Diesmal nahm er einen Zug, der ihn in die Schweiz brachte.

In Berlin, Paris sowie im Gefängnis hatte Sophus Lie bereits seine geometrischen Untersuchungen weiterentwickelt. Nach Norwegen zurückgekehrt, formulierte er schließlich seine *Doktorarbeit* über die *Geraden-Kugel-Transformation* aus, welche er bereits in Paris entdeckt hatte. Keiner der Mathematiker in Norwegen verstand die Arbeit, doch sie brachte Lie internationale Anerkennung.

Nach längerem Hin und Her wurde ihm dann 1872 auch eine Stelle als *außerordentlicher Professor* in *Christiania*, Norwegen, angeboten. Im gleichen Jahr verlobte er sich mit Anna Birch, einer Enkelin von Abels Onkel. Drei Jahre später heirateten sie, bekamen im Laufe der nächsten zehn Jahre drei Kinder und führten eine glückliche Ehe.

Die Zeit von 1872 bis 1886 war gleichzeitig Lies kreativste Schaffensperiode. Dabei reiste er oft nach Deutschland, wo er Ideen mit Felix Klein austauschte, außerdem nach Paris, wo er seine neuen Arbeiten über *Differentialgleichungen* und seine *Theorie der Transformationsgruppen* vorstellte. Letztere hatte er entwickelt, um das Lösen von Differentialgleichungen anzupacken.

Lie bot von Zeit zu Zeit Vorlesungen über seine neuen Theorien an, aber er hatte zu seiner Unzufriedenheit leider keine norwegischen Top-Studenten. Deshalb zögerte Lie nicht, als ihm – auf Einwirken Felix Kleins hin – ein *Lehrstuhl in Leipzig* angeboten wurde. Dort blieb er von 1886 bis 1898, wobei er sich in Leipzig nicht uneingeschränkt wohlfühlte. Hier hatte Lie zwar erstklassige Studenten, die zum Teil aus Paris zu ihm geschickt wurden, jedoch erlitt er 1889 einen geistigen Zusammenbruch, der ihn für sieben Monate in eine Nervenklinik brachte. Selbst nach seiner Entlassung, als er versuchte, seinen Depressionen durch Wandern entgegenzuwirken, blieb er noch mehrere Jahre stark depressiv.

Schon vor dem Zusammenbruch hatte er Diskussionen mit Klein über Prioritätsangelegenheiten, weswegen die früher so enge Freundschaft der beiden komplett auseinanderbrach. Außerdem begann Lie, andere frühere Kollegen und Unterstützer anzugreifen. Insgesamt wandte er sich immer mehr von Deutschland ab und Paris zu, wo nämlich die Wertschätzung seiner Arbeit stetig wuchs.

Während seine Frau und die Kinder sich schnell in Leipzig eingelebt hatten, hatte Lie selbst größere Probleme damit. Vor allem hatte er Schwierigkeiten mit dem Ton, der an der dortigen Universität herrschte, dem Militarismus, der Hitze und nicht zuletzt mit der Tatsache, dass er seine Vorlesungen in einer fremden Sprache halten musste. Deshalb verbrachte er auch viele Ferien zu Hause in Norwegen.

Schließlich brachte eine norwegische Initiative, an der auch der Polarforscher Fridjof Nansen beteiligt war, Lie zurück nach Norwegen. Als er letztlich 1898 auf einen *Lehrstuhl* nach *Christiania* gerufen wurde, litt er bereits an einer tödlichen Blutarmut. Schon am 6. Februar des darauffolgenden Jahres starb Sophus Lie – tragischerweise zu einem Zeitpunkt mit der Aussicht auf eine erneut positivere Zukunft!

GEORG FERDINAND LUDWIG PHILIPP CANTOR
(1845–1918)

In der zweiten Hälfte des 19. Jahrhunderts wurde, speziell in Deutschland, viel über die Grundlagen der Mathematik nachgedacht. Georg Cantor hat als *Begründer der transfiniten Mengenlehre* das Denken auf diesem Gebiet revolutioniert. Die Größe seines Werkes wurde jedoch erst im 20. Jahrhundert voll anerkannt, denn zu Lebzeiten war er sehr umstritten. Nach seinem Tod sagte Hilbert voller Hochachtung: »*Cantor hat ein Paradies erschaffen, aus dem uns keiner mehr hinauswerfen wird.*«

Sein Vater, Georg Waldemar Cantor, wurde in Kopenhagen geboren und ging in seiner Jugend nach St. Petersburg, wurde dort ein erfolgreicher Börsenmakler und hatte eine große Liebe zu Kultur und den Künsten. Georg Cantors Mutter, Maria Anna Böhm, war Russin und sehr musikalisch. Beide Elternteile gaben ihrem Sohn also musisches Talent mit, und tatsächlich war Cantor auch ein außergewöhnlich guter Violinist.

Zuerst bekam Cantor Privatunterricht, danach besuchte er die *Grundschule* in *St. Petersburg*. Als er elf Jahre war, zog seine Familie 1856 nach Deutschland. Doch Cantor dachte sein Leben lang mit großer Wehmut an seine Zeit in Russland, da er sich niemals in Deutschland voll einleben konnte. Der damalige Grund des Umzugs nach Wiesbaden war der schlechte Gesundheitszustand des Vaters, der dringend wärmeres Klima verlangte. Dort besuchte Cantor dann das Gymnasium, später, nach einem weiteren Wohnortswechsel nach Frankfurt, die *Realschule* in *Darmstadt*. Am Ende schloss er die Schule 1860 mit außergewöhnlich guter Bewertung ab. In dem Gutachten wird besonders von seinen hervorragenden Fähigkeiten in Mathematik, speziell *Trigonometrie*, berichtet.

Daraufhin schrieb er sich 1860 an der *Höheren Gewerbeschule* in *Darmstadt* ein, um, wie sein Vater es wollte, ein erstklassiger Ingenieur zu werden. 1862 überredete Cantor dann doch den Vater, ihm ein Mathematikstudium zu erlauben, und ging schließlich nach *Zürich* an das *Polytechnikum*. Sein Studium dort wurde jedoch bald jäh vom Tod seines Vaters 1863 unterbrochen. Nun ging Cantor nach Berlin, wo er Vorlesungen bei Weierstraß, Kummer und Kronecker besuchte. Das Sommersemester 1866 verbrachte er in Göttingen, ging dann wieder nach Berlin zurück und stellte dort 1867 seine *Dissertation* in Zahlentheorie *De aequationibus secundi gradus indeterminatis* fertig. In dieser Zeit, im Alter von 22 Jahren, begann er schon phasenweise an Depressionen zu leiden, die in späteren Jahren immer heftiger werden sollten. Zunächst arbeitete er nach seiner Promotion für kurze Zeit als Lehrer an einer Mädchenschule in Berlin, dann als Privatdozent in Halle, wo er seine *Habilitation* durch eine weitere Abhandlung zur Zahlentheorie erlangte.

Aufgrund des Nachlasses seines Vaters war Cantor nicht unbedingt auf eine feste Anstellung angewiesen. Deshalb war es unbedeutend, dass es fünf Jahre dauerte, bis er in Halle zum *außergewöhnlichen Professor* ernannt, und weitere sieben Jahre, bis er voller Professor wurde. Obwohl sein Salär nicht gerade üppig war, blieb er zeit seines Berufslebens in Halle. Dort heiratete er 1874 Vally Guttman, eine Freundin seiner Schwester, und zeugte mit ihr sechs Kinder. Während der Flitterwochen im schweizerischen Interlaken trafen sie Dedekind, der, wie bereits erwähnt, von da an ein Freund und mathematischer Vertrauter von Cantor sein sollte.

In Halle wechselte sein Interesse von der *Zahlentheorie* zur *Analysis*. Dies war hauptsächlich auf ein Problem zurückzuführen, welches ihm von seinem dortigen Kollegen Heine gestellt wurde und das vor ihm schon von Dirichlet, Lipschitz und Riemann vergeblich untersucht worden war. Dabei handelte es sich um die eindeutige *Darstellung einer Funktion als Summe trigonometrischer Reihen*. Letztlich war es Cantor, der das Problem 1870 löste und die Eindeutigkeit der Darstellung zeigte.

Zwei Jahre später publizierte er eine weitere Arbeit über *trigonometrische Reihen*, in der er irrationale Zahlen durch konvergente Folgen von rationalen Zahlen ausdrückte. Genau diese Arbeit war die Inspiration für seinen Freund Dedekind, seine *Dedekindschen Schnitte* zu entwickeln. 1873 bewies Cantor, dass die rationalen Zahlen abzählbar sind. Das bedeutet, zu jeder natürlichen Zahl *0, 1, 2, 3, ...* gibt es genau eine rationale Zahl. Er zeigte auch, dass die *algebraischen Zahlen*, das heißt die Lösungen von Polynomgleichungen mit ganzzahligen Koeffizienten, *abzählbar* sind. Schließlich veröffentlichte er 1874 eine Arbeit, in der bewiesen wird, dass die reellen Zahlen hingegen nicht abzählbar sind. Folglich gibt es mehr reelle Zahlen als rationale Zahlen. Liouville hatte 1851 gezeigt, dass es transzendente Zahlen gibt, also Zahlen, die nicht die Lösung einer algebraischen Gleichung mit ganzzahligen Koeffizienten sind. Prominente Beispiele transzendenter Zahlen sind e und π. Cantor zeigte nun 1874 fotschrittlicherweise, dass sozusagen beinahe alle Zahlen transzendent sind.

Eben in diesen Fragen arbeitete er sich kontinuierlich vor. Große Schwierigkeiten bereitete ihm die Frage, ob ein Quadrat mit Seitenlänge *1* genauso viele Elemente enthält wie die Linie zwischen *0* und *1*. Zuerst vermutete Cantor als Antwort »*nein*«, konnte dann aber doch 1877 die Gleichheit zeigen. Dabei war er über seine eigene Entdeckung sehr überrascht und schrieb: »*Ich sehe es, aber ich glaube es nicht*!« Diese Arbeiten hatten natürlich große Auswirkung auf das Verständnis der *Geometrie* und den *Begriff* der *Dimension*. Trotzdem wurde die Veröffentlichung einer größeren Abhandlung zu jenem Thema, die er an *Crelles Journal* gesandt hatte, zuerst von Kronecker zurückgehalten und erst auf Dedekinds Vermittlung hin veröffentlicht. Daraufhin reichte Cantor niemals mehr eine Arbeit bei *Crelle* ein.

Außerdem entwickelte Cantor seine immer revolutionäreren Ideen zu dem, was heute *transfinite Mengenlehre* genannt wird, in einer Reihe von sechs Arbeiten zwischen 1879 und 1884. Die fünfte davon erschien als eigenständiges Heft mit dem Namen *Grundlagen einer allgemeinen Mannigfaltigkeitslehre*. Darin erscheinen zum ersten Mal Konzepte topologischer Natur. So werden *dichte Teilmengen*, der *Abschluss einer Menge* und einige andere Konzepte eingeführt.

Die transfinite Erweiterung der ganzen Zahlen war aber nur der erste Schritt. Um die *Mengenlehre* zu perfektionieren, sah Cantor jedoch, dass er die *Kontinuumshypothese* beweisen musste. Doch an deren Beweis biss er sich die Zähne aus, genauso wie alle seine Nachfolger bis heute. Die *Kontinuumshypothese* besagt, dass es keine Menge gibt, die mehr Elemente als die Menge der natürlichen Zahlen und zugleich weniger als die Menge der reellen Zahlen hat. Hilbert beschrieb schließlich die *Theorie der transfiniten Zahlen* als eine der größten Errungenschaften des menschlichen Geistes.

Zum Zeitpunkt ihrer Veröffentlichung wurden Cantors Ideen leider oft mit Skepsis, teilweise gar mit Feindseligkeit, speziell von Kronecker, aufgenommen. Beispielsweise wäre Cantor gerne an einen mathematisch belebteren Ort wie Berlin zurückgekehrt, was Kronecker jedoch zu verhindern wusste. Einen Unterstützer seiner Ideen aber fand er in Mittag-Leffler, der gerade in Schweden die Zeitschrift *Acta Mathematica* gegründet hatte und bereitwillig Cantors Arbeiten veröffentlichte. Außerdem wurden einige seiner Abhandlungen von Studenten von Hermite ins Französische übersetzt und in den *Acta* publiziert. Nicht zuletzt deswegen waren die führenden französischen Mathematiker Cantor, wie derselbe bei einem Paris-Besuch 1884 feststellte, größtenteils zugetan.

Von der feindseligen Abwehr seiner Ideen entmutigt, wandte sich Cantor nach Erscheinen der *Grundlagen* für die nächsten zehn Jahre von der Mathematik ab. Stattdessen veröffentlichte er in philosophischen Zeitschriften, beschäftigte sich mit der Freimaurerlehre und Dingen wie der Bacon-Shakespeare-Kontroverse. Doch Cantor kehrte mit einer größeren Arbeit, den *Beiträge[n] zur Begründung der transfiniten Mengenlehre*, zur Mathematik zurück. Diese erschien in zwei Teilen innerhalb zweier Jahre und behandelte Fragen wie etwa das *Auswahlaxiom*, was später neben weiteren Fortschritten jenes Werkes berühmt werden sollte. Während der erste Teil 1895 erschien, verzögerte sich die Veröffentlichung des zweiten Teils, weil Cantor lange hoffte, die *Kontinuumshypothese* beweisen zu können. Nahezu sofort wurden jene *Beiträge* dann ins Italienische und Französische übersetzt, seine Ideen weit verbreitet und deren Wert schnell erkannt. Dabei erzeugten sie heftige Polemik in der in zwei Lager gespaltenen Mathematik-Welt.

Unter anderem um für eine gerechtere Anhörung seiner kontrovers diskutierten Ideen zu sorgen, hatte Cantor die Motivation, die *Deutsche-Mathematiker-Vereinigung* 1889 mitzugründen. Währenddessen nahmen jüngere Mathematiker seine Ideen auf, und schließlich unter den Händen von Gottlob Frege und später Kurt Gödel wurden die Auswirkungen der tief greifenden Fragen, die Cantor gestellt hatte, besser verstanden. Durch ihn sollte die Mathematik letztlich nie mehr so sein wie vorher.

1897 besuchte Cantor den ersten *Internationalen Kongress der Mathematik* in *Zürich*, zu welcher Zeit er auch die ersten Paradoxa in seiner *Mengenlehre* erkannte. Seine zweite Lebenshälfte war von einer Geisteskrankheit überschattet. Er litt an manischer Depression. Die erste ernsthafte Erkrankung trat 1884, nach seiner Rückkehr aus Paris nach Halle, auf. Nachdem er wieder genesen war, unternahm er einen Versuch der Versöhnung mit Kronecker. 1899 folgte ein weiterer Zusammenbruch, gefolgt vom plötzlichen Tod seines begabten 13-jährigen Sohnes, was die Familie in lang anhaltende Trauer stürzte. Von 1894 an war Cantor in immer häufigeren Intervallen in Sanatorien. Schließlich starb er in der psychiatrischen Klinik von Halle am 6. Januar 1918 im Alter von 73. Am Ende seiner Karriere wurden seine Errungenschaften doch noch mit einer Vielzahl von Ehrungen gewürdigt.

Ganz interessant ist zuletzt, dass in früheren Biographien Cantors Geisteskrankheit als Folge der Feindschaft von Kronecker geschildert wird, was ja zeigt, wie stark man diesen Negativeinfluss auf Cantor immer gewertet hat. Allerdings kann dieser Zusammenhang aufgrund des heutigen medizinischen Wissens nicht mehr gehalten werden.

FERDINAND GEORG FROBENIUS
(1849–1917)

Georg Frobenius wurde am 26. Oktober 1849 in Berlin Charlottenburg geboren. Dort ging er zur Schule, schloss diese 1867 ab und studierte danach ein Semester in Göttingen, bevor er wieder in seine Heimatstadt zurückkehrte. Nun hörte Frobenius Vorlesungen bei Kronecker, Kummer und Weierstraß, bei welchem er dann 1870 promovierte. Nachdem er einige Zeit als Gymnasiallehrer tätig gewesen war, wurde er 1874 zum *außerordentlichen Professor* der *Universität Berlin* ernannt. Dies war für deutsche Verhältnisse einigermaßen ungewöhnlich, da Frobenius nicht habilitiert war. Seine Anstellung als Professor wurde vermutlich von Weierstraß durchgesetzt, der sehr große Stücke auf ihn hielt.

Nach nur einem Jahr in Berlin erhielt Frobenius einen Ruf an das *Eidgenössische Polytechnikum* in Zürich. Dort blieb er von 1875 bis 1892 und leistete ganze 17 Jahre lang bedeutende Beiträge in verschiedenen Bereichen der Mathematik. Nachdem Kronecker 1891 gestorben war, wurde Frobenius als sein Nachfolger nach Berlin gerufen, abermals unter dem Einfluss von Weierstraß. Dieser sah nämlich in Frobenius die geeignete Person, um Berlin als Weltzentrum der Mathematik zu erhalten, was derselbe jedoch nachher nur zum Teil erfüllen konnte.

Zweifelsohne hatte Frobenius eine enorme Bedeutung für die Mathematik, da er großen Anteil an der *Entwicklung der Gruppentheorie* hatte und die *Theorie der Charaktere* entwickelte. Außerdem wurde er von seinen Doktoranden, darunter Edmund Landau und Issai Schur, sehr geschätzt. Doch Frobenius galt genauso als cholerisch und streitsüchtig und stand sich anscheinend mit seinen zu hohen Ansprüchen auch selbst im Weg. Beispielsweise hielt er sich bei jeder Gelegenheit damit auf, das Wissenschaftsministerium zu verdächtigen, die Universität zu einer technischen Schule abwerten zu wollen. Immerhin lastete auf Frobenius 25 Jahre lang die Verantwortung für die Entwicklung der Mathematik in Berlin. Dabei übersah er natürlich nicht, dass die Anzahl der Dozenten, Promotionen und Habilitationen beständig abnahm und er somit das Erbe von Weierstraß, Kummer und Kronecker nicht bewahren konnte. Dies förderte seine cholerischen Anfälle wohl umso mehr. Problematisch war ebenfalls, dass Frobenius strikt der Reinen Mathematik zugewandt war und die Angewandte Mathematik verachtete, weshalb ihm auch die aufstrebende Mathematik der Universität Göttingen verhasst war.

Vorher, in seiner Züricher Zeit hatte sich Frobenius mit vielen Gebieten hauptsächlich aus der *Analysis* beschäftigt, aber auch bereits mit *Gruppentheorie*. Das Studium von *algebraischen Gleichungen, Geometrie* und *Zahlentheorie* führte ihn schließlich zur Entwicklung der Theorie der *abstrakten Gruppen*. So wird der in der Abhandlung von 1879 *Über Gruppen von vertauschbaren Elementen* enthaltene *Beweis des Struktursatzes für endlich erzeugte Abelsche Gruppen* auch heute noch im Mathematik-Grundstudium vorgestellt.

Nachdem Frobenius 1896 wieder nach Berlin zurückgekehrt war, veröffentlichte er weitere bahnbrechende Arbeiten in der *Gruppentheorie*. Zum Beispiel ist das Werk *Über die Gruppencharaktere* von 1896 von grundlegender Bedeutung für die Entwicklung der *Darstellungstheorie*. Seine eigene *Darstellungstheorie* fand später Anwendungen in der *Quantenmechanik* und der *Theoretischen Physik*. Ab 1910 beschäftigte sich Frobenius mit positiven und nicht-negativen Matrizen und entwickelte das *Konzept der Irreduzibilität für Matrizen.*

Frobenius' Arbeiten lesen sich auch heute noch wie Lehrbücher, was letztlich für die grundlegende Bedeutung seiner Arbeiten spricht. Sein Arbeitsstil war geprägt von einer rechnerischen, algebraischen Herangehensweise. Konzeptuelle Argumentation hingegen spielte für ihn nur eine zweitrangige Rolle, während Abstraktion für Frobenius wiederum ein Mittel war, größere Klarheit und Präzision zu erzielen.

FELIX CHRISTIAN KLEIN
(1849–1925)

Felix Christian Klein wurde am 25. April 1849 in Düsseldorf geboren, während die Rheinländer gerade aufständisch gegen die preußischen Machthaber waren. Da sein Vater damals Sekretär des Regierungspräsidenten war, hatte die Familie schon Vorbereitungen zur Flucht aus der Stadt getroffen. Felix Klein aber sollte fernab landespolitischer Aktivitäten eine Schlüsselfigur der Mathematik des 20. Jahrhunderts werden.

Nach dem Besuch des *Gymnasiums* in *Düsseldorf* ging er an die *Universität Bonn* und studierte dort zuerst Naturwissenschaften. Nach zwei Jahren wechselte er zur Physik, die dort von Julius Plücker gelehrt wurde, welcher wiederum Klein zur Geometrie brachte. Schließlich promovierte Klein 1868 mit dem Thema *Über die Transformation der allgemeinen Gleichung zweiten Grades zwischen Linien-Koordinaten auf eine kanonische Form*. Noch im gleichen Jahr war Plücker gestorben, woraufhin sein Doktorsohn einige Arbeiten, die er nicht mehr fertigstellen konnte, vollenden sollte. Dadurch kam Klein mit dem Geometer Clebsch in Kontakt, der 1868 nach Göttingen gegangen war, wo er dann von Klein besucht wurde. Letzterer aber wechselte 1869/70 nach Berlin. Dort lernte er Sophus Lie kennen und gewann in ihm einen Freund. Später gingen beide zusammen nach Paris und arbeiteten dort hauptsächlich an *Gruppentheorie*. Allerdings mussten Klein und Lie bei Ausbruch des Preußisch-Französischen Krieges 1870 Paris verlassen. Während Lie zu Fuß nach Italien ging, fuhr Klein zurück nach Deutschland und leistete seinen Militärdienst in der Ambulanz, wo er sich schließlich Typhus einfing. Bereits im Jahr darauf war er *Privatdozent* in *Göttingen* und konnte seine Zusammenarbeit mit Lie fortsetzen.

Dort gelang ihm eine *vereinheitlichte Sicht der Euklidischen und der Nicht-Euklidischen Geometrie*. Eine Folgerung daraus war, dass die *Nicht-Euklidische Geometrie* genau dann konsistent ist, wenn es auch die *Euklidische Geometrie* ist. Im Alter von 23 Jahren konnte Klein dann einen Lehrstuhl in Erlangen annehmen, da er damals als ein sehr vielversprechendes Talent galt. Dort hatte er jedoch kaum Hörer, obwohl seine Vorlesungen peinlich genau vorbereitet waren. Zwei Studenten kamen in seine erste Vorlesung, danach einer davon nur noch sporadisch, der andere gar nicht mehr. Seine Antrittsvorlesung in Erlangen hielt er schließlich über mathematische Ausbildung. Zusätzlich hatte er nun eine Programmschrift aufgetragen bekommen, woraufhin er die Arbeit *Vergleichende Betrachtungen über neuere Forschungen in Geometrie* einreichte, die heute unter dem Namen *Erlanger Programm* bekannt ist. In ihr entwirft Klein ein Konzept, in dem *Euklidische Geometrie, Nicht-Euklidische Geometrie* und *Projektive Geometrie* vereint werden. Dabei handelt es sich nicht nur um Kleins wichtigsten Beitrag zur Mathematik überhaupt, sondern auch um die immer noch gültige Beschreibung des heutigen Verständnisses der *Geometrie*. Geometrische Objekte werden bei Klein durch die Gruppe der Transformationen beschrieben, die das Objekt unverändert lassen.

1875 nahm Klein eine Stelle an der *Technischen Hochschule* in *München* an, wo er nun endlich viele Hörer hatte, darunter eine Reihe außerordentlicher Studenten. Im gleichen Jahr heiratete er Anne Hegel, eine Enkelin des Philosophen Wilhelm Friedrich Hegel. Fünf Jahre später, 1880, übernahm er den *Lehrstuhl für Geometrie* an der *Universität Leipzig*. Dort blieb er sechs Jahre. In dieser Zeit stand er in heftiger, aber durchaus freundlicher Konkurrenz mit Poincaré bei der Entwicklung der *Theorie der automorphen Funktionen*, die in der *Nicht-Euklidischen Geometrie* eine erhebliche Rolle spielt. Diese Konkurrenz trug leider dazu bei, dass Klein 1883 bis 1884 an Depressionen litt, seine Gesundheit sich verschlechterte, er sich deswegen von der mathematischen Forschung zurückzog und sich mehr der Hochschul- und Wissenschaftspolitik zuwendete.

Doch 1886 nahm Klein erneut einen *Lehrstuhl*, und zwar an der *Universität Göttingen*, an. Unter seinem Einfluss entwickelt sich Göttingen, nachdem Gauß einst den Grundstein gelegt hatte, zum Zentrum der mathematischen Welt. So holte er Hilbert und viele andere bedeutende Mathematiker nach Göttingen. Hier wurde nun insbesondere die bis dahin führende Berliner Schule zurückgedrängt. Schließlich wurde Klein Herausgeber der von Clebsch gegründeten Zeitschrift *Mathematische Annalen*, die unter seiner Leitung sogar *Crelles Journal* überflügelt. Darüber hinaus hatte er auch großen Einfluss auf die Entwicklung der Mathematik in Amerika, und viele Studenten kamen nach Göttingen, um dort bei ihm zu lernen. Außerdem sorgte Felix Klein letztlich auch für Veränderungen in der Schulmathematik, weil es nämlich ihm zu verdanken ist, dass die *Infinitesimalrechnung* und der *Funktionenbegriff in den Schulstoff* aufgenommen wurden.

Mit 64 Jahren ist Klein aufgrund seiner angeschlagenen Gesundheit in den Ruhestand gegangen, in dem er seine letzten Jahre im Rollstuhl verbrachte. Am 22. Juni 1925 starb Felix Klein friedlich im Alter von 75 Jahren.

SONJA KOVALEVSKAYA

(1850–1891)

Sonja Kovalevskaya wurde unter dem Namen Sophia Vasilievna Krukovskaya in Moskau am 15. Januar 1850 nach Gregorianischem Kalender geboren. Mütterlicherseits hatte sie einen deutschen Vorfahren, der bereits mit Gauß, Laplace und anderen bedeutenden Männern korrespondiert hatte. Nachdem sie innerhalb der Familie immer »*Sonja*« gerufen wurde, behielt sie diesen Namen bei. Die Krukovskayas lebten zunächst in Kaluga, nach des Vaters Pensionierung von seiner Generalsposition zogen sie 1858 nach Palibino um, das zwischen St. Petersburg und Kiew liegt.

Dort entdeckte Sonja schließlich zum ersten Mal, und zwar auf sehr ungewöhnliche Weise, die Mathematik für sich. Wie sie selbst in ihrer Autobiographie schreibt, wurde das neu bezogene Haus tapeziert, wobei die aus St. Petersburg angelieferten Tapeten nicht ausreichten. So wurde für das Zimmer des Kindermädchens einfach irgendwelches Papier verwendet. Durch Zufall waren es gerade die *lithographierten Analysis-Vorlesungen*, die der Vater als junger Mann erworben hatte. Somit konnte die kleine Sonja Krukovskaya Gefallen daran finden, stundenlang vor den mathematischen Hieroglyphen zu stehen und immer wieder zu lesen. Obwohl sie sich im Lauf der Zeit auch für Biologie zu interessieren begann, sagte ihr schließlich die Mathematik doch mehr zu. Letztlich konnte ihr Vater überredet werden, ihr mit 17 Jahren Privatunterricht in höherer Mathematik in St. Petersburg zu gewähren. Da es aber in Russland für Frauen keine Möglichkeit gab, im Anschluss an die Schule zu studieren, wollte Sonja zusammen mit ihrer Schwester Aniuta ins Ausland gehen. Es war aber ohne einen Ehemann nicht möglich, die dafür nötigen Reisedokumente zu bekommen. Also ging Sonja 1886 eine Scheinehe mit dem Radikalen Wladimir Onufriewitsch Kovalesky ein, wodurch sie zu ihrem Nachnamen kam. Im Jahr darauf reiste das Ehepaar mitsamt der Schwester nun zuerst nach Wien, wo sich die drei trennten. Aniuta ging nach Paris, um dort mit politischen Aktivisten in Kontakt zu treten, Sonja und Wladimir gingen nach Heidelberg.

Dort erlangte Sonja – nicht ohne Schwierigkeiten – die Erlaubnis, Vorlesungen zu hören. Nun lernte sie unter anderem bei Bunsen und Helmholtz. Nachdem sich kurz darauf das Ehepaar getrennt hatte, ging Sonja Kovalevskaya 1870 nach Berlin, um bei Weierstraß zu studieren. Als dieser ihr Wissen mit ein paar Fragen überprüfte, war er so beeindruckt von ihren Antworten, dass er ihr Privatunterricht gab, in dem er den gleichen Stoff behandelte wie an der Universität, wo sie als Frau nicht zugelassen war. Trotz des Altersunterschiedes von 35 Jahren wurden die beiden enge Freunde, wenn auch Weierstraß Sonjas sozialistische und emanzipatorische Ideen stets missbilligte.

Nach einem Ausflug in die Pariser Kommune, wo ihre Schwester in große politische Schwierigkeiten geraten war und Hilfe benötigte, kehrte Sonja Kovalevskaya nach Berlin zurück und wandte sich der *Theorie der Differentialgleichungen* zu. Weierstraß gab ihr dabei alle Unterstützung und war ihr wohl auch privat zugetan. Schließlich ermutigte er sie zu promovieren, was sie dann 1874 mit »*summa cum laude*« tat. Da damals aber in Berlin Frauen noch nicht zur Promotion zugelassen waren, musste Sonja ihre *Doktorarbeit* an der fernen *Universität* in *Göttingen* einreichen. Unterdessen hatte sie auch eine Arbeit über *Abelsche Integrale* und eine über die *Gestalt der Saturnringe* veröffentlicht, welche demonstrierten, dass sie nicht unbedingt von den Ideen Weierstraß' abhängig war. Daraufhin wurde im Jahr danach ihr Hauptresultat in *Crelles Journal* veröffentlicht. Später stellte sich heraus, dass Teile davon bereits von Cauchy gezeigt worden waren, worüber sich Weierstraß nicht bewusst gewesen war. Dieses Ergebnis ist heute schließlich bekannt als Satz von *Cauchy-Kovalevskaya*.

Seit 1873 lebte Sonja dann wieder mit ihrem Mann zusammen. Gemeinsam gingen sie 1874 wieder zurück nach Russland – immer nahe den politisch-radikalen Kreisen – und führten eine echte Ehe. Allerdings gelang es weder ihr noch ihm, eine adäquate Anstellung zu bekommen. Denn als Frau durfte sie bestenfalls auf Grundschulniveau unterrichten. 1878 gebar sie ihre Tochter Sophia Wladimirowna, genannt Fufa. Ihr Mann aber fiel in den finanziellen Ruin und zog sich anschließend aus der Gesellschaft zurück. So ging 1881 Sonja Kovalevskaya mit ihrer Tochter nach Berlin und ließ ihren Mann zurück. Danach brachte sie ihre Tochter bei Verwandten in Odessa unter, um nach Paris weiterzureisen. Ihr verzweifelter Mann nahm sich schließlich 1883 das Leben.

Nun gelang es Mittag-Leffler, Kovalevskaya für fünf Jahre eine Stelle in Høgskola, Schweden, zu organisieren. Dort meisterte sie, obwohl unerfahren und ohne flüssig Deutsch zu sprechen, ihre Vorlesung gut. Zudem war sie recht erfolgreich als *Editorin* für Mittag-Lefflers *Acta Mathematica*. Nach Ablauf der fünf Jahre gewann sie 1888 den *Bordin-Preis* der *Pariser Akademie*, und zwar unter dem Thema die *Bewegung fester Körper*. Ihr Beitrag, mittlerweile bekannt als *Kovalevskaya-Kreisel*, brachte ihr schließlich internationales Ansehen und eine feste Anstellung in Høgskola.

Doch leider war ihr Körper mittlerweile, trotz mehrerer Aufenthalte in Paris und Genua, wo sie sich regenerieren wollte, geschwächt. So fing sie sich auf der Rückreise von Genua nach Stockholm eine Lungenentzündung ein und starb am 10. Februar 1891, 40 Jahre alt.

Sonja Kovalevskaya war eine Frau, die unumstritten aufgrund ihrer Fähigkeiten und ihrer Persönlichkeit in der Mathematik akzeptiert wurde. Ihr Erfolg half letztlich, den Weg für Frauen an die Universitäten zu öffnen. Ferner bleibt sie in Erinnerung als Frau von großem Geist und Originalität.

Jules Henri Poincaré
(1854–1912)

Poincaré formte viele Zweige der Mathematik und der mathematischen Physik, speziell der *Himmelsmechanik*, um. Wie Gauß arbeitete er meist alleine, hatte wenige Studenten und begründete keine eigene Schule. Allerdings ganz anders als Gauß hat er enorm viel publiziert und bei vielen Gelegenheiten Vorträge über Mathematik, Naturwissenschaften und Philosophie gehalten.

Poincaré kam aus einer durchwegs begabten Familie, die seit Generationen in der Lorraine gelebt hatte. Aus ihr entstammten einige herausragende Persönlichkeiten. Einer seiner Cousins, Raymond Poincaré war später Premierminister, im

Ersten Weltkrieg Präsident Frankreichs. Jules Henri Poincaré selbst wurde in Nancy am 29. April 1854 geboren. Sein mathematisches Talent hat er später seiner Großmutter mütterlicherseits zugesprochen. Mit fünf Jahren bekam er Diphtherie, so dass er fast ein Jahr nicht sprechen konnte. Poincarés grundsätzlich schwache Physis und seine schlechte Motorik, gepaart mit einer starken Kurzsichtigkeit, sorgten dafür, dass er in der Schule öfters gehänselt wurde. Doch seinen körperlichen Nachteilen zum Trotz besaß er wie Euler und Gauß ein außergewöhnlich gutes Gedächtnis.

Weil Poincaré in einem akademischen Umfeld aufwachsen durfte, war er in der Schule entsprechend gut und zeigte seine hervorragenden mathematischen Anlagen. Deshalb gewann er beim *Concours Général in Mathematik* auch den ersten Preis und belegte später mit einer brillanten Leistung den ersten Platz bei der Aufnahmeprüfung zur *École Polytechnique*. Dort machte Poincaré, der eine Karriere als Ingenieur plante, gute Fortschritte. Allerdings blieb ihm versagt, das beste Examen zu machen, da er zu schlecht zeichnete und experimentierte. Danach ging er vier Jahre an die *École des Mines*, wo er schließlich Bergbau-Ingenieur wurde. Daneben schrieb er eine Doktorarbeit in Mathematik über die *Eigenschaften von Funktionen, die durch Differentialgleichungen definiert* werden. Nach einer kurzen Phase der Arbeit als Bergbau-Ingenieur entschied er sich, sich ganz der Mathematik zu widmen, und bekam auch gleich eine Stelle an der *Universität von Caen* in der Normandie. Dort gelang ihm die erste große Entdeckung: die Einbindung der *Nicht-Euklidischen Geometrie* in die *Theorie der automorphen Funktionen*. Damit geriet Poincaré nun in Konkurrenz zu Felix Klein. Später einmal schreibt Poincaré, dass er lange darum gekämpft hatte, jene Problematik in den Griff zu bekommen, bis ihm plötzlich das entscheidende geometrische Argument durch den Kopf schoss. Ferner sei ihm die Idee, dass die *Nicht-Euklidische Geometrie* das dafür passende Hilfsmittel sei, beim Einsteigen in einen Bus gekommen. So wie ihm hier ein Resultat, das ihn am Ende berühmt machte, geradezu nebenbei eingefallen ist, sollte er von da an seine Entdeckungen oft beim Spazierengehen machen. In den nächsten Jahren arbeitete Poincaré dann fieberhaft an diesen Ideen. Unterdessen gab es Kritik an seinem Stil, er korrigierte seine eingesandten Arbeiten nicht mehr, und seine mathematische Strenge ließ manchmal zu wünschen übrig, aber seine Brillanz und Originalität waren über jeden Zweifel erhaben.

1881 kehrte er nach Paris zurück und heiratete Jeanne Louise Marie Poulain d'Andecy, mit der er vier Kinder hatte. Damals besuchte ihn einmal Sylvester, der erstaunt war, nachdem er drei schmale Treppen hinaufgestiegen war, als Verfasser jener hervorragenden Arbeiten solch einen jungen Mann von lediglich 27 Jahren zu sehen. Poincaré wurde damals immerhin als der neue Cauchy angekündigt. Eine Anekdote erzählt außerdem, dass der begeisterte Sylvester ihn bei einem Dinner sofort in Beschlag genommen hat und ihm sogleich über sein neues Theorem in Kenntnis setzte, so dass dieser nicht einmal die Gastgeberin begrüßen konnte. Daraufhin sagte Poincaré während des Essens keinen Ton mehr und aß wie ein Roboter. Nach dem Dinner entgegnete er Sylvester plötzlich nur: »*Ihr Theorem ist falsch*«, und lieferte schließlich gleich den Gegenbeweis.

Nun begann Poincaré als Dozent an der *Sorbonne* und wurde danach *Professor für Mathematische Physik und Wahrscheinlichkeitsrechnung.* Diesen Lehrstuhl behielt er bis an sein Lebensende, überhäuft mit immer größeren Ehren. Mit 32 wurde er in die *Pariser Akademie der Wissenschaften* gewählt, später in die *Royal Society of London.*

Normalerweise arbeitete Poincaré in seinem Garten sitzend, schrieb Seite für Seite voll, ohne Zögern und ohne Korrektur. Dann, nach einigen Tagen, war die Arbeit druckreif, woraufhin Poincaré sie für gewöhnlich nur noch als ein »Ding« der Vergangenheit betrachtete. Im Gegensatz zu anderen Wissenschaftlern behielt er seine Gedanken immer für sich. Ferner betrachtete er die mathematische Entdeckung als eine Sache, die die Möglichkeit der Zusammenarbeit grundsätzlich ausschließt. Poincarés Ansicht nach sei die Intuition eine direkte Kommunion mit dem Geist und der Wahrheit.

Im späteren Teil seines Schaffens beschäftigte er sich mit *kombinatorischer Topologie* – eine Disziplin, die er selbst erschaffen hatte. Seine topologischen Ideen erneuerten ferner die *Komplexe Analysis* und die *Mechanik.* Noch eine weitere seiner großartigen Leistungen war die *qualitative* Theorie der *Differentialgleichungen.* Diese Theorie, die sich auch mit der Langzeitstabilität von dynamischen Systemen befasst, nutzte er außerdem in seinem Artikel *Neue Methoden in der Himmelsmechanik.* Letzterer war wahrscheinlich der größte Fortschritt in der Himmelsmechanik seit Newtons *Principia.* Eine andere Arbeit Poincarés mit dem Thema des *3-Körper-Problems* gewann einen internationalen Preis des Königs von Schweden und Norwegen. Dieser diente nun als Grundlage für ein dreibändiges Werk über Himmelsmechanik, in dem die *erste mathematische Beschreibung des chaotischen Verhaltens von dynamischen Systemen* erscheint.

In späteren Jahren entwickelte Poincaré zunehmend Interesse für grundlegende Fragen zur Natur der Mathematik. Dabei kritisierte er den logischen und rationalen Zugang von Hilbert, Peano und Russell. Zudem war er Gegner des *Cantorismus*, insofern er *axiomatische* Mengentheorie und die Verwendung des *Auswahlaxioms* ablehnte. Von der späteren *Punktmengen-Theorie* hingegen war er sehr angetan. Schließlich war es Poincaré, der dafür den Begriff *Mengenlehre* einführte.

Poincaré war ein universeller Mathematiker, der in allen Bereichen der Mathematik eigene Beiträge liefern konnte. Auch seine populärwissenschaftlichen Schriften waren hervorragend. Für Letztere wurde er 1908 in die *Académie Française* gewählt – eine Ehre, die vor ihm als Mathematiker nur d'Alambert, Laplace, Fourier und später Picard zuteilwurde. Daneben schrieb er mehrere Bücher über Wissenschaftsphilosophie, die am Anfang des 20. Jahrhunderts zu Bestsellern wurden. Charakteristisch an ihm war, dass er trotz seiner Brillanz und Ausbildung anscheinend die mathematische Literatur nicht kannte. Als Folge davon leitete ihn jedes Gebiet, von dem er hörte, in eine neue Richtung. Manchmal spielte ihm seine geometrische Intuition auch einen Streich, aber in der Regel konnte er sich auf sie verlassen. So verzichtete er auf Strenge, die aus seiner Sicht unnötig war, solange ihm die Intuition genug Vertrauen gab, dass ein strenger Beweis durchgeführt werden könnte.

Auch in der *Reinen Mathematik* lieferte Poincaré grundlegende Beiträge, besonders bei *Differentialgleichungen, Funktionentheorie* und *Topologie.* Ein Großteil seiner Arbeit beschäftigte sich mehr oder weniger mit Anwendungen. Von seinen mehr als 500 Artikeln befassen sich wiederum etwa 70 mit physikalischen Themen. Bereits 1899 bemerkte er, dass eine absolute Bewegung nicht existiert, und im darauf folgenden Jahr stellte er fest, dass nichts schneller ist als das Licht. Diese Konzepte, die essenziell für Einsteins *Relativitätstheorie* von 1905 waren, scheint er aber nicht weiter ausgearbeitet zu haben.

1908 musste Poincaré vom *Internationalen Kongress der Mathematik* in *Rom* noch vor seinem Vortrag nach Paris zurückreisen, weil er plötzlich erkrankt war. Und 1911 reichte er eine unvollendete Arbeit zur Veröffentlichung ein, aus Angst, sie nicht mehr fertigstellen zu können. Am 17. Juli 1912 starb Henri Poincaré unerwartet an der Folge einer postoperativen Embolie im Alter von 58 Jahren.

DAVID HILBERT
(1862–1943)

Einer der einflussreichsten Mathematiker des 20. Jahrhunderts, geboren am 21. Januar 1862 in Königsberg als Sohn einer preußischen Beamtenfamilie, war David Hilbert. Dieser wurde später einmal nach seinen schulischen Leistungen in Mathematik gefragt und antwortete prompt: »*Ich habe mich auf der Schule nicht besonders mit Mathematik beschäftigt, denn ich wußte ja, daß ich das später tun würde.*«

Nach dem Abitur im Jahr 1880 begann Hilbert das Studium der Mathematik an der *Universität Königsberg*. Seine akademischen Lehrer waren unter anderem A. Hurwitz und F. Lindemann. Schon am Anfang seines Studiums schloss Hilbert Freundschaft mit Hermann Minkowski, der schon als 18-jähriger einen Preis der *Pariser Akademie* gewonnen hatte und dadurch sehr berühmt war. 1885 erhielt er seinen *Doktortitel* mit der von Lindemann betreuten Arbeit *Über invariante Eigenschaften specieller binärer Formen, insbesondere der Kugelfunktionen*. Bereits im Jahr 1886 habilitierte Hilbert in Königsberg, wurde Privatdozent und später schließlich *außerordentlicher Professor*. In einem Brief an Minkowski schildert Hilbert die Situation in Königsberg: »*11 Dozenten, die auf ebenso viele Studenten angewiesen sind*«. Als Hurwitz 1892 nach Zürich ging, wurde Hilbert zum *ordentlichen Professor* ernannt, wodurch sich seine finanzielle Lage besserte und er Käthe Jerosch heiraten konnte.

Hilberts wissenschaftliches Schaffen ist dadurch geprägt, dass er jeweils ein mathematisches Gebiet bearbeitete, danach sein Interesse wechselte und dann kaum mehr zu dem früheren Gebiet zurückkehrte. Seine Forschungsleistung ist außerordentlich breit, da er auf den unterschiedlichsten mathematischen Gebieten Fortschritte erzielt hat.

In seiner Zeit in Königsberg widmete sich Hilbert vornehmlich der *Invariantentheorie*. Hier konnte Hilbert 1890 den fundamentalen Satz zeigen, *dass jedes System algebraischer Formen ein endliches Basissystem besitzt*. Hilbert lieferte einen Existenzbeweis, der nicht konstruktiv war. Damit nahm er eine gegensätzliche Position zu Kronecker ein, der forderte, dass ein Existenzbeweis konstruktiv zu sein habe. Und auch Gordon, der führende deutsche Invariantentheoretiker vor Hilbert, forderte zunächst die Ablehnung der Hilbertschen Arbeit mit der folgenden Begründung: »*Das ist keine Mathematik. Das ist Theologie.*« Dennoch setzte Hilbert die Veröffentlichung der Arbeit durch, für die er am Ende doch noch die ihm gebührende Anerkennung erhielt.

Auf Betreiben von Felix Klein hin wurde Hilbert 1895 nach *Göttingen* berufen, wo er dann bis zu seinem Lebensende blieb. Die zuerst umstrittene Berufung stellte sich als voller Erfolg heraus. Unter der Mitwirkung Hilberts entwickelte sich Göttingen nämlich zum bedeutendsten Forschungszentrum der ersten Hälfte des 20. Jahrhunderts.

Hilbert war neben Cantor maßgeblich an der Gründung der *Deutschen-Mathematiker-Vereinigung* beteiligt. Diese wünschte von ihm einen Bericht über den Stand der Theorie der algebraischen Zahlkörper. Gemeinsam mit Minkowski machte sich Hilbert 1893 an die Arbeit. Der Hilbertsche *Zahlbericht* aus dem Jahr 1897 ist eine brillante Zusammenfassung der Arbeiten von Kummer, Kronecker und Dedekind, enthält aber auch viele eigene Ideen von Hilbert. Grundlegendes der heutigen *Klassenkörpertheorie* ist bereits im *Zahlbericht* vorhanden. Überhaupt hatte das Werk eine ungewöhnlich inspirierende Wirkung auf die nachfolgende Generation. Danach hat sich Hilbert selbst allerdings von den *algebraischen Zahlköpern* abgewandt und sich für die *Grundlagen der Geometrie* interessiert. So erschien im Jahr 1899 sein Buch *Grundlagen der Geometrie*, das in vielen Neuauflagen und Sprachen gedruckt wurde. Hilberts Ziel war es, *Geometrie axiomatisch* aufzubauen und sich dabei vollkommen von der Anschauung zu lösen. Hilbert drückte es so aus: Man müsse jederzeit anstelle von *Punkten, Geraden, Ebenen*, auch *Tische, Stühle, Bierseidel* sagen können. Die Anpassung an die Realität erfolgt dann durch die Auswahl passender Axiome.

Um die Jahrhundertwende war Hilbert bereits einer der bekanntesten Mathematiker. So erhielt er die Einladung, beim *Internationalen Mathematikerkongress* 1900 in Paris ein Hauptreferat zu halten. Auf Anregung Minkowskis hin entschloss sich Hilbert, eine Liste von Kernproblemen der Mathematik auszuarbeiten und vorzustellen. Die 23 veröffentlichten Probleme Hilberts enthielten zum Beispiel die *Kontinuumshypothese*, die *Riemannsche Vermutung*, das *Problem der Widerspruchslosigkeit der arithmetischen Axiome, allgemeine Randwertprobleme, Irrationalität* und *Transzendenz bestimmter Zahlen* und so weiter. Diese Hilbertschen Probleme sollten sich als äußerst anregend für die Mathematik des 20. Jahrhunderts erweisen. Denn jeder, der ein Hilbertsches Problem löste, wurde in Fachkreisen sofort weltberühmt. Am Ende seines Vortrags betonte Hilbert die Notwendigkeit einer organischen Einheit der Mathematik, die heute jedoch in vielen mathematischen Fachbereichen an Universitäten, in denen Spannungen zwischen *reiner* und *angewandter* Mathematik herrschen, in Vergessenheit zu geraten scheint.

Nach 1902 wandte sich Hilbert der *Analysis* und der *mathematischen Physik* zu. Zunächst konnte er einen strengen Beweis des *Dirichletschen Prinzips* finden, das bereits Riemann verwendet hatte. Dieser Beweis und die weiteren Arbeiten Hilberts trugen zur *Weiterentwicklung der Variationsrechnung* bei und förderten die Entwicklung einer neuen mathematischen Disziplin, der *Funktionalanalysis*. Sie wurde weiterhin durch die Beschäftigung Hilberts mit der *Theorie der Integralgleichungen* gefördert. Darin werden auch die Grundzüge der *Theorie der unendlich-dimensionalen Vektorräume* gelegt, den sogenannten *Hilbert-Räumen*. Hilberts Arbeiten zur Theorie der Integralgleichungen hatten außerdem großen Einfluss auf die mathematische Physik. Schließlich erschien 1912 die dazugehörige

Monographie *Grundzüge einer allgemeinen Theorie der linearen Integralgleichung.*

Hilberts Arbeiten auf diesem Gebiet sowie die seiner Schüler und Mitarbeiter werden in dem 1924 erstmals erschienenen und aus der Zusammenarbeit Hilberts und Richard Courants entstandenen Buch *Methoden der mathematischen Physik* zusammengefasst und systematisch dargestellt. Weitere wichtige Arbeiten galten der *theoretischen Physik.* Hierbei wandte Hilbert seine Methoden auf die *kinetische Gastheorie* und auf die *Probleme bei Emission* und *Absorption von Strahlung* an.

Anfang der 20er-Jahre wandte sich Hilbert wieder den Grundlagen der Mathematik zu. Sein Ziel war nun, ein vollständiges, widerspruchsfreies *Axiomensystem* für die gesamte Mathematik zu schaffen. Ähnliches hatte er ja 20 Jahre zuvor für die *Geometrie* erreicht. Dazu musste er die Beweistheorie weiterentwickeln. Inhaltliches Schließen sollte bei Hilbert durch eine Kette rein formaler Handlungen nach Regeln ersetzt werden. Damit forderte er, dass Beweise quasi maschinell auszuführen sein sollten. Beim *Internationalen Mathematikerkongress* von 1928 in *Bologna* stellte Hilbert die Frage nach der Vollständigkeit der *Logik* und der *elementaren Zahlentheorie.* Doch Gödel zeigte 1930 die Unmöglichkeit, ein vollständiges Axiomensystem für die elementare Zahlentheorie anzugeben. Diese Arbeit sowie Arbeiten von Tarski und Turing 1936 und Cohen 1964 erklärten, dass Hilberts *axiomatische Methode* alleine nicht ausreichend für die Weiterentwicklung der Mathematik ist. Folglich ist die Mathematik keine voraussetzungslose Wissenschaft, wie Hilbert dachte. Vielmehr geht die objektive Realität in die Entwicklung der Mathematik mit ein.

Mitte der 20er-Jahre erkrankte Hilbert an Anämie, was damals unheilbar war. 1927 wurde jedoch ein Medikament entwickelt, das Hilbert als einer der ersten Patienten erhielt und ihn wieder gesunden ließ. Nach 1930 wurde Hilbert in Göttingen zunehmend einsamer, da die meisten seiner oft jüdischen Freunde und Kollegen emigrieren mussten oder inhaftiert wurden. Einmal wurde er vom nationalsozialistischen Unterrichtsminister gefragt, wie denn die Mathematik in Göttingen gedeihe, nachdem sie nun vom jüdischen Einfluss befreit sei. Daraufhin antwortete Hilbert: »*Die Mathematik in Göttingen, die gibt es nicht mehr.*« Trotzdem blieb Hilbert als Einziger bis zu

seinem Tod in Göttingen, ging 1934 in Ruhestand und starb
am 14. Februar 1943.

HERMANN MINKOWSKI
(1864–1909)

Hermann Minkowski wurde am 22. Juni 1864 in Kaunas,
Litauen, als Sohn der deutsch-jüdischen Kaufmannsfamilie
Lewin und Rachel Minkowski geboren. Als er acht Jahre alt
war, kehrte die Familie nach Deutschland zurück und ließ sich
in Königsberg nieder. Sein Bruder Oskar, ebenfalls außerordentlich begabt, wurde ein bedeutender Mediziner, der die
Ursachen der Zuckerkrankheit entdeckte.

Schon im Gymnasium zeigte sich die herausragende mathematische Begabung von Hermann Minkowski, da er bereits
die Arbeiten von Dedekind, Dirichlet und Gauß las. Ab 1880
studierte er in *Königsberg,* unterbrochen von drei Semestern
in Berlin. In den ersten Semestern in Königsberg schloss er
Freundschaft mit seinem Kommilitonen David Hilbert. 1884
bekam Hurwitz eine Anstellung in Königsberg, mit dem er
sich ebenfalls anfreundete. Von Beginn seines Studiums an
entwickelte Minkowski großes Interesse für *quadratische Formen.* Diese sind im einfachsten Fall Ausdrücke der Form ax^2
$+ bxy + cy^2$ und sind verwandt mit der allseits beliebten binomischen Formel $(a+b)^2 = a^2 + 2ab + b^2$.

Genau auf diesem Gebiet erreichte Minkowski schließlich
1885 den Doktortitel, nämlich für seine Arbeit *Untersuchungen
über quadratische Formen, Bestimmung der Anzahl verschiedener
Formen, welche ein gegebenes Genus enthält.* Die Vorgeschichte
seiner Promotion begann allerdings bereits 1881 in Paris. Denn
die dortige Akademie schrieb damals einen Preis für den
Beweis einer Formel, die angibt, auf wie viele verschiedene
Weisen eine ganze Zahl als Summe von fünf Quadratzahlen
geschrieben werden kann, aus. Eisenstein hatte bereits 1847
die Formel ohne Beweis angegeben, jedoch war der *Akademie*
nicht bewusst, dass Henri Smith bereits 1867 einen Beweis der
Formel umrissen hatte. Nun rekonstruierte der erst 18-jährige
Minkowski die Eisensteinsche Theorie und reichte einen sehr

schönen Beweis ein. Auch Smith überarbeitete seinen Beweis und nahm damit ebenfalls am Wettbewerb der Akademie teil. Letztendlich wurde der Preis zwischen den beiden aufgeteilt. Während Minkowski dadurch schlagartig bekannt wurde, arbeitete er bereits an der Weiterführung seines Ergebnisses, aus der schließlich seine Doktorarbeit entstand.

1887 wurde eine Professorenstelle in Bonn ausgeschrieben, auf die sich Minkowski bewarb. Dazu musste er eine Arbeit als Habilitationsschrift mündlich präsentieren. So stellte er die Arbeit *Räumliche Anschauung und Minima positiv definiter quadratischer Formen* vor, die damals nicht veröffentlicht wurde. Erst 1991 wurde sie schließlich publiziert. Hierbei handelt es sich um das erste Beispiel einer Methode Minkowskis, die sich später zu seiner berühmten *Geometrie der Zahlen* entwickeln sollte. Heute hat diese Theorie immer noch sehr große Bedeutung, sowohl in der *reinen* Mathematik, aber auch für viele Anwendungen wie etwa der *Datenverschlüsselung* oder der *Theoretischen Informatik*.

Minkowski blieb von 1887 bis 1894 in Bonn, ging dann für weitere zwei Jahre zurück nach Königsberg, danach an das *Eidgenössische Polytechnikum* in *Zürich*. Dort wurde er Kollege seines einstigen Lehrers Hurwitz, während ein Hörer mehrerer Vorlesungen von Minkowski selbst Albert Einstein war. Beide, Minkowski wie auch Einstein, interessierten sich später für ähnliche Probleme in der *Relativitätstheorie*.

1897 heiratete Minkowski Auguste Adler in Straßburg, woraufhin zwei Kinder folgten. Fünf Jahre später nahm Minkowski einen Ruf an die *Universität Göttingen* an. Den Lehrstuhl hatte Hilbert extra für Minkowski geschaffen. Dort fand Minkowski Interesse an *Mathematischer Physik* und lernte den aktuellen Stand der *Elektrodynamik* kennen. Schließlich entwickelte er eine neue Sicht von Raum und Zeit und legte das *mathematische Fundament für die Relativitätstheorie*. Auf Minkowski gehen die darin heute üblichen Begriffe *Lichtkegel*, *zeitartiger Vektor* und *raumartiger Vektor* zurück.

Dann erkannte Minkowski 1907, dass die Theorie von Lorentz und Einstein am besten mittels der *Nicht-Euklidischen Geometrie* verstanden werden kann. Ferner fand er heraus, dass *Raum* und *Zeit*, die bis dahin als unabhängig angesehen wurden, im *vier-dimensionalen Raum-Zeit-Kontinuum* gekoppelt sind. Seine zwei wichtigsten Arbeiten dieser Phase sind *Raum und Zeit* von 1907 sowie *Zwei Abhandlungen über die Grundgleichungen der Elektrodynamik* von 1909. Damit reiht sich auch Minkowski unter die Vertreter jener Philosophie, die auch von Hilbert, Poincaré und Weyl geprägt wurde: Harmonische und elegante mathematische Ideen sollen bei der Entdeckung physikalischer Fakten dominieren!

Minkowskis *Raum-Zeit-Kontinuum* lieferte schließlich den Rahmen für die gesamte weitere mathematische Entwicklung der Relativitätstheorie. Weniger bekannt ist allerdings, dass es Minkowski war, der Hilbert auf die Idee brachte, beim *Internationalen Kongress der Mathematik* eine Sammlung von wichtigen, zukunftsweisenden Problemen zu präsentieren. Am 12. Januar 1909 starb Minkowski unerwartet an den Folgen einer Blinddarmoperation. Sein Hauptwerk *Geometrie der Zahlen*, von dem 1896 bereits eine Vorversion erschienen war, wurde 1910 veröffentlicht. Minkowskis größtes Werk daneben hieß *Diophantische Approximation: Eine Einführung in die Zahlentheorie* und war 1907 erschienen.

JACQUES-SALOMON HADAMARD
(1865–1963)

Jacques Hadamard war außergewöhnlich vielseitig, exzellent sowohl in der Lehre als auch in der Forschung und seine wissenschaftliche Neugier unstillbar. Während sich die Mathematik im Laufe seines langen Lebens stark verändert hat, blieb Hadamard nie stehen, sondern ging immer mit der Zeit.

Jacques Hadamard wurde am 8. Dezember 1865 als Sohn eines Lehrerehepaars jüdischen Ursprungs in Versailles geboren. Zu Schulzeiten zeichnete er sich in allen Fächern aus, außer in der Mathematik, für die er gar kein Interesse zeigte. Die Situation änderte sich allerdings, als er zusammen mit seinem Vater auf das renommierte *Louis-le-Grand-Gymnasium* wechselte und in den Genuss einer hervorragenden Mathematikausbildung kam. So belegte er beim *Concours Général in Mathematik* den zweiten Platz in ganz Frankreich, wobei er sich sein ganzes Leben lang dafür schämte, nicht Erster geworden

zu sein. Bald publizierte er mathematische Aufsätze in Schul-
magazinen. Schließlich nahm Hadamard 1884 an den sehr
schweren Aufnahmeprüfungen für die *École Polytechnique* sowie für die *École Normale Supérieure* teil und absolvierte beide
Prüfungen als Bester in ganz Frankreich, woraufhin er dann
Letztere für sein Studium auswählte.

Nach seinem Abschluss 1888 arbeitete er zunächst als Dozent an mehreren Schulen, wo er sich aber nicht besonders
auszeichnete. Stattdessen konzentrierte sich Hadamard nun
auf seine Doktorarbeit *Über Funktionen, die durch ihre Taylor-
Reihe gegeben sind.* Hermite brachte ihn dazu, diese Theorie auf
die *Riemannsche Zeta-Funktion* anzuwenden, womit er letztlich einen *Preis* der *Pariser Akademie* gewann. Im gleichen Jahr
heiratete er Louise-Anna Trenel, eine lebhafte Frau, die seine
Liebe zur Musik teilte und mit der er fünf Kinder haben sollte. Tragischerweise verloren sie die beiden ältesten Söhne im
Ersten Weltkrieg und den jüngsten Sohn im Zweiten.

Von 1893 bis 1897 nahm Hadamard eine Stelle an der *Universität Bordeaux* an. Hier bewies er 1896 mit Mitteln der *Komplexen Funktionentheorie* den *Primzahlsatz*, der besagt, dass es
asymptotisch $n/log(n)$ *Primzahlen kleiner als eine Zahl n* gibt.
Dieses Resultat war von Legendre und Gauß vermutet worden, und vor allem Tschebyschew und Riemann hatten weiterhin wichtige Bausteine geliefert. Hadamard gelang nun der
Beweis, was ihm auch großen Ruhm einbrachte. Unabhängig
von ihm gelang es gleichzeitig de la Vallée Poussin, jene Vermutung zu beweisen.

Hadamard nahm sein ganzes Leben lang immer wieder an
den Wettbewerben der *Pariser Akademie* teil und gewann oft
den ausgeschriebenen Preis. Schließlich besetzte er ab 1898 sowohl eine *Professorenstelle* an der *Sorbonne,* als auch eine Assis-
tenzstelle am *Collège de France.* Zu Beginn des 20. Jahrhunderts
wandte er sich mehr und mehr dem Studium *partieller Differentialgleichungen* zu. Hier habe sich laut Hadamards Bewunde-
rern sein Genie am deutlichsten gezeigt. Weiterhin war er ab
1904 in die Diskussionen um die Grundlagen der Mathematik
involviert. Dann wurde er 1909 *Professor für Mechanik* am *Collège de France,* wo er *Komplexe Analysis und deren Anwendung
auf die Zahlentheorie* unterrichtete. Drei Jahre später übernahm
er die Nachfolge Jordans als *Professor für Analysis* an der *École*

Polytechnique. Als im selben Jahr der von Hadamard aufrichtig bewunderte Freund Poincaré starb, wurde er sein Nachfolger in der *Akademie der Wissenschaften*.

Für gewöhnlich arbeitete Hadamard zu Hause, wo er, sobald er auf ein Problem stieß, zur Violine greifen konnte. Seine Tochter erinnert sich außerdem, dass er praktisch kein Wort niederschrieb und sogar von sich behauptete, ohne Worte zu denken, zumal es für ihn sehr schwer war, seine Gedanken in Worte zu fassen. Er kritzelte lediglich Formeln nieder, diktierte die in Worte zu fassenden Inhalte seiner Frau und fügte die Formeln dann nachträglich ein.

Hadamard war auch bekannt für seine Gastfreundschaft, der es zu verdanken war, dass einst ein kleines musikalisches Amateur-Ensemble entstanden ist, bei dem unter anderem Einstein mitspielte, wann immer er in Paris zu Besuch war. Nachdem Hadamard dann im Krieg an militärischer Forschung gearbeitet hatte, nahm er 1920 eine zusätzliche *Professorenstelle* an der *École Centrale des Arts et Manufactures* an, wo er bis zu seiner Pensionierung bleiben sollte. Im folgenden Jahr gründete er ein mathematisches Seminar, das sich von da an zweimal pro Woche für die nächsten 20 Jahre traf und im Laufe der Zeit nahezu alle Bereiche der Mathematik untersuchte. Immer wenn die bedeutendsten Mathematiker nach Paris kamen, um dort vorzutragen, hatte Hadamard grundsätzlich das letzte Wort, das die Bedeutung der einzelnen Ergebnisse abschließend einzuschätzen vermochte. Ja, Hadamard war durchaus auch ein begehrter Vortragender. Und er selbst liebte es zu reisen, beispielsweise in die USA, nach China und die Sowjetunion.

Bereits 1936 in den Ruhestand gegangen, flüchteten die Hadamards nach der Besetzung Frankreichs 1940 in die USA, später nach England und kehrten mit Kriegsende nach Paris zurück. Unterdessen verfasste er das bemerkenswerte Werk *Die Psychologie der Erfindung auf mathematischen Gebiet*, was ein Ergebnis seiner lebenslangen Suche nach dem Verständnis der Entstehung von Mathematik war. Als aber 1960 seine Frau starb, ließ auch Hadamards Gesundheit langsam nach, bis er selbst am 17. Oktober 1963 verstarb.

Hadamard hat Ergebnisse in *Funktionentheorie, Variationsrechnung, Zahlentheorie, Analytischer Mechanik, Algebra, Geometrie, Wahrscheinlichkeitstheorie, Kombinatorik, Elastizität, Hy-*

drodynamik, partiellen Differentialgleichungen, Topologie, Logik, Didaktik, Psychologie und *Geschichte* der *Mathematik* erzielt. Bekannt sind vor allem die *Cauchy-Hadamard-Formel* für den Konvergenzradius einer Potenzreihe, *Hadamard-Matrizen*, die *Hadamardsche Ungleichung für Determinanten*, das *Hadamard-Three-Circle-Theorem* sowie die *Hadamard-Wellengleichung* und vieles mehr.

ÉLIE CARTAN
(1869–1951)

Élie Cartan gilt als einer der Architekten der *modernen Mathematik*. Am 9. April 1869 in Dolomieu zwischen Lyon und Grenoble in einfachen Verhältnissen geboren, hatte er drei Geschwister, von denen seine jüngste Schwester Mathematiklehrerin und Autorin zweier erfolgreicher Schulbücher für Mathematik wurde.

Schon in der Grundschule zeigte Élie Cartan außergewöhnliche Intelligenz. Dass er trotz seiner Herkunft eine gehobene Ausbildung genießen konnte, verdankte er jedoch einem Zufall. Der spätere Justizminister besuchte die Schule und war beeindruckt von den Fähigkeiten Cartans; deshalb empfahl er dem zehnjährigen Jungen, sich für ein Stipendium zu bewerben, was dann auch gelang. Schließlich gelangte er mit 19 Jahren auf die *École Normale Supérieure*, wo er insbesondere von seinen Lehrern Hermite und Poincaré beeinflusst wurde. Letzterer lenkte Cartan in Richtung der *Anwendungen der Gruppentheorie* in der *Geometrie*.

Nach seinem Abschluss und einem Jahr Militärdienst lernte Cartan Sophus Lie kennen, der ein halbes Jahr in Paris verbrachte. Inzwischen hatte Killing in Münster, ein Schüler von Weierstraß, die klassische Arbeit *Die Struktur der endlichen stetigen Transformationsgruppen* herausgebracht, die versuchte, alle endlich-dimensionalen *Lie-Algebren* über den komplexen Zahlen aufzulisten. Da die Arbeit ein paar Fehler enthielt, lehnte Lie sie ab und verbot seinen Schülern, die Arbeit zu lesen.

Nun arbeitete sich Cartan zwei Jahre sorgfältig durch Killings Abhandlung und fand am Ende, dass sie im Großen und

Ganzen korrekt war. So reichte er eine vollständige *Klassifikation der einfachen Lie-Gruppen* als *Doktorarbeit* ein, die er als Buch herausgab. Hierbei verwendete er zwar die Methoden Killings, vermied aber die Fehler. Später wurden einige der darin enthaltenen Schlüsselideen mit Cartans Namen verbunden, obwohl sie eigentlich von Killing stammten. Es sind aber auch viele Ideen Cartan zuzuschreiben.

Über die Universitäten in Montpellier, Lyon und Nancy wurde er schließlich 1912 *Professor* an der *Sorbonne* in Paris. In all der vergangenen Zeit galt Cartans Hauptinteresse immer der *Riemannschen Geometrie*. Die globalen Methoden, die er einführte, gaben dem Gebiet neues Leben und ebneten den Weg zu den modernen Konzepten der Faserbündel. Dabei arbeitete er meistens ganz auf sich alleine gestellt. Dies lag zum einen an seiner großen Bescheidenheit, zum anderen an dem damaligen Interesse der französischen Mathematik, das eher der *Analysis* und weniger der *Algebra* galt. Als jedoch Hermann Weyl ab 1920 sich für Cartans Arbeit interessierte, änderte sich das schlagartig. Danach erhielt Cartan die verdiente Wertschätzung als einer der bedeutendsten Mathematiker. Mithilfe der algebraischen Methoden Graßmanns verbesserten Cartan und später Weyl die Theorie von Lie und machten sie genau zu dem wichtigen Baustein, der sie heute ist.

An der *Sorbonne* ging Cartan letztlich 1949 in den Ruhestand und unterrichtete fortan Mathematik an der *École Normale Supérieure für Frauen*. Nach langer Krankheit starb er am 6. Mai 1951 in Paris. Seine Tochter wurde in der Tradition des Vaters Mathematiklehrerin, sein Sohn Jean hingegen war Komponist und starb früh an Schwindsucht. Ein anderer Sohn, Louis, war Physiker, ging im Zweiten Weltkrieg in den Widerstand und wurde von den Deutschen hingerichtet. Sein Sohn Henri Cartan wurde selbst einer der bedeutendsten Mathematiker auf den Gebieten *Potentialtheorie*, *Algebraische Topologie* und *Funktionentheorie mehrerer komplexer Variablen*.

Felix Hausdorff

(1868–1942)

Felix Hausdorff wurde am 8. November 1868 als Sohn eines jüdischen Textilhändlers in Breslau geboren. Die Vorfahren Hausdorffs waren seit gut einem Jahrhundert preußische Bürger. Da die wirtschaftliche Lage Deutschlands nach dem Krieg gegen Frankreich gut war, boten sich günstige Möglichkeiten für Händler. Schließlich zogen sie nach Leipzig, wo Felix Hausdorff das Gymnasium besuchte. Nach dem Abitur 1887 begann er Astronomie und Mathematik an der dortigen Universität zu studieren. Neben seinen Astronomie- und Mathematikvorlesungen besuchte er Veranstaltungen in Theologie, Philosophie, Literatur und Musik. Schließlich 1891 erlangte er den *Doktorgrad* mit der Arbeit *Zur Theorie der astronomischen Strahlenbrechung*. Danach diente er ein Jahr freiwillig bei der Infanterie. 1895 *habilitierte* er sich mit einer Arbeit zur *Absorption von Licht in der Atmosphäre*. Kurz danach wurde er zum Privatdozenten ernannt. Im Zuge dieser Tätigkeit beschwerte Hausdorff sich einmal, dass Privatdozenten in Leipzig praktisch nicht als Menschen behandelt werden würden. Trotzdem wurde er 1901 in Anerkennung seiner Arbeit, insbesondere seiner Vorlesungen zur neu entstandenen *Wahrscheinlichkeitstheorie*, zum *außerordentlichen Professor* ernannt. Dabei hatte ein Drittel der Fakultät gegen Hausdorff gestimmt, nur weil er Jude war.

Hausdorffs eigentliches Interesse lag aber gar nicht in der Mathematik, sondern vielmehr bei Literatur und Philosophie. Sein Freundeskreis bestand dementsprechend fast nur aus Schriftstellern und Künstlern, unter ihnen der Komponist Max Reger. Letztlich begab sich Hausdorff auch selbst unter dem Pseudonym Paul Mongré in die Schriftstellerei, wo er nicht ohne Erfolg blieb. Sein Theaterstück *Der Arzt seiner Ehre* wurde zum Beispiel in Berlin etwa 100 Mal aufgeführt. Außerdem war Hausdorff ein hervorragender Pianist und komponierte sogar einige Stücke.

1899 heiratete er die zum protestantischen Glauben konvertierte Charlotte Sara Goldschmidt. Auch die gemeinsame

Tochter Leonore wurde getauft. Hausdorff hingegen blieb Jude, galt aber als »assimiliert«.

Ab 1904 begann Hausdorff nun auf den Gebieten zu arbeiten, die ihn berühmt machen sollten: *Topologie* und *Mengenlehre*. Er kam mit Cantor in Berührung, was ein Wendepunkt in seinem Leben werden sollte. Schließlich führte er das Konzept der *partiell geordneten Mengen* ein und bewies eine Reihe von Resultaten über *geordnete Mengen*. 1910 ging Hausdorff als *außerordentlicher Professor* nach *Bonn*, wo Mathematik endlich zu seinem Hauptinteresse wurde. Im Gegensatz zu Leipzig hatte man ihm in Bonn eine Dauerstelle angeboten. In dieser Zeit machte er besonders Fortschritte in der *mengentheoretischen Topologie*, in der die Untersuchung der Umgebung von Punkten von großer Bedeutung ist. Weiterhin wurde er 1913 *ordentlicher Professor* in *Greifswald*. Dort vollendete er im Frühjahr 1914 sein epochales Werk *Grundzüge der Mengenlehre*, durch das er weltweite Anerkennung fand und das viele Zweige der Mathematik beeinflusste.

Durch den Ersten Weltkrieg wurde seine Arbeit zunächst unterbrochen. Nach dem Krieg hatte Hausdorff Kontakt zu Mathematikern aus der ganzen Welt. Darunter waren viele junge Mathematiker, die insbesondere aus dem Osten kamen, um bei ihm zu studieren. In dieser Zeit entwickelte er eine neue Klasse von *Maßen*, die sogenannten *Hausdorff-Maße*, um das Volumen von Mengen zu bestimmen. Damit war ein neuer Begriff der *Dimension* verbunden, der auch gebrochene Werte annehmen konnte und heute als *Hausdorff-Dimension* bekannt ist. 1921 kehrte er als *ordentlicher Professor* nach Bonn zurück, hielt dort exzellente Vorlesungen und publizierte viele Arbeiten über *Mengenlehre* und *mengentheoretische Topologie*.

Nach der nationalsozialistischen Machtergreifung 1933 wurde Hausdorff zu Beginn verschont, weil er bereits vor 1914 im Staatsdienst gewesen war. 1934 schwor er zwar den erzwungenen Eid auf Hitler, musste aber trotzdem 1935 seine Stelle aufgeben. Hausdorffs Situation wurde nun immer schwieriger, so dass er 1939 versuchte, in die USA zu emigrieren. Dafür bat er Courant in Princeton um Hilfe, der aber nichts unternehmen konnte, weil die USA bereits überfüllt von jüngeren Emigranten waren. So erhielten die Hausdorffs 1942 die Aufforderung, sich im Kloster von Endenich einzufinden, von wo aus sie in das Konzentrationslager Theresienstadt deportiert werden sollten. Daraufhin wählten Felix Hausdorff und seine Frau Charlotte am 26. Januar 1942 den Freitod, herbeigeführt durch eine Überdosis Veronal.

ÉMILE BOREL
(1871–1956)

Mit dem vollen Namen Félix Edouard Justin Émile Borel wurde er am 7. Januar 1871 als Sohn eines Pastors in Saint-Affrique im Département Aveyron geboren. Anfangs vom Vater unterrichtet, ging Borel zuerst in Montauban zur Schule, danach auf das *Collège Saint-Barbe* in Paris. Dort bereitete er sich zusätzlich für die Aufnahmeprüfungen an der *École Polytechnique* und der *École Normale Supérieure* vor, wo er dann mit 18 Jahren brillieren konnte. Daraufhin wurde Borel bei beiden Institutionen zugleich auf den ersten Platz gesetzt, genauso wie Darboux und Hadamard vorher. Letzteren übertraf Borel sogar, indem er zusätzlich den ersten Preis im *nationalen Concours Général in Mathematik* gewann.

Die Entscheidung für ein Studium an der *École Normale* sollte für Borel noch wertvoll werden, weil er dort Freundschaften und Beziehungen knüpfte, durch die später seine breiten politischen und kulturellen Aktivitäten möglich wurden. Nach einem herausragend absolvierten Studium erlangte er schließlich 1892 seinen akademischen Abschluss. Schon zwei Jahre später reichte er seine *Doktorarbeit* mit dem Titel *Über einige Punkte in der Theorie der Funktionen* ein. Sie erregte nicht nur sofort internationales Aufsehen, sondern enthielt bereits die Keime seiner späteren Ergebnisse. Sowohl Borels *Maßtheorie*, seine *Theorie divergenter Reihen*, die *nicht-analytische Fortsetzung* wie auch die *Theorie der quasi-analytischen Funktionen* – allesamt waren als Entwurf bereits in seiner Doktorarbeit enthalten.

1893 erhielt er eine Anstellung als Dozent an der *Universität von Lille*, wo er in vier Jahren nicht weniger als 22 Arbeiten veröffentlichte. 1897 ging er zurück nach Paris, an seine »Alma mater«, wo er bis zu seinem Lebensende bleiben sollte. Direkt nach seiner Doktorarbeit folgten schnell andere bedeutende Veröffentlichungen. So erschienen zwischen 1896 und 1899 mehrere Arbeiten über die *Summation divergenter Reihen*. Ebenfalls 1896 gelang ihm ein elementarer *Beweis des Satzes von Picard* über die Werte *meromorpher Funktionen* bei eigentlichen Singularitäten. Mit diesem Ergebnis war überhaupt erst der Grundstein für die *metrische Theorie der Verteilung der Werte analytischer Funktionen* gelegt. Schon 1898 erschien Borels insgesamt einflussreichstes Buch *Vorlesungen über Funktionentheorie*. Darin entwickelte er seine Maßtheorie, in der messbare Mengen explizit definiert wurden, die heute als *Borel-Mengen* bekannt sind. Dieses Buch wiederum startete eine Reihe von etwa 50 Büchern, die man heute *Borel-Traktate* nennt. Borel selbst schrieb zehn davon.

Immer stark beeinflusst von Hermite, hatte Borel auch Cauchy bewundern gelernt. Im Speziellen untersuchte er Cauchys *monogene Funktionen*, die auf der Existenz der Ableitung basieren sowie auf den Weierstraßschen analytischen Funktionen, die durch Fortsetzung von Potenzreihen definiert waren. Außerdem war Borel auch sehr beeinflusst von Cantor. So führte Borel zusammen mit Baire und Lebesque die *Cantorsche Theorie* in die *moderne Theorie der Funktionen einer reellen Veränderlichen* ein. Vorher hatte lediglich Poincaré diese Theorie bei automorphen Funktionen verwendet.

Neben der mathematischen Forschung investierte Borel auch viel Zeit und Energie in Verwaltung und Politik. So war er bereits 1897 an der Organisation des *Internationalen Kongresses der Mathematik* in Zürich beteiligt. Privat tat sich im Jahr 1901 etwas Entscheidendes, als er die 17-jährige Marguerite Appell, die Tochter eines Kollegen, heiratete. Zwar gingen aus der Ehe keine eigenen Kinder hervor, jedoch adoptierten sie einen verwaisten Neffen.

Um 1906 – Borel hatte bereits um die 100 Publikationen vorzuweisen – begann er sein Interesse auszuweiten, unter anderem auf die *Wahrscheinlichkeitstheorie*. Und 1909 schuf die Universität von Paris einen Lehrstuhl für Funktionentheorie, den schließlich Borel erhielt. Außerdem wurde er zum wissenschaftlichen Leiter der *École Normale* ernannt – eine Aufgabe, die er sehr gerne erfüllte. Erst nach dem Ersten Weltkrieg, in dem sein Neffe gefallen war, gab er dieses Amt ab. Immerhin waren auch viele seiner Schüler gefallen, und Borel konnte deren Geister, die in den Korridoren noch zu spüren waren, einfach nicht ertragen. Doch 1920 übernahm er dann als Nachfolger Poincarés den *Lehrstuhl für Wahrscheinlichkeitstheorie und Mathematische Physik*. In dieser Zeit wandte Borel sich verstärkt der *Wahrscheinlichkeitstheorie* zu. Seine Ergebnisse auf diesem Gebiet veröffentlichte er schließlich in einer Reihe von Büchern zwischen 1925 und 1939. Unter anderem war er an der *Mathematischen Theorie von Bridge* beteiligt, das 1940 erschien, dem Jahr, in dem er letztlich in den Ruhestand ging.

Auch politisch war Borel sehr aktiv, und zwar in der republikanisch sozialistischen Partei, wo er es unter Painlevé sogar zum Marineminister brachte. 1941 wurde er von den Deutschen unter dem Verdacht der subversiven Aktivität inhaftiert. Da die Haftbedingungen hart waren, litt seine Gesundheit enorm. Doch nach seiner Freilassung nahm Borel seine wissenschaftliche Arbeit unberührt wieder auf. In den letzten 15 Jahren seit seiner Pensionierung veröffentlichte er mehr als 50 Arbeiten, Notizen und Bücher. Unterdessen hatte er nahezu die ganze Welt bereist und zahllose Vorträge gehalten. Und obwohl Borel noch im Sommer 1955 mit 84 Jahren einem Statistik-Kongress in Brasilien beiwohnte, starb er wenig später am 3. Februar 1956 in Paris.

Neben seinen wichtigen Beiträgen in verschiedenen Bereichen der Mathematik, besonders der *komplexen Analysis*, half Borel durch seine populärwissenschaftlichen Veröffentlichungen und durch seine Beteiligung an der Hochschul- und Staatspolitik ganz wesentlich bei der Verbreitung der Mathematik.

GODFREY HAROLD HARDY
(1877–1947)

JOHN EDENSOR LITTLEWOOD
(1885–1977)

SRINIVASA AIYANGAR RAMANUJAN
(1887–1920)

Wir haben es nun mit drei Mathematikern zu tun, deren wichtigste Erkenntnisse überwiegend aus dem Nährboden ihrer Zusammenarbeit entsprungen sind; deshalb lernt man sie und ihre Mathematik am besten als Einheit kennen. Dabei wird sich unvermeidlich zeigen, dass es sich bei Godfrey Harold Hardy, John Edensor Littlewood und Srinivasa Ramanujan um drei völlig unterschiedliche Charaktere handelt, was deren gemeinsame Schaffensgeschichte ja so interessant macht. Doch auch die Lebensgeschichte jedes Einzelnen von ihnen birgt eine besondere Faszination in sich.

Godfrey Harold Hardy wurde am 7. Februar 1877 geboren und wuchs als Lehrersohn in Cranleigh, einem 2000-Seelen-Ort in England, unter schlichten Bedingungen auf. Dort besuchte er zusammen mit seiner zwei Jahre jüngeren Schwester Gertrude Edith die *Surrey County School*. Weil die Schulklassen nicht nach Alter, sondern nach Leistung eingeteilt wurden, war Hardy aufgrund seiner herausragenden Leistungen als Zwölfjähriger bereits in der letzten Klasse, wo die meisten fünf Jahre älter waren als er. Darunter war er am Schuljahresende Zweitbester nach einem wesentlich älteren Schüler. Der für die Prüfungsergebnisse Verantwortliche, nämlich J. T. Ward, ein Fellow des *St. John's College* in *Cambridge*, erkannte sofort Hardys Begabung für Algebra, Geometrie und Trigonometrie und sagte ihm eine große Zukunft voraus. Auch seine Eltern nahmen die Begabung ihres Sohnes wahr und bemühten sich infolgedessen um ein geeignetes Stipendium. Die Wahl fiel schließlich auf *Winchester*, eine der angesehensten Public Schools überhaupt. Dort unterstellte sich Hardy 1890 neben weiteren 101 Bewerbern der Stipendiumsprüfung und wurde Erster.

Winchester galt als eine der härtesten Schulen, was sowohl an den Lehrenden als auch an den alteingesessenen Schülern lag. Letztere nämlich piesacken die Winchester-Neulinge immer aufs Neue mit dem Auftrag, Begriffe zu lernen, die winchestertypisch waren. Innerhalb dieser Machtausübung vonseiten der älteren Schüler wurde auch Hardy gezwungen, jene Wörter und Redewendungen, von denen es zu der Zeit bereits ganze Wörterbücher gab, zu lernen. Auch ansonsten herrschte in Winchester eine düstere Atmosphäre, die der einer Arbeitsfabrik gleichkam. Dabei empfand Hardy den Unterricht als einseitig und schlecht. All das machte es ihm schwer, sich in Winchester wohlzufühlen. Nun war sein letzter Lichtblick die Möglichkeit, Kricket zu spielen. Denn Hardy liebte Kricket schon als kleiner Junge, und es blieb neben der Mathematik immer seine große Leidenschaft. Doch auch diesbezüglich wurde Hardy in Winchester enttäuscht, da er nie in die Schulmannschaft aufgenommen wurde. Das lag vor allem an seiner Schlagschwäche, die er sich nicht eingestehen wollte. Daneben nämlich war Hardy ein sehr guter Sportler, insbesondere ein guter Fußballer und wegen seines drahtigen Körperbaus auch ein guter Läufer.

Um zumindest einen Teil der von Hardy wahrgenommenen Defizite Winchesters auszugleichen, nahm er Extra-Unterricht bei George Richardson, der nur für die besten Mathematikschüler zuständig war. In dieser Zeit gewann Hardy 1893 den vonseiten der Schule verliehenen *Duncan-Preis für Mathematik*. Doch trotz seiner Begabung für dieses Fach waren Hardys Interessen in Winchester noch breit gefächert. Er beschäftige sich eifrig mit Physik und hatte außerdem eine künstlerische Ader. Von Letzterem bekommt man vor allem dann einen Eindruck, wenn man Hardys spätes, aber zugleich grandioses Werk *A Mathematicans Apology* liest. Denn dieses zeugt nicht nur von mathematischer Bedeutung und Klarheit, sondern ebenso von hochgradigem Sprachstil und beeindruckender Unterhaltsamkeit. Er schrieb gern und las gern – gute wie schlechte Literatur –, und es heißt sogar, dass er aufgrund der Lektüre des zweitklassigen Romans *A Fellow of Trinity* beschloss, selbst an jenes *College in Cambridge* zu gehen.

1896 war es dann so weit: Hardy ging mit einem Stipendium ans *Trinity College* in Cambridge, welches neben Oxford das beste und traditionsreichste in England war. Der Ruf und die Atmosphäre Cambridges waren Hardy sehr wichtig – er ging gerne dorthin. Umso größer war sein Schock, als er von der *Tripos-Prüfung* für Mathematik erfuhr, der sich jeder Student des *Trinity College* unterziehen musste. Noch heute sagt man, jene Prüfung sei eine der härtesten, aber genauso eine der seltsamsten Mathematikprüfungen, die es je gab. Aus ihr gingen dann leistungsorientierte Studenten-Klassen hervor, an deren Spitze die *Senior-Wranglers* standen. Das *Tripos-System* prägte das gesamte Studium, was für diejenigen von Vorteil war, die danach strebten, die bestehende Mathematik perfekt zu beherrschen. Doch für die Forschung eignete sich die sogenannte *Tripos-Mathematik* nicht. Deshalb fiel es Hardy, übrigens genauso wie dem Philosophen Bertrand Russell, schwer, sich in jenes System einzufügen. Später empfand auch Littlewood die *Tripos-Prüfung* als unsinnig. Schließlich kämpfte sich jeder von ihnen mithilfe von *Tripos-Training* und mit der Aussicht, danach doch endlich Wissenschaft betreiben zu dürfen, durch das Prüfungsmartyrium. Für Hardy war es ein harter Weg, auf dem er an sich zu zweifeln begann. Kurzzeitig überlegte er sogar, ob er nicht das Mathematikstudium abbrechen und besser Geschichtswissenschaften studieren sollte. Doch dann begegnete er dem angewandten Mathematiker Love, einem Fellow der *Royal Society*. Dieser gab Hardy Camille Jordans mathematische Abhandlung *Cours d'analyse de L'École Polytechnique*, die Hardy so sehr beeindruckte, dass er sich endgültig für die Mathematik entschied. Als er es gelesen habe, äußerte er sich einmal, habe er zum ersten Mal erfahren, was wirkliche Mathematik ist.

Schließlich bestand Hardy die *Tripos-Prüfung* nicht nur mit dem hervorragenden vierten Rang in seinem Jahrgang, sondern auch ein Jahr früher als üblich. Bereits 1898, also mit 21 Jahren, veröffentlichte er seine erste Abhandlung, ein Jahr später machte er seinen College-Abschluss. Danach unterzog er sich zusätzlich dem wesentlich schwierigeren, zweiten Teil der *Tripos-Prüfung*, aus der er als Erster hervorging und zu diesem

Anlass kurzerhand zum *Fellow* von *Trinity* ernannt wurde. Nun also war Hardy Forscher und Lehrender in Cambridge – mit gerade mal 22 Jahren!

Das Bestehen des *Tripos* machte Hardy zum sozialen Wesen in Cambridge. Beispielsweise war er Mitglied eines Intellektuellen-Kollektivs, das sich später *die Apostel* nannte. Diesem Kreis gehörten die bedeutendsten Köpfe der damaligen Zeit an, wie zum Beispiel Woolf oder Russell. Ein Großteil seiner Mitglieder war homosexuell, was zwar um die Jahrhundertwende keineswegs öffentlichkeitstauglich war, aber auch nicht ungewöhnlich. Man vermutet, dass Hardy ebenfalls homosexuell war, obwohl er dies nie auslebte. Oder, um es mit Littlewoods späteren Worten auszudrücken: »*Hardy war ein nicht-praktizierender Homosexueller.*« Wie dem auch sei – egal was Hardys Kollegen oder Freunde auch zu irgendeiner Zeit von ihm wussten, so sprachen sie allesamt von einem seltsam anziehenden Charme, der ihn umgab. Einerseits schien er unnahbar und persönlich zurückgezogen, andererseits hatte er auf andere eine unglaublich verführerische Wirkung, sobald sie mit ihm ins Gespräch kamen. Außerdem war er ein Schönling, der sich aber selbst nicht sehen mochte. Man sagt, er habe in jedem Raum, in dem er sich länger aufhalten musste, die Spiegel verhängt.

Hardys Charme floss auch in alle seine Abhandlungen ein, und er machte ihn sehr beliebt unter den Studenten in Cambridge. Doch das war natürlich nicht alles. Schließlich sprachen zahlreiche Verdienste der Mathematik für ihn. Schon 1901 gewann er am College einen von zwei *Smith-Preisen*, 1903 erhielt er den *M.A.*, den höchsten akademischen Grad englischer Universitäten, und während er ab 1906 mit Vorlesungen über *elementare Analysis* und *Funktionentheorie* begann, schrieb und veröffentlichte er zahlreiche Artikel über *Integrale* und *Reihen*, die letztlich allesamt dazu beitrugen, dass er am 31. Oktober 1907 als Mitglied der *Royal Society* vorgeschlagen wurde. Der erste Anlauf schlug fehl, aber 1910 wurde er dann offiziell zum *Fellow of Royal Society* gewählt. Mittlerweile hatte Hardy sich mit der Kritik zahlreicher Mathematiklehrbücher beschäftigt und 1908 selbst ein solches verfasst. Es erhielt den Titel *A Course of Pure Mathematics* und war wegen seiner damals revolutionären Strenge, aber genauso weil es ein Buch zum Lesen war, ein großer Erfolg.

Innerhalb der Mathematik waren Hardys Vorlieben und Spezialgebiete schnell klar. Von Beginn an wollte er nie etwas anderes sein als ein *Reiner* Mathematiker, der sich von jeglichem Nutzen und praktischer Anwendung befreit. Die Sphären einer vorgestellten Welt durch die Mathematik, wie beispielsweise die der *Zahlentheorie*, hielt Hardy für wesentlich ästhetischer, kunstvoller und deswegen erstrebenswerter. Umso erstaunlicher ist es, dass Hardy sich an der 1908 aufgekommenen Diskussion um die Richtigkeit der *Mendelschen Gesetze* beteiligte. Anlass war ein Artikel in den *Proceedings of the Royal Society of Medicine*, der die Mendelsche Genetik so interpretierte, dass die dominanten Merkmale sich in Populationen tendenziell verbreiten würden. Da dies tatsächlich falsch sei, wurden die *Mendelschen Gesetze* infrage gestellt. Daraufhin protestierte Hardy gegen diesen Artikel, indem er mittels *Wahrscheinlichkeitsrechnung* und algebraischer Manipulation bewies, dass der Anteil jedes Gens in jeder Generation der gleiche ist, demnach also, dass sich dominante Eigenschaften nicht in Populationen verbreiten und regressive Merkmale erhalten bleiben. Auf dasselbe Ergebnis kam im gleichen Jahr der deutsche Physiker Wilhelm Weinberg. Da es sich in der *Populationsgenetik* durchsetzte und auch in der *Blutgruppenforschung* Anwendung fand, findet man das von beiden entwickelte Prinzip noch heute in jedem Lexikon als *Hardy-Weinberg-Formel*. Aufgrund von Hardys strenger Auffassung der Mathematik jedoch zählt er dieses Verdienst selbst zu dem, was er als nutzlos bezeichnete.

Sooft sich Hardy selbst, wie hier ja auch, nicht so wichtig nahm, so sehr konnte er sich für das Talent anderer Mathematiker-Köpfe begeistern. So erkannte er am besten die tatsächliche Begabung Littlewoods sowie Ramanujans. Vor allem Letzterer wäre ohne Hardy vermutlich immer verkannt geblieben.

Doch zunächst trat der acht Jahre jüngere **John Edensor Littlewood** in sein Leben, als dieser eine *Dissertation* zur *Riemannschen Zeta-Funktion* in Cambridge einreichte und damit Hardys Aufmerksamkeit erweckte.

Dabei war Littlewood mit seiner Bewerbung um ein Forschungsstipendium am *Trinity College* eigentlich ein Opfer der Isolation und Rückständigkeit der britischen Mathematik um die Jahrhundertwende. Denn nach seiner erfolgreich beendeten *Tripos-Prüfung*, aus der er als *Senior Wrangler* hervorging, gab ihm sein Tutor die Aufgabe, die Nullstellen einer Funktion zu berechnen, bei der es sich, ohne dass Littlewood davon in Kenntnis gesetzt wurde, um die *Zeta-Funktion Riemanns* handelte. Littlewood fand die Nullstellen nicht, allerdings erkannte er einen Zusammenhang zwischen der besagten Funktion und den *Primzahlen* und glaubte damit auf eine entscheidend neue Erkenntnis für die Mathematik gestoßen zu sein. Dem war nicht so. Dennoch war Hardy, der im Gegensatz zu manch anderem englischen Mathematiker dieser Zeit sehr wohl in Kenntnis der neuesten Ergebnisse war, sich der außergewöhnlichen Fähigkeiten Littlewoods sicher; deswegen sorgte er auch dafür, dass Littlewood möglichst bald am *Trinity College* eine Festanstellung bekommen würde, was 1910 dann endlich geschah.

In der Zwischenzeit hatte sich Littlewood in Manchester aufgehalten. Und geradezu nebenbei erhielt er 1908 den *Smith-Preis* am *Trinity College* und wurde somit zum dortigen *Fellow* ernannt. Dass Littlewood überhaupt in Cambridge studieren konnte, wurde, genau wie bei Hardy, durch ein Stipendium unterstützt, welches er nach seinem zweijährigen Aufenthalt an der *St. Paul's School* in *London* 1902 zugesprochen bekam. Ursprünglich war es für Littlewood sehr naheliegend, ans *Trinity College* zu gehen, da auch sein Vater, Edward Thornten Littlewood, dort 1882 neunter Wrangler des *Mathematik-Tripos* gewesen ist und danach zusammen mit seiner Frau Sylvia Maud Ackland die drei Kinder in Cambridge großziehen wollte. Doch dann hatte der Vater 1892 ein Stellenangebot in Südafrika der Chance, *Fellow* des Magdalene College in Cambridge zu werden, vorgezogen. Daraufhin wanderte die Familie Littlewood nach Wyneberg, Südafrika, aus. Dort aber war der Unterricht und insbesondere der Mathematikunterricht sehr schlecht, was den kleinen John Edensor unglücklich machte. Als er sogar Depressionen bekam, schickten ihn seine Eltern 1900 zurück nach England.

Littlewood kam also auf kleinen Umwegen nach Cambridge. Mit seiner Einstellung am College 1910 begann nun die lange gemeinsame Schaffenszeit Hardys und Littlewoods. Sie waren zwar grundverschiedene Typen, weil Hardy ja der penible und strenge Mathematiker war und Littlewood dagegen eher der Draufgänger, doch sie sollten in 37 Jahren über 100 gemeinsame Artikel veröffentlichen. Für Hardy war eine derart ertragreiche Zusammenarbeit durchaus typisch – Teamwork war eine seiner Stärken. Littlewood jedoch neigte wegen seiner depressiven Anlagen zeitlebens eher dazu, sich zurückzuziehen. Auch das Privatleben Littlewoods gestaltete sich etwas anders als bei Hardy. Man sagt, er sei ein Frauenheld gewesen und hätte sogar ein uneheliches Kind mit einer verheirateten Frau gehabt. Mit ihr verbrachte er regelmäßig die Sommer in Cornwall. Weiterhin liebte Littlewood die Musik von Bach, Beethoven und Mozart, während Hardy sich nie für etwas Vergleichbares begeistern konnte. Nur eines verband die beiden außerhalb der Mathematik, und das war Kricket.

Vielleicht waren auch gerade aufgrund jener Unterschiede die in Mathematikerkreisen heute noch legendären *Hardy-Littlewood-Regeln* für die gemeinsame Arbeit und Korrespondenz sehr förderlich. Auch sie versprühen einen gewissen Charme, der eine Schaffensgeschichte durchaus unterhaltsam werden lässt:

1. *Axiom*: Es spielt keine Rolle, ob das, was man einander schrieb, richtig oder falsch war.
2. *Axiom*: Es gab keine Verpflichtung, zu antworten oder auch nur den Brief des anderen zu lesen.
3. *Axiom*: Sie sollten versuchen, nicht über dieselben Dinge nachzudenken.
4. *Axiom*: Zur Vermeidung von Streitigkeiten sollten alle Artikel unter ihrem gemeinsamen Namen erscheinen, unabhängig davon, ob einer von ihnen überhaupt etwas zu der Arbeit beigetragen hatte.

Der zeitgenössische Mathematiker Bohr bemerkte einst zu jenem sonderbaren Arbeitsverhältnis: »*Es gab wohl nie eine so wichtige und harmonische Zusammenarbeit, die auf solch negativen Axiomen begründet war.*«

Nach Landaus Veröffentlichung seines *Handbuches der Lehre von der Verteilung der Primzahlen* im Jahre 1909 rückte die *Riemannsche Vermutung* mit in das Zentrum mathematischer Forschung. Auch Hardy und Littlewood begeisterten sich sehr für Landaus Buch sowie insgesamt für das Gebiet der Primzahlforschung.

Littlewoods wichtigster Beitrag zur Primzahlthematik hatte mit dem *logarithmischen Integral Li(N)* von Gauß zu tun, mittels welchem die Anzahl der Primzahlen bis zu einer Zahl *N* abgeschätzt werden konnte. Dazu stellte Gauß eine zweite Vermutung auf, die besagt, dass seine Funktion die Primzahlenanzahl immer etwas überschätzt, nie aber unterschätzt. Eben in dieser angenommenen Eindeutigkeit ihres Spielraums unterschied sich die Gaußsche Funktion von der von Riemann. Littlewood befasste sich mit der *zweiten Primzahlvermutung* von Gauß zu einer Zeit, in der man bereits ihre Richtigkeit bis zur Zahl *10 000 000* nachgewiesen hatte, so dass sie sich schließlich in der Forschung zur Grundlage für weitere Theoreme auf jenem Gebiet etablierte. Doch Littlewood entlarvte diese leichtfertige Verwendung der *zweiten Gaußschen Vermutung* als fatalen Fehler. Denn 1912 konnte er beweisen, dass in fernen Zahlenregionen eine Unterschätzung der Anzahl der Primzahlen durch die *Gaußsche Funktion* stattfindet und folglich die *Gaußsche Vermutung* irgendwann falsch wird. Wo genau dies zutrifft, konnte jedoch bis heute nicht ermittelt werden. Doch Littlewood konnte mithilfe seiner theoretischen Überlegungen weitere Vermutungen erfolgreich widerlegen. Zum Beispiel hat er gezeigt, dass die *Riemannsche Funktion für die Primzahlenanzahl* nur bis zur ersten Million den genaueren Wert angibt als die von Gauß. Danach aber werden die Vorhersagen der letzteren Funktion genauer. Auch mit diesem Beweis hatte Littlewood eine allgemein verbreitete Annahme erschüttert und widerlegt.

Hardys großes Verdienst auf dem Gebiet der *Primzahlenforschung* war ein noch wesentlicherer. Nach Landaus und Bohrs Arbeit wusste man, dass sich die meisten Nullstellen in unmittelbarer Nähe von Riemanns *kritischer Geraden* befinden würden sowie dass es unendlich viele Nullstellen geben musste. Allerdings waren erst 71 davon identifiziert. Nun gelang es Hardy 1914 zu beweisen, dass *unendlich viele Nullstellen* auf der senkrechten Geraden durch den Punkt ½ liegen, also auf Riemanns *kritischer Geraden*. Von diesem Ergebnis war vor allem der Mathematikerkollege Hilbert sehr angetan. Dieser bezeichnete Hardy anschließend einmal als den besten Mathematiker Englands.

Obwohl er die *Riemannsche Vermutung* nicht vollständig beweisen konnte, war sie allgegenwärtig in alltäglichen Dingen aus Hardys Leben. Dazu gehörte neben Kricket ebenso sein lebenslänglicher Kampf gegen Gott. Diesen führte er aus atheistischer Überzeugung heraus und ging so weit, dass er vor der Heimreise von einem Besuch bei Bohr in Kopenhagen eine ganz eigentümliche Lebensversicherung mit beziehungsweise gegen Gott abschloss, da er wegen der rauen See um sein Leben bangte. Bevor er auf das Schiff ging, schickte er eine Postkarte an Bohr, die nicht weniger behauptete als dies: *Habe die Riemannsche Vermutung bewiesen. Postkarte zu klein für den Beweis.* Damit, glaubte Hardy, könne Gott niemals zulassen, dass sein Schiff untergehe, weil er dadurch unsterblich werden würde. Und das konnte nicht im Sinne Gottes sein, schließlich handelte es sich bei Hardy um dessen ärgsten Feind. Jedenfalls kam er heil in England an, was er als erneuten Erfolg für die Bedeutung der *Riemannschen Vermutung* sowie für seine AntiGott-Überzeugung wertete.

Mitten in Hardys erfolgreichen Forschungen zur *Riemannschen Vermutung* widerfuhr ihm noch ein weiteres Glück: Er erhielt einen am 16. Januar 1913 abgeschickten Brief aus Indien. Dieser kam von **Srinivasa Aiyangar Ramanujan**, einem einfachen Buchhalter der Hafenbehörde in Madras, und enthielt zahlreiche Theoreme, die unter anderem mit Primzahlen zu tun hatten. Allerdings waren sie in unkonventioneller mathematischer Sprache verfasst, zudem ohne jeglichen Beweis, so dass Hardys erste Reaktion auf Ramanujans Brief Verärgerung war. Damit war er nicht alleine. Denn Ramanujan hatte bereits bei dem Londoner Professor Hill und bei einigen anderen Mathematikern vergeblich um Beachtung seiner Sätze gebeten. Doch die scheinbar wirren Formeln jenes Fremden ließen Hardy nicht mehr los. Er selbst meinte einmal: »*Ich hatte nie zuvor etwas gesehen, was diesem auch nur im Geringsten ähnlich war.*« Schließlich benachrichtigte Hardy Littlewood und versuchte mit ihm den Ramanujanschen Formelcode zu knacken. Mitten in der Nacht desselben Tages hatten sie Ramanujans ursprüngliche Formel $1 + 2 + 3 + \ldots = -\frac{1}{12}$ umgeformt zu dieser: $1 + \frac{1}{2^{-1}} + \frac{1}{3^{-1}} + \ldots + \frac{1}{n^{-1}} + \ldots = zeta(-1) = -\frac{1}{12}$; dabei wandten sie den Trick an, jede Zahl als Umkehrbruch zu schreiben. Somit steht zum Beispiel für 2 nun $\frac{1}{2^{-1}}$, wobei (2^{-1}) das Gleiche wie ½ ist. Mit der Umformung wurde nun klar, dass Ramanujan auf Riemanns

Ergebnis für die Eingabe von – 1 in die *Zeta-Funktion* gekommen war, ohne auch nur einen Hauch an formaler Mathematik-Ausbildung genossen zu haben. Allein damit entpuppte er sich als mathematisches Genie. Doch auch unter den ungefähr fünfzig übrigen Sätzen aus Ramanujans Schreiben befanden sich viele, die von Hardy schon bald als wichtig für die Fortentwicklung der Mathematik eingeschätzt wurden. Und schließlich sollten noch nach Ramanujans Tod zahlreiche Mathematiker den Behauptungen aus jenem ersten Brief Aufmerksamkeit schenken und somit zu mathematischen Fortschritten gelangen.

Nachdem Hardy alle Theoreme Ramanujans überprüft und sie ihrer Bedeutung nach geordnet hatte, schickte er eine Antwort nach Indien, die Ramanujan zwar dringend zu Beweisen all seiner Sätze aufforderte, doch gleichzeitig sein großes Interesse deutlich machte. Ein weiterer Brief Ramanujans enthielt abermals eine endlose Kette von unbewiesenen Theoremen, so dass Hardy nur einen möglichen Weg sah, das Potenzial des Inders auszuschöpfen, nämlich indem er ihn zu sich nach Cambridge holte, um ihn mit den Grundlagen der Mathematik vertraut zu machen. Dabei gab es allerdings vorerst noch Probleme, weil Ramanujans brahmanischer Glaube ihm verbot, das Meer zu überqueren. Doch dann erschien ihm im Traum die Göttin Namagiri und erlaubte ihm, nach England zu gehen. Ansonsten hätte er seine Heimat, wo er auch bereits eine Frau hatte, vermutlich nie verlassen.

Doch endlich, 1914, erreichte Ramanujan das fremde Cambridge, das wie ein kultureller Schock auf ihn wirkte. Dort trug man Schuhe und schwarze Umhänge und aß viel Fleisch. In Madras lief man aber barfuß herum und ernährte sich überwiegend vegetarisch. Deswegen hatte Ramanujan es schwer, sich in England wohlzufühlen. Einzig die Liebe zur Mathematik verhinderte seine Verzweiflung. Jene teilte er mit Hardy, in dem er zugleich einen sehr rücksichtsvollen sowie von ihm begeisterten Partner gefunden hatte. Zusammen widmeten sie sich nun verschiedenen *zahlentheoretischen* Problemen. Zunächst gelang ihnen ein Fortschritt in Bezug auf die *Goldbachsche Vermutung*, welche besagt, dass jede gerade Zahl größer als 2 sich als Summe zweier Primzahlen darstellen lässt. Hierbei war ein wichtiger Schritt die Bestimmung der *Anzahl der*

Partitionen (die verschiedenen Möglichkeiten, eine Zahl durch Summen darzustellen) jeder beliebigen Zahl. Bisher hatte man bestenfalls an eine Annäherungsformel geglaubt. Doch die Kombination aus Ramanujans Glauben an seine Eingebungen und Hardys Beweis-Ehrgeiz führte zu einer Formel, mit der man die Zahl der Partitionen genau berechnen kann, solange man – und das ist das einzige Defizit hierbei – das Ergebnis immer zur nächsten ganzen Zahl aufrundet.

Schließlich resultierte aus genau dieser gemeinsamen Arbeit von Ramanujan und Hardy zusätzlich eine Technik, die heute die *Hardy-Littlewood-Kreismethode* genannt wird. Allerdings hat mittels dieser Methode Hardy erst 1923, und zwar zusammen mit Littlewood, einen Fortschritt in Bezug auf die *Goldbachsche Vermutung* erreicht; deshalb taucht Ramanujans Name bei der *Kreismethode* auch leider nicht auf. Aber Hardy und Littlewood bewiesen nun, dass jede ungerade Zahl größer als eine vorgegebene riesige Zahl sich als Summe von drei Primzahlen schreiben lässt, vorausgesetzt die *Riemannsche Vermutung* ist richtig!

So wie hier hat einiges, was einst aus Ramanujans Feder oder zumindest unter seiner Mitwirkung entsprungen war, später an Wichtigkeit gewonnen, ohne dass er selbst es noch erfahren durfte. Denn Ramanujan ging es ab dem Jahr 1917 zusehends schlechter in Cambridge. Obwohl er im März 1916 durch seine Dissertationsarbeit *Highly composite numbers* zum *Bachelor of Science by Research* geworden und qualifiziert genug war, verwehrte man ihm eine Stelle als *Fellow* von *Trinity*, weil während des Ersten Weltkrieges am College keinerlei pazifistische Neigungen toleriert wurden. Auch Hardy hielt den Krieg für einen Fehler, hatte sich jedoch offiziell zum Kriegsdienst bereit erklärt, wurde aber ausgemustert. Littlewood hingegen verließ Cambridge, um der *Royal Artillery* zu dienen. Inzwischen wurde Ramanujan immer deprimierter, weil er die Vorzüge seiner Heimat vermisste. Genauso wirkte die mathematische Strenge auf ihn mehr und mehr einengend. Hinzu kam nun eine Tuberkulose, woraufhin ihm die Ärzte nicht mehr viel Lebenszeit prophezeiten. Ramanujan selbst führte diese auf eine Fehlinterpretation seines einstigen Traumes von Namagiri zurück und glaubte deshalb, dass er jetzt für seinen Englandaufenthalt von den Göttern bestraft würde. Seine Verzweiflung führte ihn, trotz vorübergehender Genesung, letztlich zum Selbstmordversuch, der allerdings missglückte. Infolgedessen wurde Ramanujan angeklagt, weil Suizid damals strafbar war. Doch Hardy konnte dafür sorgen, dass er nicht ins Gefängnis, stattdessen aber in ein Sanatorium kam. Später wurde er krank in ein Pflegeheim in Puney in London überliefert, wo ihn Hardy regelmäßig besuchte und die mathematische Konversation am Leben hielt. Vielleicht war das der einzige Weg, auf dem er seine tiefe Zuneigung zu Ramanujan wirklich ausdrücken konnte. Denn für Hardy war Ramanujan zum Freund geworden.

Nach Kriegsende 1918 erhielt Ramanujan dann doch einen *Fellowship* am *Trinity College*, nachdem er kurz vorher sogar in die *Royal Society* gewählt worden war. Trotz allem trug das nicht zu Ramanujans Wohlbefinden bei; deswegen schlug Hardy einen Heimaturlaub zur Erholung vor. Doch Ramanujan sollte sich nie wieder erholen und starb letztendlich am 26. April 1920 in Madras an einer Infektion des Dickdarms, die er nachgewiesenermaßen bereits in sich trug, bevor er Indien verlassen hatte. Die Nachricht über Ramanujans Tod schockte Hardy, der zwischenzeitlich *Professor* in *Oxford* geworden war, am allermeisten. Schließlich sagte dieser selbst: »*Für mich war seine Originalität eine nie endende Quelle von Anregungen, und sein Tod ist einer der schlimmsten Schicksalsschläge meines Lebens.*«

Inzwischen war Hardy 1919 nach Oxford gegangen, wo er bis 1931 *Professor für Geometrie* war. Er selbst schrieb der Oxforder Zeit seine mathematische Bestform zu, und tatsächlich war er dort auch glücklicher als noch in Cambridge. Dabei wurde aber die Zusammenarbeit mit Littlewood nie unterbrochen. Zwischen 1926 und 1928 sowie später zwischen 1939 und 1941 war Hardy zusätzlich zum *Präsidenten der Londoner Mathematiker-Gesellschaft* ernannt worden, von derselben er 1929 die *De-Morgan-Medaille* erhielt. 1928 unternahm Hardy ein Austauschjahr zusammen mit Veblen und lehrte für ein Jahr in Princeton.

Littlewood war währenddessen 1928 *Rouse-Ball-Professor der Mathematik* in *Cambridge* geworden. Über die Jahre der Zusammenarbeit mit Hardy hinweg entstand schließlich eine Sammlung mathematischer Abhandlungen unter Verwendung der *Hardy-Littlewood-Ramanujan-Methode*, die unter dem Titel *Par-*

titio numerorum veröffentlicht wurde. In den späten 1930er-Jahren begann Littlewood außerdem seine 20jährige Zusammenarbeit mit Mary Cartwright anlässlich aktueller Forschungen zur Funktechnik. Dabei untersuchten sie spezielle nicht-lineare Differentialgleichungen. Dieser Arbeit wurde später die erstmalige Verwendung von Poincarés *Transformationstheorie* zugesprochen. Daneben spielte der Littlewood-Cartwrightsche Fortschritt bezüglich der *Parametertheorie* eine Rolle für die moderne Entwicklung der *dynamischen Systemtheorie* sowie der *Chaostheorie*. Für seine Verdienste auf diesem Forschungsgebiet, aber auch auf anderen, wie dem der beschriebenen *Zeta-Funktion*, erhielt Littlewood 1958 die *Copley-Medaille*. Bereits vorher hatte man ihm 1929 die *Royal-Medaille* und 1943 die *Sylvester-Medaille* verliehen.

Bis zu seinem Tod am 6. September 1977 sollte Littlewood noch viele Auszeichnungen zahlreicher europäischer Universitäten erhalten, unter anderem von Göttingen und Paris. Ganz wichtig war für ihn persönlich, dass er seit 1957 seine Depressionen etwas in den Griff bekommen hatte und sich schließlich auch anderen gegenüber mehr öffnete.

Hardy hingegen kämpfte mit zunehmendem Alter sowohl mit seinem geistigen als auch körperlichem Verfall. Ein Herzinfarkt 1939 zeigte ihm bereits die letztgenannten Schwächen auf, seine nachlassende Kreativität jedoch machte ihn gar depressiv. Aus Hardys Sicht durfte ein Mathematiker nicht alt sein. So bezeichnet er im 1940 veröffentlichten Großwerk *A Mathematicians Apology* die Mathematik als gänzlich kreatives Gebiet, hingegen nicht als besinnliches, welches deshalb im Alter auch keinen Trost spende! Diesen fand Hardy – so schreibt er in jenem Werk weiterhin – nur in Erinnerung an die gemeinsame Schaffenszeit mit Ramanujan und Littlewood: »*Ich habe etwas getan, was du niemals tun wirst: Ich habe mit Littlewood und Ramanujan auf so etwas wie einer gemeinsamen Ebene zusammenarbeiten dürfen.*«

Wie Ramanujan viele Jahre vorher, versuchte Hardy 1947 ebenfalls, sich das Leben zu nehmen. Obwohl er sich von den vielen Tabletten erbrechen musste und überlebte, starb er noch am 1. Dezember desselben Jahres.

LUITZEN EGBERTUS JAN BROUWER
(1881–1966)

Brouwer ragt aus einer Reihe bemerkenswerter niederländischer Mathematiker noch heraus. Er ist vor allem wegen seiner Ansichten über die Grundlagen der Mathematik bekannt, hat aber auch andere bedeutende Resultate erzielt.

Luitzen Egbertus Jan Brouwer, in seiner Familie Bertus genannt, wurde am 27. Februar 1881 in Overschie, das heute zu Rotterdam gehört, geboren. Die Eltern stammten aus Friesland, sein Vater war Lehrer. Bereits mit 16 Jahren wurde Brouwer zum Studium an der *Universität von Amsterdam* zugelassen. Seinen Abschluss erreichte er allerdings erst sieben Jahre später, weil er unterdessen einige Zeit dem Militär diente, woraufhin er auch mit gesundheitlichen Problemen kämpfte. Während der Studienzeit schloss er sich unter anderem den *Remonstranten* an, einem kleinen Zweig der protestantischen Kirche. Außerdem fand er Zeit für eine Italienreise, die er zu Fuß unternahm, weil Wandern und körperliche Betätigung zu seinen Leidenschaften gehörten. 1904 heiratete er die elf Jahre ältere Bernadina Frederica Elizabeth de Holl, die aus erster Ehe eine Tochter mitbrachte. Noch im selben Jahr bauten sie sich eine Ferienhütte in Blaricum, einem Ort der frühen Hippie-Kultur.

Schon als Student hatte Brouwer drei Arbeiten über die *Struktur der Rotationsgruppe im vierdimensionalen Raum* veröffentlicht, außerdem zwei weitere Arbeiten über *Potentialtheorie*. Daneben hielt er die gesamte Vorlesungsreihe *Leben, Kunst und Mystizismus*, die später auch veröffentlicht wurde. In seiner *Doktorarbeit* behauptete Brouwer, drei von Hilberts berühmten Problemen gelöst zu haben. Alle drei Lösungen stellten sich später jedoch nur als Teillösungen heraus.

Nun widmete sich Brouwer der *streng mathematischen Untermauerung der Topologie*, die in dieser Zeit von Poincaré, Schönflies und Hausdorff vorangetrieben wurde. Letztlich zeigte er, dass einige Resultate falsch bewiesen worden waren oder sogar gänzlich falsch waren. Zudem gelang ihm ein eleganter *neuer Beweis* des *Jordanschen Kurven-Satzes*. Doch die zu dieser

Zeit bedeutendste Arbeit Brouwers beschäftigte sich mit *Fixpunkten*. Was bedeutet das aber? Einfach ausgedrückt konnte Brouwer zeigen, dass, egal wie man einen Fußball zu Beginn eines Spiels und nach der Halbzeitpause auf den Anstoßpunkt legt, ein Punkt der Balloberfläche beide Male an derselben Position ist.

1909 beschäftigte er sich erneut und noch intensiver mit *Topologie*. Im gleichen Jahr wurde Brouwer auch *Privatdozent in Amsterdam* und lernte außerdem Hilbert persönlich kennen. Damals entwickelte er ebenfalls die *Idee der simplizialen Approximation stetiger Funktionen*. Die nächsten zwei Jahre gestalteten sich ebenso fruchtbar, und so gelang es Brouwer tatsächlich, die *Topologie* weit über den Stand, den Poincaré geschaffen hatte, hinauszuführen. Allerdings verstrickte er sich in Streitigkeiten mit Lebesgue über die *topologische Invarianz der Dimension*.

1912 wurde Brouwer zum *Professor* an der *Universität Amsterdam* ernannt, was ihn von den finanziellen Problemen befreite, die sich in seiner Zeit als Privatdozent angehäuft hatten. Nach dem Ersten Weltkrieg erhielt er unter anderem Angebote, nach Berlin und Göttingen zu gehen, die er jedoch ausschlug. Denn Brouwer hatte das Ziel, Amsterdam zu einer mathematischen Hochburg, ähnlich wie Göttingen, aufzubauen. Mit dieser Absicht versuchte er, Weyl nach Amsterdam zu bringen, was jedoch scheiterte. Brouwer war mittlerweile sehr berühmt, so dass viele junge Topologen zu ihm kamen, um von ihm zu lernen. Seine Schüler, insbesondere Hurewicz, entwickelten unter seiner Inspiration die *Homotopie-Theorie*, ein Gebiet, über das Brouwer bereits 1912 nachgedacht hatte. Doch er selbst wandte sich nun den Grundlagen der Mathematik zu, was zum Konflikt mit Hilbert führte. Hilbert war Formalist und wollte die Mathematik aus einer Menge von Axiomen entwickeln. Brouwer dagegen war *Konstruktivist*, speziell *Intuitionist*, und wollte Argumente, die auf dem aristotelischen *Prinzip der ausgeschlossenen Mitte* beruhen, nicht akzeptieren. Das Prinzip der ausgeschlossenen Mitte besagt, dass eine Aussage entweder *wahr* ist oder eben *falsch*. Wenn nun eine *Aussage falsch* ist, muss die *Verneinung dieser Aussage wahr* sein. Wenn beim intuitionistischen Ansatz hingegen eine Aussage *falsch* ist, muss deren Verneinung *nicht wahr* sein. Hier muss die *Wahrheit einer Aussage* oder aber die *Wahrheit ihrer*

Verneinung jeweils explizit *nachgewiesen* werden. Folglich ist ein Widerspruchsbeweis nicht mehr möglich. Brouwer wollte nun die gesamte Mathematik intuitionistisch entwickeln, weshalb er sogar seinen eigenen Fixpunktsatz ablehnte. Gewissermaßen als Ersatz für diesen konnte Brouwer nun Resultate zeigen, die in der herkömmlichen Mathematik keine Entsprechung hatten. Wegen der Angriffe Hilberts speziell auf diesem Gebiet arbeitete er meistens zurückgezogen im Privaten. Viele seiner Arbeiten wurden deshalb 1943 bei einem Brand in seinem Haus zerstört.

Nach dem Zweiten Weltkrieg arbeitete Brouwer weiter an den Grundlagen der Mathematik und gab Vorlesungen in Cambridge. Das Buch, das auf diesen Vorlesungen beruht, wurde allerdings nie publiziert. In den Niederlanden wurde ihm bedauerlicherweise seine Sympathie für das Nachkriegs-Deutschland vorgeworfen, und er wurde ungerechtfertigt als Kollaborateur bezeichnet.

1951 ging Brouwer in den Ruhestand. Schließlich am 2. Dezember 1966 starb er im Alter von 85 Jahren, nachdem er in Blaricum von einem Auto überfahren worden war.

Amalie Emmy Nöther
(1882–1935)

Emmy Nöther ist die erste wirklich herausragende Mathematikerin. Ihr moderner Zugang zur abstrakten *Algebra* lieferte nicht nur bedeutende neue Resultate, sondern inspirierte auch die Arbeit vieler ihrer Studenten und Kollegen.

Amalie Emmy Nöther wurde am 23. März 1882 in Erlangen geboren, ihr Vater Max war Mathematikprofessor an der dortigen Universität, ihre Mutter kam aus einer reichen jüdischen Familie aus der Nähe von Köln. Nach einer konventionellen schulischen Erziehung hörte sie Vorlesungen in Erlangen und Göttingen, durfte sich aber erst 1904 offiziell an der *Universität Erlangen* einschreiben. Vorher war Frauen das Studium verboten. Bereits 1908 legte sie ihre Doktorarbeit *Über vollständige Invariantensysteme ternärer biquadratischer Formen* in Erlangen vor, für die sie »*summa cum laude*« verliehen bekam.

Die nächsten sieben Jahre blieb sie ohne Anstellung in Erlangen, lehrte ein wenig, forschte dagegen intensiv. Von dem
Algebraiker Ernst Fischer wurde Emmy Nöther von den al-
gorithmischen Methoden Gordans zu dem theoretischen Stil
Hilberts geführt. Infolgedessen wurde sie prompt von Hilbert und Klein nach Göttingen eingeladen. Emmy Nöther war
schließlich auch eine der Ersten, die die Auswirkungen der
Relativitätstheorie, die zu dieser Zeit für viel Furore sorgte, verstand und zwei Resultate lieferte, die in der *Allgemeinen Relativitätstheorie* wichtig waren.

Hilbert wollte ihr eine Stelle schaffen, stieß aber auf Widerstand. Erbost sagte er in einer Fakultätsversammlung: »*Ich
sehe nicht [ein], dass das Geschlecht eines Kandidaten ein Argument
gegen ihre Zulassung als Privatdozent ist. Immerhin sind wir eine
Universität und keine Badeanstalt.*« Allerdings scheinen es mehr
ihre radikalen politischen Ansichten als ihr Geschlecht gewesen zu sein, die zu ihrer Ablehnung führten. So wurde sie 1919,
erst mit 37 Jahren, zur Privatdozentin. Drei Jahre später erhielt
sie den Titel *außerplanmäßiger Professor*, der aber nicht mit Gehalt verbunden war. Nichtsdestotrotz betreute sie eine Reihe
von Doktorarbeiten in Göttingen.

Obgleich Emmy Nöther nicht gerade als gute Vortragende
bezeichnet wurde, war sie doch eine effektive Lehrerin. Ihr Enthusiasmus und ihr Geschick, Diskussionen anzufachen, waren dafür verantwortlich. Außerdem verbrachte sie viel Zeit
mit ihren Studenten, besonders bei langen Spaziergängen.

Ihre besten Arbeiten produzierte sie erst in einem Alter von
über 40, im Gegensatz zu vielen anderen Spitzenmathemati-
kern, die eher in jungen Jahren ihren Höhepunkt hatten. Emmy
Nöthers Weltruf startete 1920 mit einer Abhandlung über *nicht-
kommutative Körper*, was zum Beispiel Hamiltons *Quaternionen*
sind. Die Jahre darauf entwickelte sie einen sehr abstrakten und
verallgemeinerten Zugang zur *axiomatischen Entwicklung der
Algebra*. Diese neue Sicht der Algebra, die später von van der
Waerden in seinem berühmten *Algebra-Lehrbuch* festgehalten
wurde, gäbe es ohne Emmy Nöther nicht. Ihre beste Arbeit aber
ist die Veröffentlichung aus dem Jahr 1921 über *Idealtheorie*, in
der die *Nötherschen Ringe* erstmals erscheinen.

Nun auf dem Höhepunkt ihrer Schaffenszeit hielt Emmy
Nöther Vorträge auf den *Internationalen Kongressen der Mathe-*

matik, 1928 in *Bologna* und 1932 in *Zürich*, und hielt 1928/29 Vorlesungen in *Moskau*, sowohl an der *Universität* sowie an der *Kommunistischen Akademie*. Auch arbeitete sie weiterhin als Professorin in Göttingen, wo sie jedoch nie den vollen Professorentitel bekam.

Nach der Machtübernahme der Nazis 1933 wurde Emmy Nöther verboten, an der Universität zu lehren. Dennoch hielt sie Kontakt zu Studenten, die zum Teil zu ihr nach Hause kamen. Zuerst versuchte sie nach Moskau zu emigrieren, wo es ihr jedoch nicht gelang, eine Stelle zu finden. Deshalb ging sie noch 1933 nach Amerika an das *Bryn Mawr College*. Dort war sie mathematisch isoliert, trotz starken Engagements, sich überhaupt in Amerika einzuleben. Jedoch konnte sie immerhin in Princeton Algebra-Vorlesungen vor einem mathematisch sehr illustren Publikum halten.

Nach dem ersten Jahr in Amerika kehrte Emmy kurz nach Deutschland zurück. Von den dortigen Zuständen schockiert, ging Emmy Nöther wieder nach Amerika. Im Jahr darauf musste sie wegen eines Unterleibstumors operiert werden. Obwohl die riskante Operation erfolgreich verlief, holte sie sich noch im Krankenhaus ein hohes Fieber, an dem sie am 14. April 1935 überraschend im Alter von 53 Jahren verstarb. Sie hatte kurz vorher noch gesagt, dass die Zeit in Amerika die glücklichsten Tage ihres Lebens waren. Dort hatte sie schließlich volle Anerkennung gefunden.

Zeit ihres Lebens dachte sie wenig über ihren Eindruck auf andere nach, welche Kleidung sie trug, geschweige denn was sie essen sollte. Doch sie war wegen ihrer Warmherzigkeit, ihres Humors und ihres großen Engagements für die Studenten gerade bei anderen sehr beliebt.

HERMANN KLAUS HUGO WEYL
(1885–1955)

Hermann Weyl wurde am 9. November 1885 in Elmshorn bei Hamburg als Sohn eines Bankdirektors geboren. Bereits in der Schule zeigte Hermann Weyl großes mathematisches Talent. So begann er 1904 das *Mathematik- und Physikstudium* in München, später studierte er in Göttingen. Dort war er völlig eingenommen von David Hilbert und versuchte deshalb alles zu lesen, was sein großes Vorbild geschrieben hatte. Das Studium des *Hilbertschen Zahlberichts* ist Weyl als seine glücklichste Zeit in Erinnerung geblieben. Schließlich promovierte er 1908 bei Hilbert mit einer Arbeit über *Integralgleichungen*. Mit seiner darauf folgenden Habilitationsschrift *Über gewöhnliche Differentialgleichungen mit Singularitäten und die zugehörigen Entwicklungen willkürlicher Funktionen* untersuchte Weyl dann die *Spektraltheorie singulärer Sturm-Liouville-Probleme* und wurde Privatdozent in Göttingen. Unterdessen schuf er sich den Ruf eines herausragenden Mathematikers. Dementsprechend veröffentlichte er 1913 einen Meilenstein der Mathematik, nämlich *Die Idee der Riemannschen Fläche*. Dabei handelt es sich um ein Buch, das aus einer Vorlesung hervorging und *Analyis, Geometrie* und *Topologie* vereinigte, um Riemanns *geometrische Funktionentheorie* streng herzuleiten. Im Erscheinungsjahr heiratete Weyl außerdem – und zwar die jüdische Philosophin Helene Joseph.

Von 1913 bis 1930 hatte Weyl einen *Lehrstuhl für Mathematik* an der *Technischen Hochschule* in *Zürich* inne. Im ersten Jahr dort hatte er noch Einstein zum Kollegen, der großen Einfluss auf Weyl ausübte. Denn er war sofort von der Mathematik fasziniert, die der Einsteinschen Theorie zugrunde liegt. Am Ende war keiner vertrauter mit dem Einfluss, den die allgemeine *Relativitätstheorie* auf die Mathematik und die Mathematiker ausübte als Hermann Weyl. Er stürzte sich gleich nach dem Erscheinen der Einsteinschen Arbeit 1916 kopfüber in dieses Gebiet. So erschien bereits 1918 die erste Ausgabe des Klassikers *Raum-Zeit-Materie*. Einstein pries dieses Buch in höchsten Tönen mit der Bewertung: »*Es ist ein symphonisches Meisterwerk.*« Überarbeitete Versionen erschienen dann 1919, 1920 und 1923. Weyl selbst schrieb einmal Folgendes über die Relativitätstheorie: »*Es gibt kaum Zweifel, daß für die Physik die spezielle Relativitätstheorie größere Folgen hat als die allgemeine. Für die Mathematik ist es umgekehrt: dort hat die spezielle Relativitätstheorie wenig, die allgemeine Relativitätstheorie jedoch beachtlichen Einfluss vor allem auf die Entwicklung eines allgemeinen Schemas für die Differentialgeometrie.*«

1921 wurde der Physiker Schrödinger sein Kollege in Zürich und später ein enger Freund. Ihr gemeinsamer Züricher

Freundeskreis war eine sehr offene Gemeinschaft. Schrödingers Frau Anny hatte ein Verhältnis mit Hermann Weyl, dessen Frau Helene wiederum ebenfalls einen Liebhaber hatte. Mathematisch dennoch produktiv, entwickelte Weyl in der Zeit von 1923 bis 1938 das *Konzept der stetigen Gruppen* unter der Verwendung von Matrix-Darstellungen. Insbesondere die *Darstellungstheorie der halbeinfachen Gruppen*, die er von 1924 bis 1926 erarbeitete, gehört zu seinen größten Errungenschaften. Außerdem forschte er an einer einheitlichen Theorie von *Elektromagnetismus* und *allgemeiner Relativität*. Ein weiteres großes Werk von 1928 heißt *Gruppentheorie und Quantenmechanik* und entsprang ebenfalls einer Vorlesung.

Von 1930 bis 1933 hatte Weyl einen Lehrstuhl in Göttingen inne, um die Nachfolge Hilberts auszufüllen. Da seine Frau Jüdin war, entschloss sich Weyl, bereits 1933 zu emigrieren; deshalb ging er zusammen mit Einstein an das *Institute for Advanced Studies* nach Princeton. Dort blieb er bis zu seiner Pensionierung 1952 und kümmerte sich ganz besonders um die Förderung des mathematischen Nachwuchses. In Princeton entstanden weitere großartige Bücher, unter anderem *Philosophy of Mathematics and Natural Science* von 1949 und *Symmetry* von 1952. In Letzterem untersuchte er die Bedeutung der Erforschung der Symmetrie von mathematischen Objekten, also die Erforschung der sogenannten Automorphismengruppe. In seiner philosophischen Sicht auf die Mathematik teilte Weyl viele Ansichten mit *Brouwers Intuitionismus*, was seinen Lehrer Hilbert sehr verärgerte.

Schließlich starb 1948 seine Frau Helene, zwei Jahre später heiratete er die Bildhauerin Ellen Lohnstein Bär aus Zürich. Nach seiner Pensionierung 1951 lebte Weyl dann abwechselnd in Zürich und Princeton. Völlig überraschend starb er am 9. Dezember 1955 – kurz nach seinem 70. Geburtstag. Seither besteht sein Eingedenken in dem für Weyl bezeichnenden Bestreben, vor allem die Schönheit in der Mathematik aufzudecken.

Stefan Banach
(1892–1945)

Stefan Banach wurde am 30. März 1892 als Sohn von Stefan Greczek in Krakau, Polen, geboren. Seine Mutter verschwand, als Stefan Banach vier Tage alt war. In der Geburtsurkunde ist Katarzyna Banach als Mutter eingetragen, obwohl nicht bekannt ist, ob diese eine Bedienstete seiner eigentlichen Mutter war oder eine Wäscherin, die sich anfangs um ihn kümmerte. Später versuchte Stefan Banach die Identität seiner Mutter herauszufinden, aber der Vater weigerte sich, etwas darüber zu sagen.

Die Schule besuchte Stefan Banach in Krakau, wo er ein vielversprechendes Talent in Mathematik und den Naturwissenschaften zeigte, sich allerdings auch für nichts anderes zu interessieren schien. Nach dem Abitur 1910 wollte er eigentlich Mathematik studieren, entschied sich aber dann doch für ein Ingenieursstudium, da er befürchtete, in der Mathematik gäbe es nichts Neues zu erforschen. So ging Banach an die *Ingenieursfakultät* der *Technischen Hochschule* von *Lwów*, auch Lemberg genannt und in der heutigen Ukraine befindlich.

Sein Vater, der sich sowieso nicht besonders um ihn gekümmert hatte, versagte ihm nach dem Schulabschluss jede weitere Unterstützung. Aus diesem Grund scheint er etwas länger als üblich für das Studium benötigt zu haben. Doch 1914 schloss er es schließlich ab. Im gleichen Jahr brach der Erste Weltkrieg aus, woraufhin Banach zurück nach Krakau ging. Da er aber auf dem linken Auge schlecht sah, wurde er nicht zum Militärdienst eingezogen. Während des Krieges arbeitete er im Straßenbau und verdiente daneben auch Geld als Lehrer.

Durch Zufall wurde Banach 1916 für die Mathematik entdeckt. Der Mathematiker Steinhaus, der gerade einen Ruf an die *Universität Lwów* erhalten hatte, lebte damals in Krakau und ging abends gerne durch die Straßen spazieren. Bei dieser Gelegenheit hörte er eines Tages zufällig das Wort »*Lebesgue-Maß*« fallen. Also näherte er sich der Parkbank, wo der Ausdruck herkam, und entdeckte zwei junge Männer, die sich über Mathematik unterhielten. Einer davon war Stefan Banach. Von da an traf Steinhaus die beiden regelmäßig und gründete einen kleinen mathematischen Zirkel. Daraus entstand sehr schnell eine gemeinsame Publikation von Banach und Steinhaus. Ab jenem Tag produzierte Banach außerdem in sehr schneller Abfolge viele bedeutende mathematische Arbeiten.

Durch Steinhaus lernte Banach auch seine Frau Lucja Braus kennen, die er 1920 heiratete. Im gleichen Jahr wurde Banach eine Assistentenstelle an der *Universität Lwów* angeboten. Dort hielt er nun Mathematik-Vorlesungen und durfte, obwohl er formal keine Mathematikausbildung nachweisen konnte, eine *Dissertation* mit dem Titel *Sur les opérations dans les ensembles abstraits et leur application aux équations intégrales* (Über Operationen auf abstrakten Mengen und ihre Anwendungen auf Integralgleichungen) einreichen. Diese Arbeit wird manchmal sogar als die »Geburtsstunde« der *modernen Funktionalanalysis* bezeichnet. Schließlich habilitierte sich Banach 1922 in Lwów mit einer Arbeit über *Maßtheorie* und wurde damit zum außerordentlichen Professor. 1924 wurde er zum *ordentlichen Professor* ernannt und ging zunächst ein Jahr nach Paris.

In dieser Zeit produzierte er eine nicht enden wollende Serie von bedeutenden Arbeiten. Daneben schrieb er Mathematikbücher für die Schule und gründete eine Zeitschrift für Funktionalanalysis, die *Studia Mathematica*, bei der er und Steinhaus die ersten Herausgeber waren. Außerdem war Banach an der Herausgabe der *Mathematical Monographs* beteiligt. Und den ersten Band der Reihe *Théorie des opérations linéaires* schrieb er selbst und machte ihn zum Klassiker. 1936 hielt er einen Hauptvortrag beim *Internationalen Mathematikerkongress* in Oslo.

Ungewöhnlich und deshalb sicherlich interessant war Banachs Arbeitsstil. Er verbrachte den größten Teil des Tages in Cafés, alleine oder mit anderen, weil er den Lärm und die Musik liebte. So wurde zusammen mit Kollegen stundenlang – oft erfolglos – über mathematische Probleme diskutiert. Tags darauf kam er dann zuweilen mit mehreren Blättern Papier, die die Skizzen des gesuchten Beweises enthielten. Wenn die meisten Cafés schon geschlossen waren, saß er oft noch bis spät in die Nacht im Bahnhofscafé.

Zu Beginn des Zweiten Weltkrieges war Banach gerade zum Präsidenten der *Polnischen Mathematischen Gesellschaft* gewählt worden. Zunächst wurde dann Lwów von der russischen Armee besetzt. Doch Russland war Banach wohlgesonnen, und so konnte er seine Arbeit und seine Cafébesuche ungestört fortsetzen. Als Deutschland Russland angriff, befand sich Banach gerade in Kiew, kehrte aber sofort zu seiner Familie nach Lwów zurück. Als 1941 die Deutschen Lwów besetzten, verschlechterte sich schließlich die Lage Banachs. Zwar überstand er das Massaker der Deutschen gegen polnische Akademiker, doch die Universität war danach geschlossen. Anschließend verdiente Banach seinen Lebensunterhalt an einem deutschen *Institut für Bakteriologie,* in dem Typhus-Forschungen betrieben wurden. Dort fütterte er Läuse, wofür er sein eigenes Blut spendete. 1944 wurde Lwów wieder von den Russen eingenommen, und die Situation schien sich für Banach zu bessern. Allerdings war er bereits todkrank, hatte Lungenkrebs und starb am 31. August 1945.

Stefan Banach begründete die *moderne Funktionalanalysis.* Er lieferte unter anderem Beiträge zu topologischen Vektorräumen und Maßtheorie. Schließlich ist es sein großes Verdienst, eine systematische Theorie der Funktionalanalysis entwickelt zu haben. Schon in seiner Dissertation definierte er das, was heute als *Banachraum* bekannt ist. Daneben tragen eine Reihe wichtiger mathematischer Aussagen heute seinen Namen. Beispiele dafür sind der *Satz von Hahn-Banach über die Erweiterung stetiger linearer Funktionale,* der *Satz von Banach-Steinhaus über beschränkte Familien von Abbildungen* sowie der *Banachsche Fixpunktsatz.* Und mit dem *Banach-Tarski-Paradoxon* lieferte er außerdem einen wichtigen *Beitrag zur axiomatischen Entwicklung der Mengentheorie.*

ANDREJ NIKOLAJEWITSCH KOLMOGOROW
(1903–1987)

Andrei Kolmogorow wurde am 25. April 1903 in Tambow in Russland geboren. Da seine Mutter bei seiner Geburt starb und sein Vater sich wenig um ihn kümmerte, wurde er von der Schwester seiner Mutter erzogen. Vielleicht war ja gerade diese Vernachlässigung durch den Vater ausschlaggebend für sein späteres enormes Engagement für die Förderung mathematisch begabter Kinder während seiner Forscherzeit. Nun aber erst 16 Jahre alt, starb auch Kolmogorows Vater, und zwar in Nachrevolutionsunruhen von 1919.

Nachdem er die Schule beendet hatte, arbeitete er eine Zeit lang als Eisenbahnschaffner und schrieb in seiner Freizeit eine Abhandlung über die *Newtonsche Mechanik*. 1920 konnte er dann an die Universität gehen, durfte aber noch nicht Mathematik studieren. Aus diesem Grund entschied er sich unter anderem für Metallurgie und Russische Geschichte. So verfasste Kolmogorow eine wichtige Arbeit über *Grundbesitz in Nowgorod im 15. und 16. Jahrhundert*, in der er sich bereits Gedanken über statistische Methoden machte.

Schließlich wurde er zum Mathematikstudium in Moskau zugelassen. Dort machte er die Bekanntschaft des etwas älteren Pawel Sergejwitsch Alexandrow (1896–1982), mit dem er sogleich Freundschaft schloss. Bereits als Studienanfänger produzierte Kolmogorow beeindruckende Forschungsergebnisse. Doch 1922 wurde er dann sogar international bekannt, indem er ein Beispiel für eine Funktion konstruierte, die integriert werden konnte und gleichzeitig fast überall divergierte.

1925 schloss Kolmogorow sein Studium ab und forschte unter Luzin. Im gleichen Jahr erschien, neben einigen anderen Arbeiten, seine erste Abhandlung zur *Wahrscheinlichkeitstheorie*, die dann grundlegenden Einfluss auf die Weiterentwicklung dieses Gebietes haben sollte. Nun wies Kolmogorow bis zu seiner Promotion 1929 aber auch auf vielen anderen Fachgebieten eine Menge Publikationen vor. So hatte er seine *eigene Version des starken Gesetzes der großen Zahlen*, das *Gesetz des iterierten Logarithmus*, Arbeiten zur *Analysis* sowie zur *intuitionistischen Logik* geschaffen. Als Kolmogorow dann 1929 mit Alexandrow eine Urlaubsreise in den Kaukasus und nach Armenien unternahm, entstand eine weitere wegweisende Arbeit, die die *Diffusionstheorie* begründete.

Schließlich 1931 wurde Kolmogorow zum *Professor* an der *Universität Moskau* ernannt. Nur zwei Jahre später erschien sein Werk *Grundbegriffe der Wahrscheinlichkeitsrechnung*, in dem eine strenge Herleitung der Wahrscheinlichkeitstheorie basierend auf fundamentalen Axiomen durchgeführt wurde. Eine weitere einflussreiche Arbeit war 1938 *Analytic methods in probabi-*

lity theory, in der Kolmogorow die Grundlagen der *Theorie der Markow-Prozesse* legte, die heute zum Beispiel für die Analyse des Aktienmarktes große Bedeutung hat. Außerdem leistete er Beiträge zur *mengentheoretischen Topologie*, zur *Approximationstheorie*, zu *turbulenten Strömungen* und zur *Funktionalanalysis*. Ferner hatte jeder von ihm hervorgebrachte Fortschritt in einem Gebiet auch Auswirkungen auf seine Forschungen in anderen Bereichen.

Nachdem er dann 1941 zwei wichtige Arbeiten über *Turbulenzen* verfasst hatte, beschäftigte er sich 1954 mit *dynamischen Systemen* im Zusammenhang mit der *Planetenbewegung* und unterstrich damit die Rolle der Wahrscheinlichkeitsrechnung in der Physik. In der *Topologie* führte er unabhängig von dem Amerikaner Alexander die *Kohomologie-Gruppen* ein sowie die *Definition des Kohomologie-Rings*.

1953/54 erschienen zwei jeweils vierseitige Abhandlungen über *dynamische Systeme* mit Anwendung auf die *Hamiltonsche Dynamik*. Diese Arbeiten waren dann, zusammen mit dem 1954 gehaltenen Vortrag beim *Internationalen Mathematikerkongress in Amsterdam*, die Auslöser für die Begründung der *KAM-Theorie*, benannt nach Kolmogorow, Wladimir Arnol'd und Jürgen Moser.

Mit der *KAM-Theorie* lieferte er neue Erkenntnisse zu der jahrhundertealten Frage, ob unser Sonnensystem stabil ist. Newton hatte gezeigt, dass sich durch das Wechselspiel von Gravitation und Trägheit zweier Planeten eine Ellipsenbahn einstellt, zum Beispiel die Bahn der Erde um die Sonne. Natürlich wirken auf die Erde nicht nur die Gravitation der Sonne, sondern auch die Kräfte der anderen Planeten. Die Frage ist nun, ob dieser – wenn auch minimale – Einfluss der anderen Planeten dazu führen kann, dass die Erde oder andere Planeten aus ihrer Ellipsenbahn abdriften. Kolmogorows Lösung zufolge sind viele der möglichen Bahnen, allerdings nicht alle, *quasi-periodisch*, bleiben also *stabil*. Diese Theorie wurde dann von dem Deutschen Jürgen Moser und dem Russen Wladimir Arnol'd weiterentwickelt und trägt heute eben den Namen *KAM-Theorie*.

Der 1937 geborene **Wladimir Arnol'd** wiederum, war ein Student Kolmogorows. Zusammen lösten sie 1957 das 13. *Problem von Hilberts Liste*, indem sie zeigten, dass es stetige

Funktionen dreier Variablen gibt, die nicht durch stetige Funktionen zweier Variablen dargestellt werden können. Arnol'd hat ebenfalls eine große Zahl äußerst bedeutender Beiträge zur Mathematik geleistet und bislang über 300 Publikationen auf verschiedensten mathematischen Gebieten verfasst. Daneben legt der zuletzt Genannte besonders Wert auf körperliche Ertüchtigung. So sagt er von sich, dass er, wenn er bei einem Beweis nicht weiterkommt, normalerweise 30 bis 60 Kilometer auf Langlaufskiern mit kurzen Hosen läuft, um danach das Problem in neuem Licht zu sehen.

JOHN VON NEUMANN
(1903–1957)

John von Neumann, der ursprünglich »*János*« hieß, wurde 1903 als Sohn einer jüdischen Familie in Budapest geboren. Den Titel »*von*« hatte sein Vater, der ein erfolgreicher Bankier war, gekauft. In jungen Jahren erhielt er eine private Ausbildung, um dann mit zehn Jahren das erste Mal zur Schule zu gehen, und zwar direkt auf das *Gymnasium*. Schon als Kind hatte von Neumann sein ungewöhnliches Talent aufblitzen lassen. So erzählten sich sein Vater und er Witze auf Altgriechisch, als er sechs Jahre alt war. Außerdem war er eine beliebte Attraktion für Gäste des Elternhauses, wenn er gerade wieder einmal unter Beweis stellte, dass er das Telefonbuch auswendig kannte.

Auf dem Gymnasium wurde schließlich von Neumanns überragendes mathematisches Talent entdeckt, so dass er Sonderunterricht von Mathematikern der *Universität Budapest* genießen durfte. Als er mit 18 Jahren seine erste Arbeit veröffentlichte, galt er bereits als professioneller Mathematiker. Außerdem studierte von Neumann Chemie an der *Universität Berlin* sowie der *ETH Zürich*, wo er 1926 sein Diplom erhielt. Noch im gleichen Jahr verlieh ihm die *Universität Budapest* den *Doktortitel in Mathematik*. Als Student war er wegen seiner raschen Auffassungsgabe bisweilen gefürchtet.

Danach lehrte er als *Privatdozent* an den *Universitäten* in *Berlin* und *Hamburg*. Mit seinen ersten Forschungen lieferte er Beiträge auf Gebieten wie der *Quantenphysik* und der *Operatortheo-*

rie, aber auch der *Mengenlehre, Algebra, Maßtheorie, Topologie* und der Gruppentheorie. Schließlich ist es ihm zu verdanken, dass *Quantenphysik* und *Operatortheorie* mittlerweile als zwei Facetten eines Themas angesehen werden.

Ab 1930 lehrte von Neumann Quantentheorie als *Gastprofessor* in *Princeton*, behielt aber nach wie vor auch die Stelle an der deutschen Universität. Kurz vorher hatte er in Budapest seine Verlobte Marietta Kovesi geheiratet. Der Ehe entsprang zwar eine Tochter, jedoch ging sie 1937 wieder auseinander. Im Jahr darauf heiratete er erneut. Inzwischen war von Neumann 1933 zum fest angestellten *Professor* am neu gegründeten *Institute of Advanced Studies* in *Princeton* aufgestiegen – eine Position, die er bis an sein Lebensende behalten sollte. Von Neumann gehörte also nicht zu den politischen Flüchtlingen, die wegen der Nazis Deutschland verließen. Allerdings verlor auch er als Jude seine deutsche Stelle, als die Nazis 1933 die Macht übernommen hatten.

Etwas ungewöhnlich für einen Mathematiker, führte von Neumann ein ausgiebiges Nachtleben. Dieses hatte er im Berlin der 20er-Jahre schätzen gelernt und nun in Princeton fortgesetzt. Außerdem war er berüchtigt für die zahlreichen langen Partys in seinem Haus.

Eine seiner großen Leistungen in der Mathematik war die Entwicklung der Theorie der *Operatoralgebren*, später *von-Neumann-Algebren* genannt. Ein anderes Gebiet, mit dem von Neumann sich bereits seit Ende der 30er-Jahre beschäftigte, war die *Spieltheorie* und ihre *Anwendung* in den *Wirtschaftswissenschaften*. Hierbei war vor allem sein *Minimax-Theorem* von besonderer Bedeutung. Damit werden die *Gewinnchancen* bei sogenannten Nullsummenspielen abgeschätzt. Diese Theorie wurde von seinem Studenten John Nash weiter ausgebaut, der dann für sein *Nash-Gleichgewicht* den Nobelpreis für Wirtschaftswissenschaften bekam und durch den Film *A beautiful mind* bekannt wurde.

Zu Beginn des Zweiten Weltkrieges begann von Neumann neue Horizonte zu erschließen, indem er zur angewandten Mathematik wechselte und dabei speziell zur *systematischen* Anwendung von Mathematik auf physikalische Probleme. Bei dieser Entscheidung spielte auch die politische Lage in Europa eine Rolle. Denn der sich bereits abzeichnende Kriegseintritt der USA forderte Antworten auf Fragen vonseiten der militärischen Ingenieurskunst. So begann von Neumann an der *numerischen Lösung* der *Euler-Gleichungen* zu arbeiten. Daraus resultierend konnte er unter anderem *sprunghafte Zustände* wie das Abdämpfen von Stößen *rechnerisch beherrschen*. Des Weiteren war von Neumann an der *Entwicklung* der *Atombombe* sowie der *Wasserstoffbombe* beteiligt und zudem als Berater für das Militär und die Politik tätig.

Ab 1944 wurde es immer dringlicher, die *numerischen Methoden* John von Neumanns auf automatischen Rechenmaschinen anzuwenden. Dies veranlasste John von Neumann, an der Entwicklung des modernen Computers mitzuarbeiten. Schließlich war er es, der vorschlug, den Computer so allgemein wie möglich zu bauen und die jeweiligen Rechen-Anwendungen zusammen mit auftretenden Daten (Eingabe, Ausgabe, Zwischenergebnisse) abzuspeichern. Weil dieses *von-Neumann-Prinzip* 1949 dann tatsächlich am *ersten Computer*, nämlich der *EDSAC*, verwirklicht wurde, ist John von Neumann als der *wesentliche Wegbereiter* unseres *heutigen Computers* anzusehen. Aus aktueller Sicht ist außerdem interessant, dass von Neumann auch einmal vorgeschlagen hatte, das ewige Eis der Pole abzuschmelzen, damit sich das Klima erwärme und weltweit Hawaii-Wetter herrsche.

Nach zahlreichen Ehrungen im Laufe seines Lebens erreichte ihn schließlich 1956 die Gewissheit, unheilbar an Krebs erkrankt zu sein. Ein so langsames und hilfloses Sterben war für diesen großen Geist, der immer jede noch so große intellektuelle Hürde gemeistert hatte, nichts als eine qualvolle Grausamkeit.

KURT GÖDEL
(1906–1978)

Kurt Gödel stammte aus einer Wiener Familie, die ihm eine glückliche Kindheit bereitete. Sein Vater war Geschäftsführer und Teilhaber einer Textilfirma in Brünn, dem heutigen Brno in der Tschechischen Republik. Mit sechs Jahren litt Gödel an rheumatischem Fieber, von dem er sich aber wieder vollständig erholte. Zwei Jahre später informierte er sich dann jedoch in Medizinbüchern über seine Krankheit und erfuhr, dass als Spätfolge dieses Fiebers eine Herzschwäche resultieren könnte. Obwohl es bei Gödel niemals einen medizinischen Hinweis auf ein schwaches Herz geben sollte, war er von da an zeitlebens überzeugt, er hätte ein Herzproblem, und sorgte sich deshalb ständig um seine Gesundheit. Zur Schule ging er ebenfalls in Brünn, wo ihn fast ausschließlich Mathematik und Sprachen interessierten. Zum Erstaunen seiner Lehrer beherrschte Gödel zum Zeitpunkt des Abiturs sogar schon die Universitätsmathematik. Außerdem herrschte in der Schule das Gerücht, dass er nicht nur immer eine glatte »Eins« in Latein hatte, sondern im selben Fach während seiner gesamten Gymnasialzeit keinen einzigen grammatikalischen Fehler machte.

Als sich Gödel 1923 an der *Universität Wien* einschrieb, schwankte er zunächst noch, ob er Mathematik oder Theoretische Physik studieren sollte, entschied sich aber dann zugunsten der *Mathematik*. Schon in der Anfangszeit des Studiums nahm er an einem Seminar von Schlick zu Bertrand Russells Buch *Einführung in die mathematische Philosophie* teil, welches seine Interessen schließlich zur Logik lenkte. Während Gödel bereits in der Anfangszeit sein unglaubliches Talent zeigte, reichte er dann 1929 auch seine Dissertation ein und wurde schließlich ab 1930 an der Universität Wien als Dozent angestellt. Und im darauffolgenden Jahr erschien seine Arbeit *Über formal unentscheidbare Sätze der Principia Mathematica und verwandter Systeme*, die nicht nur die berühmten *Gödelschen Unvollständigkeitssätze* enthält, sondern Gödel selbst zugleich Weltruhm einbrachte. Er beweist darin, dass jedes genügend reichhaltige Axiomensystem, in dem mit logischen Schlüssen neue Aussagen bewiesen werden, Sätze beinhaltet, die mit den gegebenen Axiomen weder bewiesen noch widerlegt werden können. Insbesondere kann die Konsistenz der Axiome nicht bewiesen werden, falls man nur die gegebenen Axiome verwendet.

Diese Arbeit beendete schließlich das Bestreben, die gesamte Mathematik streng auf einer abgeschlossenen axiomatischen Basis aufzubauen, wie es Bertrand Russell 1910 bis 1913 mit dem Werk *Principia Mathematica* versucht hatte. Gödel machte somit auch Hilberts Traum, einen formalen, durchgängigen

Aufbau der Mathematik zu entwickeln, hinfällig. Ebenfalls ist es eine Konsequenz jenes Resultats, dass Computer niemals so programmiert werden können, dass sie alle mathematischen Fragen beantworten können. Gödel selbst nutzte diese Arbeit, um sich zu habilitieren, und wurde so 1933 zum Privatdozenten in Wien ernannt.

Ein Jahr später erhielt er eine Einladung an das *Institute for Advanced Studies* in Princeton, USA. Dort hielt er eine Reihe von einflussreichen Vorlesungen. Bei seiner Rückkehr nach Europa erlitt Gödel jedoch einen Nervenzusammenbruch, musste sich in psychiatrische Behandlung begeben und mehrere Monate in einem Sanatorium verbringen, um sich von seinen Depressionen zu erholen. Doch schon bald konnte er seine Forschungen fortsetzen und wichtige Resultate zur Konsistenz des *Auswahlaxioms* mit den anderen Axiomen der Mengenlehre beweisen. 1936 wurde dann sein früherer Lehrer Schlick von einem nationalsozialistischen Studenten umgebracht, was Gödel sehr erschütterte und zu einem neuerlichen Zusammenbruch führte. Unterdessen heiratete er Adele Porkert, mit der er schon seit 1927 zusammen war. Da sie aber aus geringen Verhältnissen stammte, zudem sechs Jahre älter als Gödel war und schon eine Ehe hinter sich gebracht hatte, haben seine Eltern die Ehe nicht gebilligt.

Obwohl Gödel kein Jude war, wurde er oft dafür gehalten, ja sogar einmal deswegen verprügelt. Zu Kriegsbeginn hatte er die unberechtigte Befürchtung, zum Militär eingezogen zu werden, und entschloss sich deshalb, nach Amerika zu emigrieren. Das war zu dieser Zeit bereits ein schwieriges Unterfangen, weil er zunächst lange wegen seines Visums zu verhandeln hatte und dann mit der transsibirischen Eisenbahn durch die Sowjetunion und über Japan in die USA reisen musste. Schließlich kam Gödel 1940 in den USA an und wurde 1948 US-Bürger. Zum Glück hatte er es beim Erhalt der Staatbürgerschaft mit einem gutmütigen Beamten zu tun, denn Gödel wies denselben bei dieser Gelegenheit darauf hin, dass er eine Inkonsistenz in der amerikanischen Verfassung gefunden hätte.

Vorerst wurde er nun zum Mitglied des *Institute for Advanced Studies*, ab 1953 zum permanenten Mitglied. An der Universität Princeton hatte er von 1953 bis zu seinem Tod einen Lehrstuhl inne, wobei ausdrücklich vereinbart war, dass er keine Lehrverpflichtung habe. In Princeton war Albert Einstein einer seiner engsten Freunde. Die beiden schätzten einander sehr und sprachen häufig miteinander. Außerdem wird gesagt, dass der wesentlich jüngere Gödel in Princeton der Einzige war, der auf gleicher Ebene mit Einstein diskutieren konnte.

Schließlich erhielt er zahlreiche Ehrungen aus den verschiedensten Ländern, lehnte aber alle Ehrungen aus Österreich ab. In seiner Zeit in den USA lieferte er ein weiteres Meisterstück ab, nämlich die *Konsistenz des Auswahlaxioms und der verallgemeinerten Kontinuumshypothese mit den Axiomen der Mengentheorie*, wo er zeigt, dass das Russellsche mengentheoretische Axiomensystem auch dann konsistent bleibt, wenn Auswahlaxiom und Kontinuumshypothese hinzugefügt werden.

Mit den Jahren jedoch wuchs Gödels Besorgnis um seine Gesundheit. Hierbei zeigte er sich als ein sehr starrsinniger Patient und ließ sich in nichts von einem Arzt überzeugen. Nach einer ernsthaften Blutung eines Darmgeschwürs hielt er bis zu seinem Tod eine extrem strenge Diät, durch die er allmählich immer mehr Gewicht verlor. Am Ende hatte er die Wahnvorstellung, man wolle ihn vergiften, und stellte deswegen das Essen völlig ein, woraufhin er tatsächlich verhungerte. So starb Kurt Gödel am 14. Januar 1978 mit dem Vermächtnis eines Werkes, das letztlich das Selbstverständnis der Mathematik komplett verändert hat.

ALAN MATHISON TURING
(1912–1954)

Alan Turing wurde in London Paddington geboren. Sein Vater war Mitglied des *Indian Civil Service* und war deshalb nicht oft in England. Als Alan Turing ein Jahr alt war, ging seine Mutter zu seinem Vater und ließ den Jungen bei Freunden in England zurück. In der Schule war er zwar nicht schlecht, kam aber nicht gut mit dem einengenden, seinen Forschergeist behindernden Schulsystem zurecht. Außerhalb des regulären Unterrichts gewann er praktisch alle Mathematikwettbewerbe, studierte Einsteins Arbeiten zur Relativität und eignete sich die Quantenmechanik an.

Nachdem Turing 1930 ein Stipendium in Cambridge erlangt hatte, studierte er dort *Mathematik* und fand besonderes Interesse an *Logik*. 1934 schloss er sein Studium ab und lernte Hilberts *Entscheidungsproblem* kennen. Ein Jahr danach promovierte Turing mit einer Arbeit über *Wahrscheinlichkeitstheorie*, in der er unabhängig den *zentralen Grenzwertsatz* bewies. Schließlich veröffentlichte er 1936 seine Abhandlung *On Computable Numbers, with an application to the Entscheidungsproblem*, in der er eine abstrakte Maschine vorstellte, die heute *Turing-Maschine* genannt wird. Mit dieser Arbeit löste Turing das sogenannte *Entscheidungsproblem Hilberts*, das danach fragt, ob man für jede mathematische Behauptung ein Verfahren, also einen Algorithmus finden kann, welcher die Richtigkeit der Behauptung zeigt oder widerlegt. Mithilfe der *Turing-Maschine* zeigte Turing, dass es Probleme gibt, bei denen kein Programm auf der *Turing-Maschine* nach einer endlichen Zahl von Rechenschritten zu einem Ergebnis kommt. Zeitgleich hatte auch Church mit einem vollkommen anderen Zugang das *Entscheidungsproblem* gelöst. Der drohende Prioritätsstreit wurde jedoch vermieden, indem Turing 1936 Promotionsstudent bei Church in Princeton wurde. Dort veröffentlichte er Arbeiten zur *Logik* und zur *Gruppentheorie*, wo er unter anderem *Lie-Gruppen* durch *endliche Gruppen* approximierte. Im Prinzip nahm Turing mit seinem Konzept der *Turing-Maschine* die Beschreibung unseres heutigen softwaregesteuerten Computers vorweg.

Zurück in Cambridge versuchte Turing 1938 einen echten Computer aus analogen Bausteinen zu bauen, mit dem er die *Riemannsche Hypothese* untersuchen wollte. Diese Forschungen an einer Rechenmaschine wurden kurz darauf jedoch umgeleitet auf das Entschlüsseln der deutschen *Enigma*, dem Verschlüsselungsgerät der deutschen Armee. Nach Kriegsbeginn 1939 arbeitete Turing vollzeit bei der *Government Code and Cypher School* in *Bletchley Park*, dem Zentrum der britischen Ver- und Entschlüsselungsabteilung. Zwar unterliegen Teile seiner Arbeit dort heute immer noch der Geheimhaltung, aber es ist zumindest so viel bekannt, dass er enorm wichtige Ideen zum Entschlüsseln der feindlichen Nachrichten beisteuerte und

auch wichtige Software für die sogenannten *Bomben* entwickelte. Bei Letzteren handelt es sich um die polnischen Rechenmaschinen, die bereits vor dem Krieg die deutschen Codes ent-
ziffern konnten. Für Turing war die Kriegszeit also glücklich,
weil er sich auf seine Arbeit konzentrieren konnte und ein ge-
regeltes Leben sowie brillante Kollegen hatte.

Nach dem Krieg erhielt Turing den Auftrag, einen Computer zu bauen, allerdings wurde sein Entwurf als zu ambi-
tioniert abgetan. 1947 ging er zurück nach Cambridge, beschäftigte sich dort mit *Neurologie* und *Physiologie* und schrieb
nebenbei *Computerprogramme*. In dieser Zeit betrieb er in seiner Freizeit Leichtathletik und war sogar ein sehr guter *Mara-
thonläufer*. Immerhin erzielte er 1947 über diese Distanz eine
Zeit von 2:46:03 Stunden und hätte sich damit beinahe für die
Olympischen Spiele von 1948 qualifiziert. Selbst der damalige
olympische Sieger lief nur elf Minuten schneller als Turing
zuvor.

1948 nahm Turing eine Stelle in Manchester an, wo er die
mathematischen Aspekte bei der Konstruktion eines Computers übernehmen sollte. Daraus resultierte dann 1950 die bedeutende Arbeit *Computing machinery and intelligence*. Darin
untersucht er Probleme, die heute grundlegend für die *Künst-
liche Intelligenz* sind, und schlägt außerdem den *Turing-Test*
vor, der immer noch wichtig ist, um die Frage zu beantworten,
ob ein Computer intelligent sein beziehungsweise verstehen
kann.

Daneben beschäftigte Turing sich auch mit dem *Entscheidungsproblem in der Gruppentheorie*. Ab 1951 befasste er sich mit
der Anwendung von mathematischen Verfahren in der *Biologie*. Als Turing 1952 dann infolge einer ihm widerfahrenen
Erpressung der Polizei die Details einer homosexuellen Affäre
schilderte, wurde er verhaftet. Daraufhin wurde er schuldig
gesprochen und konnte zwischen einer Gefängnisstrafe und
einer Östrogenbehandlung wählen. Turing wählte Letzteres
und begann wieder zu arbeiten. Neben seinen biologischen
Forschungen beschäftigte er sich nun mit *Quantentheorie* und
Relativitätstheorie. Daneben arbeitete er, ohne dass seine Kollegen in Manchester davon wussten, wieder mit der *Government
Code and Cypher School*, der er auch schon in *Bletchley Park* an-
gehört hatte, an der Erforschung neuer *Codierungsverfahren*. Al-

lerdings galt Turing für diesen Arbeitgeber ab dem Zeitpunkt seines Gerichtsverfahrens auch als ein Sicherheitsrisiko.

Am Ende starb Turing am 7. Juni 1954 an einer Zyanidvergiftung, während er chemische *Elektrolyse-Experimente* unternahm. Das Zyanid wurde schließlich in einem halb gegessenen Apfel an seiner Seite gefunden. Eine Untersuchung kam zu dem Ergebnis, dass es Selbstmord gewesen sei.

PAUL ERDÖS
(1913–1996)

Paul Erdös wurde am 20. September 1913 im ungarischen Budapest geboren und stammte aus einer jüdischen Familie. Nur wenige Tage vor seiner Geburt waren seine beiden Schwestern im Alter von drei und fünf Jahren an Scharlach gestorben. Aufgrund dessen gingen seine Eltern verständlicherweise übervorsichtig mit ihm um. Diese waren beide Mathematiker und führten ihn schon früh an die Mathematik heran.

Als Paul Erdös knapp ein Jahr alt war, brach der Erste Weltkrieg aus, weswegen sein Vater in russische Gefangenschaft geriet und sechs Jahre in Sibirien verbrachte. Seine Mutter, die unterdessen Mathematik unterrichten musste, engagierte ein Kindermädchen für ihn. Um alle Gefahren von ihm fernzuhalten, schickte sie ihn auch nicht in die Schule, sondern organisierte einen Privatlehrer. Nachdem 1920 der Vater aus der Gefangenschaft zurückgekehrt war, brachte er dem Sohn zusätzlich noch Englisch bei. Allerdings hatte der Vater die Sprache eigenständig erlernt, ohne zu wissen, wie die Wörter ausgesprochen werden. Folglich lernte nun auch Paul Erdös eine falsche Aussprache, was seinem Englisch den seltsamen Akzent verlieh, den er sein ganzes Leben lang beibehalten sollte.

Da Erdös die nationale Abschlussprüfung als Bester absolvierte, durfte er ab 1930 trotz der anti-jüdisch ausgerichteten Gesetze in Ungarn die Universität besuchen. Schließlich wurde ihm 1934 an der *Universität Budapest* der *Doktortitel* verliehen. Danach war Erdös als Jude faktisch gezwungen, Ungarn zu verlassen. So ging er nach Manchester, reiste in dieser Zeit viel durch Großbritannien und nahm Kontakt zu Hardy und

Ulam auf. Und trotz der schwierigen Situation besuchte er auch Budapest noch dreimal im Jahr. Als Deutschland aber 1938 Österreich besetzte, emigrierte Erdös in die USA und bekam eine temporäre Anstellung in Princeton. Weil man ihn dort allerdings zu ungehobelt und unkonventionell fand, wurde der Vertrag nicht mehr verlängert.

Erdös hat zahlreiche und sehr breit gefächerte Beiträge zur Mathematik geliefert. Dabei war er nicht ein Entwickler neuer Theorien, sondern vielmehr ein *Problemlöser*, bevorzugt in der *Kombinatorik*, *Graphentheorie* und *Zahlentheorie*. Die Lösungen selbst sollten seinem Ideal nach möglichst *elegant* und *elementar* sein. Ferner wollte Erdös durch den Beweis einer Aussage auch Einsicht in die Problematik gewinnen und eben nicht nur eine formale Versicherung, dass das Resultat richtig ist. Mittels dieser Einstellung fand Erdös immerhin schon mit 18 Jahren einen elementaren Beweis, dass es für jede ganze Zahl n, die größer als 1 ist, mindestens eine Primzahl zwischen n und $2n$ gibt. Den ersten Beweis dieses Satzes hatte aber Tschebyschew im 19. Jahrhundert gefunden.

Während des Krieges wurde Erdös vorgeschlagen, an der Entwicklung der amerikanischen Atombombe in *Los Alamos* mitzuarbeiten. Beim Vorstellungsgespräch verhielt er sich jedoch so naiv, dass er den Job nicht bekam. Doch 1943 erhielt Erdös dann eine Anstellung an der *Purdue Universität*, wo schließlich seine mathematische Produktivität florierte. Erst 1948 konnte Erdös wieder nach Ungarn zurückkehren und die überlebenden Familienmitglieder treffen. Anschließend reiste Erdös ständig zwischen den USA und Großbritannien hin und her, bis er 1952 eine temporäre Anstellung an der *Universität Nôtre Dame* bekam.

1949 gelang es ihm – und etwa zur gleichen Zeit unabhängig von Erdös auch Selberg –, den *Primzahlsatz* mit elementaren Mitteln zu beweisen. Diesen Satz, der besagt, dass die Anzahl der Primzahlen, die kleiner als eine Zahl n sind, für wachsendes n gegen $n/log(n)$ strebt, hatten schon Gauß und Legendre vermutet und später, am Ende des 19. Jahrhunderts, Hadamard und de Vallée-Poussin unabhängig voneinander bewiesen. Allerdings hatten sie zum Beweis komplizierte Resultate aus der Funktionentheorie über komplexen Zahlen verwendet. Erdös und Selberg vereinbarten nun, ihre Beweise sozusagen Seite an Seite in einer Ausgabe einer Zeitschrift zu veröffentlichen. Doch Selberg, ein ausgewiesener Einzelgänger, hielt sich nicht daran und veröffentlichte sein Resultat zuerst. Dafür erhielt er letztlich die *Fieldsmedaille*, was heutzutage die höchste Auszeichnung für Mathematiker ist, während Erdös hingegen leer ausging.

Die 50er-Jahre waren geprägt durch die McCarthy-Ära. Deswegen wurde Erdös, als er 1954 nach einem Konferenzbesuch in Amsterdam wieder in die USA einreisen wollte, nach seiner Meinung zu Marx befragt, woraufhin er antwortete: »*Ich kann es nicht kompetent beurteilen, aber ohne Zweifel war er ein großer Mann.*« Diese und andere Aussagen sowie ein Vorfall aus der Kriegszeit führten wohl dazu, dass ihm die Einreise in die USA verweigert wurde. So verbrachte Erdös die nächsten zehn Jahre in Israel, bis ihm 1963 USA-Aufenthalte wieder erlaubt wurden. Inzwischen hatte er sich jedoch zu einem Dauerreisenden entwickelt, der von Universität zu Universität und von Konferenz zu Konferenz zog, ohne jemals einen festen Wohnsitz zu haben. Dabei trug er seinen gesamten Besitz immer in einem Koffer mit sich herum.

Mathematisch blieb Erdös produktiv bis in das hohe Alter, stellte und löste, meist in Zusammenarbeit mit anderen Mathematikern, unzählige Probleme. Ferner sind mehr als 1500 Arbeiten bekannt, bei denen er Autor ist. Außerdem wurde durch Erdös das Gebiet der *Diskreten Mathematik*, welches die Grundlage für die Informatik bildet, wesentlich geprägt. Bei alldem war er aber sehr unruhig und nervös. Zusätzlich nahm er in späteren Jahren Amphetamine zu sich, um seine mathematische Produktivität nochmals zu steigern. So kam es anscheinend häufiger vor, dass Erdös bei einem seiner Gastgeber mitten in der Nacht in das Schlafzimmer platzte, ihn weckte und über mathematische Probleme sprechen wollte.

Nicolas Bourbaki
(1934)

Obwohl die fiktive Person »*Nicolas Bourbaki*« niemals gelebt hat, übte sie dennoch großen Einfluss auf die Mathematik des 20. Jahrhunderts aus. Im Jahr 1934 fassten zwei junge Mathematiker in Strasbourg, Henri Cartan, der Sohn von Élie Cartan, und André Weil den Beschluss, eigene Lehrbücher für die Mathematik zu verfassen. Sie sahen dies als notwendig an, da Frankreich im Gegensatz zu anderen Ländern im Ersten Weltkrieg die Soldaten unabhängig von ihrer Bildung an die Front geschickt hatte und damit beinahe eine komplette Mathematikergeneration ausgelöscht worden war. Der daraus resultierende Stillstand sollte nun beendet werden. Deshalb suchten jene beiden Forscher die Unterstützung von Kollegen, so dass sich schließlich am 10. Dezember 1934 im *Café Capoulade* in Paris Henri Cartan, Claude Chevalley, Jean Delsarte, Jean Dieudonné, René de Possel und André Weil trafen und beschlossen, eine möglichst *moderne Abhandlung der Analysis* zu verfassen. Kurz darauf kamen auch noch Szolem Mandelbrojt, Charles Ehresmann und Jean Coulomb hinzu.

Im Sommer 1935 hatte man dann bereits entschieden, unter dem Pseudonym »*Nicolas Bourbaki*« ein Buch zu schreiben. Dieser Name entstand aus einer scherzhaften Vorlesung, ganz ähnlich der *Schautz-Parodie* Heinz Rühmanns in der *Feuerzangenbowle*. Ein Student, Raoul Husson, hatte in Weils erstem Studienjahr an der *École Normale Supérieure* eine Vorlesung für Erstsemester gehalten, in der abstrus falsche Sätze behauptet wurden. All diese Sätze trugen die Namen von französischen Generälen. Einer davon war General Bourbaki aus dem Deutsch-Französischen Krieg von 1870/71.

Zwar verliefen die regelmäßigen Treffen der Bourbaki-Gruppe völlig chaotisch und waren immer voller hitziger Diskussionen, jedoch einigten sie sich auf einen *axiomatischen Zugang* zur Mathematik. Somit wurden sie in gewissem Sinn zu den Nachfolgern Hilberts. Das hatte zur Folge, dass die klassische Einteilung in *Geometrie*, *Algebra* und *Analysis* aufgeweicht werden musste und stattdessen das *Konzept der*

Struktur vorherrschend wurde. Das ermöglichte wiederum einen streng logischen Aufbau des mathematischen Gebäudes. Allerdings ging dadurch der geplante Lehrbuch-Charakter verloren, und es entstand ein mehr enzyklopädisches Werk. Weiterhin einigte sich die Gruppe darauf, sechs Bände zu verfassen, unterteilt in *Mengentheorie, Algebra, Topologie, Funktionen einer reellen Variable, topologische Vektorräume* und *Integration*. Bis 1942 erschienen einige wenige Kapitel davon, danach wurde die Arbeit für einige Jahre durch den Zweiten Weltkrieg unterbrochen.

Das Bourbaki-Mitglied **André Weil** wollte zu Kriegsbeginn dem Militärdienst entkommen und setzte sich nach Finnland ab, wo er dann verhaftet wurde. Glücklicherweise konnte der Mathematikerkollege Nevanlinna seine Exekution verhindern und außerdem erreichen, dass er zurück nach Frankreich deportiert wurde. Dort blieb Weil inhaftiert, da er Jude war und seine Schwester Simone Weil eine führende Figur des französischen Widerstands war. Während der Zeit im Gefängnis erzielte er nun sein bedeutendstes Resultat, nämlich den *Beweis der Riemannschen Vermutung für eine verallgemeinerte Zeta-Funktion auf elliptischen Kurven*.

Nach dem Krieg wurde die Arbeit am Bourbaki-Projekt wieder aufgenommen, und es kamen neue Mitglieder, wie zum Beispiel Jean-Pierre Serre, hinzu. In den 50er-Jahren nahm die nächste Generation die Arbeit auf, darunter Laurent Schwartz. Obwohl das Projekt ausdrücklich keinen Leiter hatte, spielte doch **Jean Dieudonné** eine herausragende Rolle. Er war es, der in allen Publikationen die Endredaktion durchführte und dadurch die Bücher besonders prägte. Im Jahr 1958 waren schließlich die sechs geplanten Bücher publiziert. Kurz vor der Vollendung hatten sich wieder neue Mitglieder, wie Armand Borel, Alexander Grothendieck, Serge Lang und John Tate, dazugesellt. Dieser häufige Zuwachs fand unter anderem statt, weil in der Gruppe die Regel galt, dass ein Mitglied beim Erreichen des Alters von 50 Jahren auszuscheiden hatte. So setzten dann die Neumitglieder die Arbeit fort, wobei insbesondere Grothendieck Tausende von Seiten schrieb.

Dieser **Alexander Grothendieck** war 1928 in Berlin als Sohn eines Russen, welcher dann von den Nazis ermordet wurde, geboren. 1941 wanderte er schließlich nach Frankreich aus. In den

60er-Jahren des 20. Jahrhunderts hatte Grothendieck eine extrem produktive Schaffensperiode. Er war auch derjenige, der die Suche der Bourbaki-Gruppe nach dem *Wesen einer mathematischen Struktur* auf die Spitze trieb. Damit konnte er letztlich sehr viele großartige Resultate zeigen, die die verschiedensten mathematischen Gebiete vereinigten. In den 80er-Jahren zog Grothendieck sich allerdings relativ abrupt aus der Mathematik zurück und lebt seitdem auf einem Bauernhof.

Ein anderes Mitglied, **Laurent Schwartz** (1915–2002) aus Paris, hat ebenfalls die Mathematik stark geprägt. Denn er entwickelte die *Theorie der Distributionen*, womit der *Begriff der Funktion* und die *Differential- und Integralrechung* entscheidend weiterentwickelt werden konnten. Unabhängig davon hatte auch Sergei Sobolov dieses Konzept gefunden.

Obwohl die Bourbaki-Gruppe auch heute immer noch aktiv ist, hat sie im Moment von ihrer enormen Bedeutung eingebüßt. In den 70er-Jahren hatte sich das Projekt festgelaufen. Um nämlich neue Gebiete anzupacken, wäre zunächst eine Überarbeitung der ursprünglichen Bände nötig gewesen. Außerdem gab es zu viele neue Entwicklungen, die sich noch nicht gesetzt hatten. Für die weitere Entwicklung der Mathematik hatte die *Betonung des Konzepts der Struktur* jedoch große Auswirkungen.

Die Klassifikation der endlichen einfachen Gruppen

Evariste Galois hatte um 1830 das *Konzept einer Gruppe* entwickelt, um damit entscheiden zu können, welche Gleichungen fünften oder höheren Grades mit Wurzeln aufgelöst werden können. Seit Sophus Lie wurden dann Gruppen mit *unendlich* vielen Elementen behandelt. Felix Klein betonte schließlich die Untersuchung der *Symmetriegruppe* eines mathematischen Objekts. Zum Beispiel kann man einen Kreis um einen beliebigen Winkel drehen, ohne dass sich das Bild ändert. Genauso kann ein Quadrat um 90° gedreht werden ohne Veränderung des Bildes des Quadrats. Die Menge aller Operationen, die ein Objekt verändern, heißt *Symmetriegruppe des Objekts*. Schränkt man sich auf die Gruppen mit endlich vielen Elementen ein, so ist man an einer Liste aller existierenden Gruppen interessiert. Dabei genügt es, sich auf die sogenannten *einfachen Gruppen* zu beschränken.

Diese Auflistung wurde schließlich in den 80er-Jahren fertiggestellt und unter der Betitelung *Klassifikation der endlichen einfachen Gruppen* zu einem monumentalen Werk des 20. Jahrhunderts. Das Ergebnis dieser Klassifikation war, dass es einerseits die bekannten unendlichen Serien gibt, andererseits einige Ausnahmen, die aber alle bekannt sind. Dem Quadrat entspricht zum Beispiel in der dritten Dimension der Würfel – eine Entsprechung, die man dann auf jede Dimension verallgemeinern kann. Auch die *Symmetriegruppe* eines Würfels in einer beliebig hohen Dimension ist bekannt. Dies wäre eine der unendlichen Serien. Daneben gibt es einige wenige Ausnahmen, die sogenannten *sporadischen Gruppen*, die mittlerweile alle gefunden wurden.

Allerdings war die *Klassifikation* nicht das Werk eines Einzelnen, sondern die Arbeit von mehr als 100 Mathematikern. Demgemäß sind die Beweise auch auf Hunderte von Publikationen, die Zehntausende von Seiten umfassen, verteilt. Einige wenige Beteiligte sollen hier erwähnt werden: **Michael Aschbacher** aus den USA, **John Conway** aus Großbritannien, **Jacques Tits** aus Belgien, **Daniel Gorenstein** aus den USA, **Bernd Fischer** aus Deutschland, **Marshall Hall** und **Graham Higman** aus den USA, **Zvonimir Janko** aus Kroatien und Deutschland, **Charles Sims** aus den USA und **Michio Suzuki** aus Japan.

Es gibt Skeptiker, die anzweifeln, ob der Beweis tatsächlich umfassend ist. Aus diesem Grund wird immer noch versucht, ihn nochmals neu auszuarbeiten. Das erstaunlichste Ergebnis bei der *Klassifikation* war die größte *sporadische Gruppe*, die sogenannte *Fischer-Griess-Monster-Gruppe*. Diese hat nämlich *808017424794512875886459904961710757005754368000000000 Elemente* und beschreibt die Symmetrie in einem Raum der *Dimension 196884*. Zuerst wurde diese Gruppe als mathematisches Artefakt ohne weitere Bedeutung angesehen. Dann wurde allerdings von McKay, Conway und Norton 1979 eine Verbindung zu *modularen Funktionen* gefunden, welche wiederum 1992 von Richard Borcherds bewiesen wurde. Damit wurde gezeigt, dass eine der *String-Theorien*, die von der Physik zur Beschreibung des Universums untersucht werden, diese *Monster-Gruppe* mysteriöserweise als *Symmetriegruppe* hat.

Der bei der *Klassifikation* beteiligte John Horton Conway, 1937 in Liverpool geboren, hat neben dieser Arbeit außergewöhnlich kreative Beiträge zur Mathematik geleistet. Er studierte und arbeitete zu Beginn seiner Karriere in Cambridge, bevor er 1986 nach Princeton ging. Conway erfand das *Game of Life* – eine Maschine, die Kopien von sich selbst produzieren kann. Diese Entdeckung gab dem Gebiet der *zellulären Automaten* entscheidende Impulse. Eine andere Überraschung gelang Conway beim Untersuchen von *Go-Partien*. Er entdeckte, dass sich gewisse Spiele wie Zahlen verhalten. Daraus entstanden die *surrealen Zahlen*, welche unser konventionelles Zahlsystem, also natürliche, ganze, rationale, reelle Zahlen und so weiter, umfassen und eine *neue* elegante *Herleitung* liefern. Conway hat daneben viele wegweisende Arbeiten in der *Geometrie der Zahlen*, in der *Codierungstheorie*, in der *Zahlentheorie*, zur *Spieltheorie* und zu vielen anderen Gebieten produziert.

Weitere Entwicklungen im 20. Jahrhundert

Enorme Auswirkungen für den Fortschritt der Mathematik in der zweiten Hälfte des 20. Jahrhunderts hatte die Entwicklung des *Computers* und allgemein der *Informationstechnologie*. Ähnlich wie sich *Analysis* und *Physik* seit Jahrhunderten gegenseitig befruchten, sind es nun *Algebra* und *Zahlentheorie*, die von der Wechselwirkung mit der *Informationstechnologie* profitieren. Die Theorie der *Nachrichten-Codierung*, die das Korrigieren von Übertragungsfehlern ermöglicht, wurde von **Claude Shannon** Ende der 1940er-Jahre initiiert. Die heute üblichen Methoden zur Kommunikation mit Satelliten, die Speicherung von Daten auf DVDs und CD-ROMs sowie das Telefonieren mit mobilen Geräten wären ohne *moderne Algebra* nicht möglich. Des Weiteren beruht die heutige *Sicherheit von Internettransaktionen* auf der *Zahlentheorie*.

Für den Computer an sich musste die Theorie der *Numerischen Mathematik* entworfen werden. Darin wird untersucht, wie sich Rundungsfehler bei Berechnungen fortpflanzen beziehungsweise wie diese beherrscht werden können. Ferner hat der Computer auch die mathematische Theorie der *Optimierung* ermöglicht. Dabei war ein wichtiger Meilenstein das 1947 von **George Dantzig** gefundene *Simplex-Verfahren zur Linearen Optimierung*. Ausgehend von diesem Verfahren, entstand überhaupt erst das Gebiet der Optimierung.

Für die Technik hingegen hatte die *Schnelle Fouriertransformation* eine überragende Bedeutung, die 1965 von **James Cooley** und **John W. Tukey** gefunden wurde.

Als ein unter Mathematikern umstrittener Einsatz des Computers gilt seine Verwendung für Beweise. Nichtsdestotrotz wurde 1977 der *Vierfarbensatz* von **Ken Appel** und **Wolfgang Haken** mithilfe eines Computers bewiesen. Dieser Satz bestätigte die seit 1852 aufgestellte Vermutung, dass vier Farben ausreichend sind, um jede beliebige Landkarte zu färben, ohne dass zwei mit gleicher Farbe gefärbte Länder eine gemeinsame Grenzlinie haben. Doch auch die *Theoretische Informatik* hat eine enge Verbindung zur Mathematik. So wurde ein Problem aus der *Komplexitätstheorie*, die sich damit beschäftigt, wie schnell Computerverfahren theoretisch sein können, zu einem der wichtigsten Probleme des 21. Jahrhunderts ausgerufen.

Mindestens genauso gewaltig waren aber auch ganz andere Fortschritte in der Mathematik des 20. Jahrhunderts, nämlich die der *Reinen Mathematik*. Eine Entwicklung hierbei war der Schritt von *lokalen* zu *globalen* Betrachtungen. Bei *Differentialgleichungen* hat man also nicht mehr nur einzelne Lösungen gesucht, sondern vielmehr nach einer Beschreibung der *Gesamtheit aller Lösungen*. Ähnliches ist in der *Geometrie* vonstatten gegangen. Es wurde nicht mehr das Krümmungsverhalten eines Körpers lokal an einer Stelle untersucht, sondern das *Gesamtbild* betrachtet. Daher ist es eine logische Konsequenz, dass die *Topologie* enorm an Bedeutung gewann. Dabei sind der amerikanische Mathematiker **James Alexander** und der russische Mathematiker **Pawel Alexandrow** besonders hervorzuheben.

Ein weiteres Merkmal der Entwicklung der Mathematik im 20. Jahrhundert war der Schritt zu *höheren Dimensionen*. Wo man im 19. Jahrhundert noch im Ein- bis Dreidimensionalen arbeitete, wurden nun beliebige Dimensionen untersucht.

In der *Algebra* dagegen hat sich das Interesse von *kommutativen* zu *nicht-kommutativen* Strukturen verlagert, das heißt, die Reihenfolge der Multiplikation von Objekten spielte nun eine Rolle. Vorreiter dafür waren die *Quaternionen* von Hamilton sowie Cayleys *Matrizenrechnung* aus dem 19. Jahrhundert gewesen. Ein weiteres enorm florierendes Teilgebiet der Algebra war die Fortentwicklung der *Algebraischen Zahlentheorie* durch Personen wie **Takagi**, **Artin**, **Hasse** und **Weil**.

Natürlich hatten auch die großartigen physikalischen Theorien des 20. Jahrhunderts wie die *Allgemeine Relativitätstheorie* und die *Quantenmechanik* einen großen Einfluss auf die weitere Entwicklung der Mathematik. Dadurch hat die Fortführung der Werke von Sophus Lie – die *Lie-Theorie* – erneut eine große Bedeutung erlangt, um nur *ein* Beispiel zu nennen.

Zum Ende des 20. Jahrhunderts war ein weiterer Meilenstein der *Beweis* der mehr als 300 Jahre alten *Fermatschen Vermutung*, der 1994 **Andrew Wiles** unter der Mitarbeit seines ehemaligen Studenten **Richard Taylors** gelang. In den letzten Jahren scheinen zwei weitere große Würfe vollzogen worden zu sein. Zum einen hat der russische Mathematiker **Grigori Jakowlewitsch Perelman** die *Poincaré-Vermutung* bewiesen, zum anderen hat der indische Mathematiker **Navin Singhi** möglicherweise bewiesen, dass die *Ordnung* einer *endlichen projektiven Ebene* immer eine *Potenz einer Primzahl* ist. Bei letzter Aussage ist allerdings noch nicht ganz sicher, ob der Beweis auch wasserdicht ist.

Literaturempfehlungen

- Marcus du Sautoy, »Die Musik der Primzahlen«, dtv Wissen, 2006
- Ioan James, »Remarkable Mathematicians: From Euler to von Neumann«, Cambridge University Press, 2003
- Robert Kanigel, »Der das Unendliche kannte. Das Leben des genialen Mathematikers Srinivasa Ramanujan«, Vieweg Verlagsgesellschaft, 1995
- The MacTutor History of Mathematics archive, http://www.history.mcs.st-andrews.ac.uk/
- Mark Ronan, »Symmetry and the Monster: The Story of One of the Greatest Quests of Mathematics«, Oxford University Press, 2006
- H. Wußing und W. Arnold, »Biographien bedeutender Mathematiker«, Berlin, 1983
- Ben Yandell, »The Honors Class: Hilbert's Problems and Their Solvers«, AK Peters, 2001

Weitere Bände der Reihe **marixwissen**:

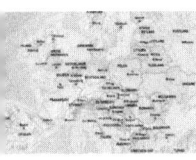

Isabella Ackerl

Isabella Ackerl
Die Staaten der Erde
Europa und Asien

Kurzgefasste Übersicht und Momentaufnahme der
jeweiligen Länder hinsichtlich:

* Geschichte, politische Positionierung und Wirtschaft
* Bildungsfrage und Verkehrssituation
* Eckdaten wie Größe und Bevölkerungszahlen
* Religiöse und ethnische Gliederung, Währung & Sprachen

**Die Staaten
der Erde**
Europa und Asien

ISBN 978-3-86539-917-5

Anton Grabner-Haider
Die großen Ordensgründer

Vorstellung der großen Ordensgründer des Anfangs

Überblick über die Kultur des Mönchtums, die Erneuerer und
Ordensgründer vom Mittelalter bis zur Neuzeit

Weibliche Orden mit kulturprägenden Ordensfrauen und
-gründerinnen im 19. und 20. Jhd.

Säkularinstitute und religiöse Bewegungen (movimenti) der
Gegenwart

Anton Grabner-Haider

**Die großen
Ordens-
gründer**

ISBN 978-3-86539-921-2

Vera Linß

Vera Linß
Die wichtigsten Wirtschaftsdenker

**Die
wichtigsten
Wirtschafts-
denker**

* Porträts von 60 Ökonomen, die jeweils ihre Zeit geprägt
  haben
* Einblick in die Gedankenwelt und die Lebensumstände
  der Vordenker
* Vorstellung der wichtigsten Theorien und ihrer Wirkung
→ Ein Muss für alle, die Wirtschaft verstehen wollen!

ISBN 978-3-86539-922-9

Für alle Titel gilt:

geb. mit Schutzumschlag, 160 bis 256 Seiten, Format: 12,5 x 20 cm
gedruckt auf holzfreiem, FSC-zertifiziertem Papier